地域精神与吴地水乡的建筑之道

洪杰 著

中国建筑工业出版社

图书在版编目（CIP）数据

地域精神与吴地水乡的建筑之道/洪杰著.—北京：中国建筑工业出版社，2015.12

ISBN 978-7-112-18945-8

Ⅰ.①地⋯ Ⅱ.①洪⋯ Ⅲ.①城市建筑－建筑风格－研究－苏州市 Ⅳ.①TU984.253.3

中国版本图书馆CIP数据核字（2016）第004893号

责任编辑：徐　冉
责任校对：李欣慰　张　颖

地域精神与吴地水乡的建筑之道

洪杰　著

*

中国建筑工业出版社出版、发行（北京西郊百万庄）

各地新华书店、建筑书店经销

北京嘉泰利德公司制版

北京中科印刷有限公司印刷

*

开本：787×960毫米　1/16　印张：20　字数：304千字

2015年12月第一版　2015年12月第一次印刷

定价：**58.00**元

ISBN 978-7-112-18945-8

（28206）

此书的内容是现代建筑及城市设计如何体现地域性的话题。主体内容为笔者近些年来围绕苏州以及江南水乡城市建筑与城市空间环境如何传承和发展地域特色的思考和探索，也是结合住房与城乡建设部一个相关课题的研究延伸出来的一些研究与思考的心得。

文章分三个部分：

第一部分为一些基本问题的讨论，是关于现代建筑及城市能否实现地域化的讨论和如何实现地域化的总体思路的思考。涉及对建筑地域化的相关概念的再认识，全球化背景下对建筑地域化的再思考，对当前一些建筑地域化的思想、思路的介绍分析，以及从地域精神出发探索建筑与城市空间环境地域特色塑造的思路建构和理论分析研究。

第二部分为围绕苏州地域建筑创作的内容。主体内容是基于苏州地域精神探索建筑特色塑造的基础研究。包括苏州地域精神的形成机制、发展轨迹、精神特质和地域建筑精神的内容和特点分析，以及文化发展的理论和实际现实中这一线索在今天的发展，分析论证从地域精神出发塑造地域特色的逻辑及其可行性、必然性。此外还涉及其他一些有关的案例分析和我们的实践研究。

第三部分为围绕吴地水乡特色的城市设计思路与方法的探讨。介绍了包括塑造水城特色的规划思路、水乡意象的塑造途径、城市滨水用地规划调整方法和城市交通空间规划调整思路，以及乡村村庄和农民集中居住区的基于水乡特色塑造的规划设计思路与方法等一些不同侧面、不同层面的研究。

写在前面的话

　　近些年来，我们一直在讨论如何阻止和扭转建筑与城市地域特色消失的问题。看这书名大概能猜出此书是属于此类内容。但是，我一直怀疑这一命题是否成立。首先作为科学研究，先该给地域一个空间范围吧。一个村，一个城，一个国，还是一个"地球村"（可能有人说把地球比作"地球村"主要是指全球化带来的全球经济的一体化，但我们姑且不说全球文化的大同化趋势有多明显，就建筑与城市而论，全球化的趋同已是有目共睹的事实。当地球变成"一个村"时村东与村西会有差别吗？）。当然似乎还有一个办法，那就是把特色作为地域的范围（一些理论研究其实就是这么做的）。这看起来比较靠谱，但事实上，在实际的城市建设中我们是反过来的，总是以一个具体的城市即划定一块区域再来探讨其特色的。同时，我们必须首先弄清楚哪些是属于特色，哪些不是，即特色的定义和内容。然后以此建立特色判定的依据和尺度。这其实很难，也是近年来不少地方搞"地域特色"而毫无地域特色的原因。这些我们可先按下不说，但有一点是无法回避的，也是很关键的：我们说某地有地域特色，必然是对此地域与其他地域有明显的整体性差异的判定，也就是说地域特色是整体性感受，具有整体性属性。同时，这种特色必然是指过去形成的，因为我们今天的建筑和塑造的城市空间事实上已几乎天下大同了。因此，用科学的思维来推论的话，今天的城市和建筑是为今天的人服务的，随着时代的发展，除了与世隔绝的地方，人们的世界观、价值观、审美观、生活方式等已经发生且还会发生更大的变化，更重要的是变化的方向必然是趋同的，那么这些过去形成的特色就不可能还有多少是应该也可以被今天的城市和建筑吸收继承的。如果其中的大部分应该也必然会消失（很多已经消失了），那么我们就无法获得地域间这种整体性差异的感觉，也就是说地域特色必然是会消失的。这也是今天的城市和建筑特色不断消失或褪色的本质原因。哲学家保罗·利科（Paul Ricoeur）在名著《历史与真理》中曾有一段话："事实是每个文化都无法承受及吸收来自现代文明的冲击。这就是我们的迷，如何成为现代的而又回到自己的源泉，如何恢复一个古老的、沉睡的文化，而又参与到全球文明中去。"

说了这些，笔者不是想说这地域特色我们留不住，也不要了，笔者想说的是地域特色问题本质上不是科学问题，而是人类的感情问题。不能用科学主义的思维去理解它，更不能把这理解为这是人类在"作"，是不重要的事。人类只有两大需求：物质需求和精神需求。人类区别于其他动物的本质不只是具有高智商，还有高情感，如果把它丢失了人类就离毁灭不远了。地域特色成为问题，是人类既想拥抱未来又想挽留过去的问题。"如果忘却了过去其实也就失去未来了"，人类的这想法是完全正确的，但问题落实到城市、落实到建筑，可就难了。感情问题，清官也难断啊！自从现代主义建筑诞生，此类感情问题的案子开始"上堂审判"。全世界都在想办法，除了建筑学与城乡规划学，其他学科也很忙。因为这显然不只是建筑与规划的问题。哲学进行思考，人类学、文化学进行辩论，社会学乃至神学等也没闲着，都从不同视角想办法。但至今没有结案，可能也永远无法"结案"。当然，笔者也不沮丧，因为笔者耳边响起了读中学时背的一句话："事物总是有矛盾的两个方面，这个矛盾解决了，新的矛盾又产生了，矛盾是推动事物前进的动力。"

大家知道就本专业围绕地域特色传承问题的研究有很多，也有不少有价值的成果。尽管大问题是可能永远没法化解的，但也为此找到了一些缓解矛盾冲突的理由和方法，或为问题的某些方面找到了局部性的答案。较早的折中主义或与此类似的研究最具代表性。此后还有自称或被称为激进的折中主义、新折中主义等，这是探讨矛盾调和的思路和方法研究。以后有受类型学启发的，认为一个地域的城市和建筑之所以有特色是因为背后存在着特定的类型——"原型"。今天的城市空间与建筑为今人而建，应该也必然区别于传统，但如果今天的城市空间与建筑能够实现与传统的城市空间与建筑在形式上是同一类型，地域特色也就传承了。于是，发展出发掘"原型"、类型的运用及类型学设计方法的研究。有受符号学启发的，在接受人类文化的根本属性是符号性的基础上，根据符号的本质属性，即能指（符号的形式）与所指（符号所表达的内容）的关系是依赖特定人群的社会约定俗成，来研究地域性（特定人群）的符号（城市空间与建筑）的提取及设计和运用，以实现地域特色。还有受语言学的思想理论启发，认为城市空间和建筑创造的背后有着语言学的逻辑。在没有建筑师的过去，就像语言可以创造无穷无尽的句子一样，人们就是以此建造出丰富多样、功能完善、充满生机的城市空间和建筑。由此对分析并掌握这规律或建造模式展开研究，并在此基础上展开针对性的"建筑方言"的研究。除了上述提及的，此类研究还有很多，都是从相关的思想理论出发来探索形式生成的逻辑和方法，都从不同的侧面为我们打开了一扇窗，让我们看到原来没有看到的视角，提供了思考问题的多种思维和可能的方法。但也都存在各自绕不开、解决不了的问题。当然也有直接针对特定地域的文化特点进行研究的试图，通过寻找其文化"遗传基因"找到地域建筑创作的思路。但由于总体缺乏有效的理论武器：一是理论武器大多是原有的文化理论；二是无法也很难与建筑理论对接，因而此类研究更多的是停留在对地域文化及建筑现象的分析、挖掘和整理上，以及对建筑文化继承的理论研究上，无法触及建筑的内核。

这个问题太难了，但为什么我还想为此写点什么呢？因为从出生起，我的心就住着一个地方，那就是苏州（期间有七年在南京读书，两年在镇江工作，也是在吴地文化圈），一个水域面积占城市总面积42.5%的地方。我不能说是饮着吴地文化的"奶"成长，但至少可以说是喝着苏州的水长大的。眼看着充满个性的建筑与城市地域特色的消退，我，一个学建筑学的，至少应为苏州，为江南水乡做点什么。

其实，"奶"最灵魂的部分还是水，"一方水土养一方人"这句话是真理，这"养"字，不仅是指一方水土给予一方人生存所需的物质，也是指一方水土养育了一方人灵魂深处的性格和对世界的看法。至少，这在过去，在人类自认为可以并正在改天换地之前，是这样的。因此，我非常同意"苏州是水做的"这样的说法。当然，如果这用来指今天的苏州就有点勉强。忽然想起著名作家——苏州人苏童最近的散文随笔集《河流的秘密》中的一段话："一个热爱河流的人常常说他羡慕一条鱼，鱼属于河流，因此它能够来到河水深处，探访河流的心灵。可是谁能想到如今的鱼与河流的亲情日益淡薄，所有水与鱼的事件都归结为污染，可污染两个字怎么能说出河流深处发生的革命，谁知道是鱼类背叛了河流，还是河流把鱼类逐出了家门？"对于这段话我的理解是：他说的鱼与河流的关系，其实是人与水的关系，是一方水土养育的一方人与养育一方人的一方水土的关系。因此，"是鱼类背叛了河流，还是河流把鱼类逐出了家门"的问题，是我们背叛了养育我们心灵的家园，家园不会赶我们走，是我们自己离家出走了。这就是海德格尔指出的"人与世界分离"，不只是苏州的也是全人类的问题。随之而来的是，我们的建筑学，我们的环境建设，在我们自负的态度下走向了如《住宅、场所与环境》中所说的："技术建设取代了居住，相同的精确空间取代了场所，作为原料消耗的地球取代了环境。"

近些年来，围绕着苏州与江南水乡城市与建筑的地域性及其传承与发展，围绕着建筑的地域化思路与方法问题，我一直在学习，在思考。同事们一直"怂恿"我就此写本书，其实是我力所不及的。此书只是把我这些年的部分学习心得和思考呈现给大家，也是作为我大学本科毕业30周年的纪念。

目　录

第二部分　关于吴地建筑地域特色的创作

第三部分 关于水乡特色的城市设计思路与方法

第一部分　一些基本问题的讨论

1 关于建筑地域化的相关概念

当今人类社会经过长期发展，在经济、文化、科技等领域取得了巨大的进步。但同时，原本丰富多彩的民族特色和地域差异正在被无情地抹灭，出现了全球趋同的现象。反映在建筑上，正如《北京宪章》所指出的，出现了人与传统地域空间的分离，地域文化的多样性和特色逐渐衰微、消失，建筑特色逐步隐退，建筑文化和城市文化趋同现象[1]和特色危机。传统地域性的建筑文化正在受到普世文明的巨大冲击，世界各地建筑形象趋于相似，地域性的建筑语言面临丧失的危机。

本书虽说只是笔者近些年来围绕苏州及其江南水乡这特定地域的城市与建筑的地域化问题的一些思考，但是苏州的话题绕不开人类所面临的城市与建筑在新的时代如何传承和发展地域性的大论题。自从现代主义建筑带来的无地域属性的建筑在全世界雨后春笋般拔地而起，自从我国改革开放大规模的城市建设出现"千城一面"的建筑现象以来，建筑的地域化论题从国际扩展到国内，一直在讨论，也达成了一些基本共识。但我认为这一论题的相关概念还是有必要再梳理和辨析一下。

1.1 什么是地域建筑

什么是地域建筑或曰地域性建筑，笔者一度很迷惑，是指传统建筑吗？显然不会是（不必再造一个名词）。是指针对建筑地点性的（建筑基地的环境条件）话题吗？那为什么要称地域（也有称地区的）？当然笔者会查阅资料。说法不少，论述的角度也不尽相同，但总结起来可归结为一句话：地域建筑就是与特定地域的自然环境和社会文化相适应的建筑。这看起来很有道理，也很完美。是啊，建筑根本目的就是为人创造一个宜居的生活环境，如何宜居呢？那就是一方面我们要使建筑对特定地域的气候、地理等自然环境条件能有合理的应对；另一方面要使建

---

[1] 吴良镛. 北京宪章 [M]. 国际建筑师协会，1999.

筑能与特定地域人的价值观、生活方式、生活内容、审美倾向等相适应。由此，不同地域的建筑就有（也必然会有）了自身的地域性特征。但是，笔者又想起我们对建筑的定义。说法也很多，但总结归纳的话意思也是一致的，这里笔者就直接抄录勃罗德·彭特对建筑的定义：①建筑是人类活动的容器；②建筑是特定气候的调节器；③建筑是文化的象征；④建筑是资源的利用者。[1] 如果我们把这与上面的地域建筑的定义相对照，我们可以发现这四项中，②和④对应的是自然环境，③和①中的部分对应的是社会文化环境。问题出来了，一个说的是地域建筑，另一个说的是建筑，怎么是一个意思呢？这只能说明一点：很显然，地域性是建筑的基本属性！那么，既然是基本属性那又何来地域建筑这一说法呢？就像文化是人类的基本属性就不可再有"有文化的人类"这一概念，除非还有"无文化的人类"。因此，要么不存在地域建筑这一概念，要么真的存在"非地域性的建筑"。有吗？当然是有的，否则我们怎么会围绕这一话题讨论了至少大半个世纪呢？"非地域性建筑"是什么？是现代主义建筑（更严格的说法是国际化现代建筑或国际建筑）。回到上文中"③和①中的部分，对应的是社会文化环境"这句话，为什么说是部分呢？因为①即"建筑是人类活动的容器"，其中的"人类活动"是既有共同性又有差异性的。共同性不必说，差异性则是由不同地域的人的文化差异性带来的。现代主义建筑把其中的共同性、科学性无限放大，以"功能第一"为旗帜，以"科学性"为理念，秒杀了一切。但其实，功能里是藏着文化性的，建筑功能或者说人类的活动内容和活动方式会因不同地域的文化差异性而有差异。柯布西耶的名言"住宅是居住的机器"的积极意义是提出和强调了建筑应具有的科学性，这也是现代主义建筑的价值。但建筑无论如何是不能等同于机器的，机器或者说科学是不存在地域差异性的，机器的标准是合理和效率，而建筑要复杂得多。建筑除了科学性还有文化性。现代主义对科技的自信和依赖，还反映在对待自然环境的态度上，这种以自我为中心，认为用科学技术可以解决一切的思想，既对自然环境起到了破坏作用，也与传统地域文化尊重自然环境的态度及其相应的建筑文化相抵触。但是为什么现代主义建筑还是在全世界像缺少了制约环境因素的入侵物种疯狂地繁殖呢？原因有二：一是其自身拥有科学

---

[1] 刘先觉.现代建筑理论[M].北京：中国建筑工业出版社，1999：93.

图 1-2 "异域性"建筑

图 1-1 无地域性建筑

图 1-3 "简欧风格"建筑

性和某种现代性的优势，以及对快速和标准化复制的工业化生产的适应性，这使其具有了强劲的生命力；二是我们的"土壤"出了问题，缺少某种限制其疯狂繁殖的成分——文化。但是"非地域性建筑"只是现代主义的无地域性（图 1-1）建筑吗？至少中国还有第二种。在中国还有大量繁殖的"异域性"（图 1-2）建筑。其实笔者并不反对"异域性"建筑的进入，就像我们应该接纳异域的人一样。上升到一定高度来理解的话，那是文化的开放性和包容性，也是文化发展的重要动力源。但它在泛滥，这就有问题。最让笔者匪夷所思的是近些年来我们竟然还自创了称之为"简欧风格"的东西，先不说这种"简化的欧式"的说法似乎在说欧洲各国的传统建筑仅一种风格，欧洲各国的各个历史时期也仅一种风格似的，就说这种所谓的风格竟然在中华大地畅行无阻、无处不在地繁殖（图1-3），这就不得不引人深思了。类似的，我们还创造了"欧陆风格"、"欧美风格"、"地中海式风格"、"澳洲风格"，甚至还有"新加坡风格"等。最近，一种叫装饰艺术（Art Deco）的建筑风格（其实是在 20 世纪初在欧美出现过的一种风格）风靡全国。问题在哪里？说轻一点，是我们自我的文化自卑，文化自弱，乃至文化迷失，说重一点，那就是我们根本没有文化，是把国外的过去的一些建筑特征当成现代化概念来顶礼膜拜。

说了这么些，其实也大多是些不言自明的道理。总结起来可归结为四点：一是建筑总是为特定地域的人服务的，建筑的文化属性决定了地域性是建筑本质，除非文化的地域性不存在了；二是地域建筑不是传统建筑的不同说法，地域性是今天的建筑所同样应具备的品质。地域建筑是个相对的概念，在西方，它主要是针对现代主义建筑的"无地域性"提出的，笔者之所以用"非地域性"，是因为在我国还泛滥着"异域性"建筑；三是建筑总是存在于特定的地域自然环境中，遵循建筑的环境属性，不只是生态和节能的问题，也是建筑特色的来源；四是关于建筑的地域化研究既是极其重要的问题，又是个极其紧迫的问题。在我国这个问题显然比西方国家更复杂（不只是建筑学专业自身能解决的问题）。

1.2 什么是建筑的地域化

地域性是建筑的基本属性，而现在建筑在异化。地域性的消失，是我们的城市和建筑空间环境失去其灵魂（舒尔茨的建筑现象学称之为场所精神）无归属感和归宿感的根本原因。所谓建筑地域化，笔者的理解就是回归建筑的本源。

对本源的回归不是复古或仿古，对城市而言，地域化不是简单地保护和更新历史街区、地段，更不是以此名义大造仿古街区。对建筑而言不是在现代建筑上加仿古装饰或添加所谓的传统符号。今天的城市、建筑是为今人所建，为今天的人的生活服务的，因此，建筑或曰地域建筑中的所应体现的文化性，这文化所指的必然是今天的文化。我们常会迷失这一点。一说文化就理解为传统文化，一说今天的文化就理解为排除了传统的所谓现代文化。时间属性和空间属性是文化的基本属性。文化的时间属性清晰地告诉我们，文化从过去走到今天、走向未来是一个不断的文化传承和扬弃、创新和发展的连续性过程。文化是累积性的，就是说今天的文化是从过去到今天的累积。文化的空间属性告诉我们，文化总是由特定的族群或民族在应对特定的自然环境中形成的，并伴随着不断的文化交流和文化创新发展而来的，总是打上地域性的烙印。

那么如何地域化呢？首先必须基于对今天的文化的重新审视。而这种重新审视就我国当前的情况而言，首先要解决的是对自身文化的自觉和自信问题。这一方面当然是指对传统文化的再理解、再认识。对建筑而言，中华文明曾经的辉煌为我们累积了大量优质的文化成果，我们对此的研究显然远远不够。吴良镛先生在《中国建筑与城市文化》（图1-4）一书中写道："这表现在对建筑与城市文化的遗产缺少深入研究，没有注意到中国城市文化的深厚底蕴和自主体系，可以与西方文化并驾齐驱；甚至认为中国

图1-4　吴良镛《中国建筑与城市文化》

城市空间形态仅仅是西方城市空间理论的一个特例，而未关注触及东西方文化体系的差异和融合；对于古代建筑的研究偏重于个体，而对建筑群体乃至城市以至区域空间环境创造的整体研究，则显得远远不够；对于建设则偏重于人工环境的建设，缺乏自然山水文化、环境的保护与生态环境的建设；对城市建筑的研究，多从建筑领域出发，缺乏多学科的思考，尤其是缺乏从文化角度的深层次探索。"[1] 另一方面，也是指对世界各地文化成果的学习，但只有有了文化自觉和自信，才能很好地甄别、理解和吸收世界各地的文化成果。就建筑而言，例如，现代主义建筑产生于欧洲，被称之为"建筑革命"（之后再没有建筑的"革命"之说），是人类建筑思想理论的创造性发展。我们当然应该学习和吸收，但现代主义建筑抛弃历史文化的这一侧面，在它的发源地一直受到质疑和批判，并没有得到想象中的大发展（在历史文化浅薄的美国得到了发展，但也很快被"后现代主义"批判）。20世纪40年代功能主义的代表作马赛公寓（图1-5）只建了一幢（原规划是一个小区）就遭到了抵制，但在中国几乎所有城市的住宅竟都是马赛公寓小区的"2.0版"，柯布西耶的"光辉城市"（图1-6）的理想竟在今天的中国

[1] 吴良镛.中国建筑与城市文化[M].北京：昆仑出版社，2009：260.

图1-5 马赛公寓　　　　　　　　　　　图1-6 "光辉城市"

实现了。这是一个令人伤心的例子。这其中对自身文化的迷失和自卑是极其重要的因素。因此只有文化自觉和自信的支撑才能真正审视今天的文化，才能融贯中西古今，才能真正促进地域建筑的发展。其二，必须立足于创新。人创造了文化所以成为了人，人类的发展过程就是不断的文化创造的过程。没有了创新就没有了文化的生命力，人类发展的进程也就会丧失。地域文化，也是同理。对于地域建筑来讲，没有了创新也就没有了真正意义上的地域建筑（只有传统建筑）。当然建筑创新，一方面有赖于理论研究，解决的是思路方向和战略路线问题，乃至方法手段问题；另一方面也有赖于创作者的匠心独运和妙手生花。当然这除了需要创作者建筑学层面上的素养和才华，还基于创作者能否沉下心来，对地域的建筑文化、地域的社会文化精神等方面进行深入的研究和领悟。厚积才能薄发，没有捷径。

1.3　建筑中的地域主义

　　要说清建筑中的地域主义，不那么简单。在地域主义发展到今天的过程中，出现了一系列的名称。如浪漫地域主义、折中主义的地域主义、乡土主义、批判的地域主义以及抽象地域建筑、世界地域建筑等。起这么多名词无非是出于或申明自己的追求，或表明自己的观点，或区分相互之间的差异。因此每个名称的背后都有着自己要说的一堆话。每个主义大概都能写本书。事实上他们自己不少已写了很多本书了。由于介绍这些主义不是本书的重点，笔者在此只作些带有总结性的介绍。但做这种总结笔者也心虚，一是笔者一直怀疑自己对此了解得是否全面；二是用这么少的篇幅来写难免会出现片面性；三是团结在同一个主义下的不同的人往往有着观点及方法上的差异乃至矛盾。但心虚也得写，感兴趣的人可以找相关的著作论文做延伸阅读。笔者打算按照建筑发展大的阶段来写，这样就有一个建筑乃至社会的时代背景，尽管地域主义的发展历程与此并不完全吻合，但笔者认为总体的脉搏节奏还是一致的。

1.3.1　现代主义诞生之前的地域主义

笔者在上文中，字里行间似乎一直有这么个意思，即现代主义的诞生逼出了地域主义。怎么在现代主义诞生之前就有地域主义呢？笔者说明两点：一是地域主义的思想确实早就有了；二是现代主义严格地说是可称为国际式现代主义，其鲜明的"无地域性"把地域主义逼向了前台。在现代主义诞生前，事实上也存在"无地域性"思维和建筑，这就是古典主义的绝对主义思想。这样的思想和建筑实践结合，给建筑的"地方精神"带来了危机。因此可以追溯的是在 18 世纪英国兴起的风景画造园远动（又称英国公园运动）[1]，就是对这种"无地域性"的对抗。这是园艺师和建筑师共同参与的追求田野乡土风情的艺术风潮，意图把农村的风景庄园引入城市。代表人物园艺师亨弗里·雷普顿（Hunphre Repton）与建筑师约翰·纳什（John Nash）合作设计的伦敦摄政公园就是这一运动的例证，表达的是地域乡土情怀及审美。此后在德国形成了一种被称之为"浪漫的地域主义"运动，代表人物约翰·沃尔夫冈·冯·歌德（Johann Wolfgang von Goethe）针对德国社会当时对民族主义的渴望和人们对地域传统建筑的怀念，也是对古典建筑无地域性的一元性审美的反抗和补充。但正如浪漫的地域主义这个名字，其目标只是抒发一下其浪漫情怀。其建筑实践主要是针对"游客、猎奇者"的，是由乡土的及历史记忆中的场景、立面、装饰等拼凑而形成的供人消费的场所。

19 世纪末叶，在英国兴起"工艺美术运动"，代表人物为约翰·拉斯金（John Ruskin）和威廉·莫里斯。为对抗当时过分装饰的维多利

---

[1]（英）肯尼斯·弗兰姆普敦.现代建筑：一部批判的历史 [M].原山等译.北京：中国建筑工业出版社，1988：15.

图 1-7 "红屋"　　　　　　　图 1-8 "国际风格"

亚风格和工业化带来的机械生产产品的粗糙"丑陋"，主张用朴实无华
对抗其矫揉造作，用手工业对抗机械。他们在对地域主义的贡献方面，
在思想理论上，拉斯金提出了诗与建筑是"根治失忆的良方"。回忆是
不能不依赖于建筑而存在的，对于中世纪建筑他反对修缮和重建，认
为建筑是人与过去的纽带，还历史真实才是所需要做的。[1] 这种思想对
我们今天还有启发性。在建筑实践上，莫里斯的作品"红屋"（图 1-7），
地方性的红砖外墙，朴实的乡土气息和简单的中世纪装饰是其对建筑
地域性的诠释。

1.3.2　现代主义时期的地域主义

　　20 世纪 20 年代，首先在欧洲接着在美国兴起了一场一直影响至今
的建筑运动，这就是现代主义运动，并很快形成了似乎普遍适用于全
世界的现代主义建筑风格。1932 年纽约现代主义艺术博物馆举办了一
个名为"国际风格"（The International Style）（图 1-8）的著名展览，
从此"国际式建筑"常被用来作为现代主义建筑的代名词，并在全世
界蔓延来开。

---

[1]（荷）亚历山大·楚尼斯，利亚纳·勒费夫尔. 批判的地域主义——全球化世界中的建筑及其特性 [M].
王丙辰译. 北京：中国建筑工业出版社，2007.

　　建筑要承担彻底切掉"代表封建主义的建筑形式"，甚至还要承担"代表社会主义精神"的政治任务，要体现工业化时代的新精神并重建新审美观[1]等任务。现代主义以"功能第一"、"形式服从功能"，以及采用快速经济的工业化生产建筑的核心思想，似乎纲举目张地把这些问题一揽子解决了。但这种切断了与地域环境及历史文化联系的"国际式"建筑，在导致全世界范围建筑风格趋同的同时，也引起了人们的反思和诘问。美国著名建筑理论家刘易斯·芒福德（Lewis Mumford）早在1924年的《Sticks and Stones》一书中就认为对自然环境的理解和经营是一种现代文明。在1947年他指出在加利福尼亚州出现的"海湾地区建筑式"(Bay Region Style)是"现代主义的具有本土和人文的形式"，远比建立在机械美学上的抽象的功能主义国际式更具通用性。[2]其间和其后，一些对现代建筑的地域化改良实践以及一些复古倾向较强的建筑思考和实践等相继出现。自称或被称的名字有"新乡土主义"（Neo-Vernacular）、"新古典主义"（Neo-Classicism）、传统派等，还有一种被称为"抽象地域建筑"的——常把现代建筑的创造人之一的阿尔瓦·阿尔托（Alvar Aalto）的建筑思想和作品作为例子——一种不依赖地域建筑形式的，通过地域性建筑材料运用等方法体现出地域性特征的现代建筑。事实上，柯布西耶后来也放弃了他纯洁主义的抽象风格，"至少在住宅设计中他回复到乡土语言"（图1-9）。[3]从当时国际现代建筑协会（CIAM）开会所争论的内容我们也能看到相关的内容和倾向。在1953年的CIAM第九次会议中，以史密斯夫妇等为首者，提出"'归属性'是人的一种基本情感需求……从'归属性'——特征性、同一性出发，人们取得富有成果的邻里感意识"，1956年第十次会议以及后来的Team X（十人小组）成员中不少人均持有类似的观点或思想倾向，不少人后来成为建筑地域化思想的支持者或倡导者。其后出现的一些新理论、新思想，及其作品很多具有鲜明的地域主义的观点和倾向。在日本和拉美国家等，这种类似的思想与建筑实践也有出现，并逐渐引起了人们的重视。

---

[1]（法）勒·柯布西耶. 走向新建筑 [M]. 吴景祥译. 北京：中国建筑工业出版社，1981.

[2] 吴良镛. 中国建筑与城市文化 [M]. 北京：昆仑出版社，2009：17-18.

[3]（英）肯尼斯·弗兰姆普敦. 现代建筑：一部批判的历史 [M]. 原山等译. 北京：中国建筑工业出版社，1988：27.

图 1-9　周末住宅

　　总的来说，这一时期主要是针对现代主义运动的不足，形成了多元化的建筑思想理论。尽管鲜见类似"地域主义"提法，对地域建筑的探索也不是这个时期的主流，但为关于建筑地域化的研究积淀了思想理论，为地域主义的发展打下重要的基础。

1.3.3　后现代主义时期的地域主义

　　20 世纪 60 年代以来，西方建筑界在对 20 年代创立的现代主义建筑原则的反思和批判的基础上，发展形成了多元的建筑理论思潮，其中，后现代主义是影响最大的一支队伍，一直持续到 80 年代。我们姑且把这一时期称为后现代主义时期。

　　1966 年，美国建筑师罗伯特·文丘里（Robert Venturi）写了一本完全有悖于现代主义建筑理论的小册子叫《建筑的复杂性和矛盾性》，奠定了后现代主义建筑的思想基础。他在书中指出，建筑设计应是"对全部经验和意义的存贮进行研究，从中发现，从中取用"。这种存贮包括了传统建筑形式、地方文脉和当代文化等方面。在后来他与他人合作写的《向拉斯韦加斯学习》中，又指出"创新意味着到旧的和现存的东西中去挑选"。1977 年，建筑评论家查尔斯·詹克斯（Charles Jencks）在他的著作《后现代建筑语言》一书中，把后现代主义归纳为六个方面的表现形式：①从历史主义到新折中主义；②从直接复古到变形装饰；③新乡土风格；④个性化＋都市化＝文脉主

图 1-10　加州海滨平房公寓

图 1-11　纽卡斯尔的拜克墙

义；⑤隐喻和玄学；⑥后现代空间。并指出这六个特征混合而形成激进的折中主义。而后现代主义理论的重要人物斯特恩（Robert A.M. Stern）则将后现代建筑归纳为文脉主义、隐喻主义和装饰主义三大特征。查尔斯·穆尔（Charles Moore）认为："为使建筑从实用的抽象主义中解脱，有必要求助于场所的认知意义……它以沉默或嘈杂、直接或隐喻的方式来进行建造。"[1] 在后现代主义的旗帜下的许多核心人物，观点虽然不尽相同，但共同点是：建筑不再只是功能和随之而产生的抽象造型，建筑是复杂的。体现在地域主义倾向方面，就是建筑需要与所在地域产生文脉关联，新建筑应反映原有环境的特点，建筑创作应从地域历史中寻找形式的源泉以及装饰的内容和手法，使形式和形象具有象征意义，表达对地域历史的关怀，传递建筑与地域人的情感沟通。当然这不是说后现代主义建筑师倡导对传统地域建筑的模仿，用文丘里的说法，后现代主义建筑是"用非习俗的方式使用习俗，用不寻常的方法组织寻常形体"。

　　总的来说，在后现代主义时期，对建筑的历史文化的关注达到了前所未有的高度，建筑的地域化倾向也愈加明显。被人冠名为"新乡土风格"的建筑流派，早在 20 世纪 60 年代就同时在几个国家兴起。[2] 很多后来被称为后现代主义建筑师的人参与其中，如穆尔设计的加州海滨平房公寓（图 1-10）、拉尔夫·厄斯金（Ralph Erskine）设计的英国纽卡斯尔拜克墙（图 1-11）等，他们或通过强调某一地的建筑文化与别处的差别，创造"场所的认知"，或运用普遍存在于当地居民记忆中的"建筑代码"等。这种被称为新乡土风格的建筑几乎遍布世界，

[1]　刘先觉.现代建筑理论 [M].北京：中国建筑工业出版社，1999：222.

[2]　刘先觉.现代建筑理论 [M].北京：中国建筑工业出版社，1999：230.

常与现代主义混合，建成了似真似假地传递地域建筑文化的风格。后现代主义时期出现了很多涉及建筑地域主义的思想理论，如建筑符号学、类型学、现象学、形态学和模式语言等。这些建筑理论以及相关的创作思想和设计手法，为后来关于地域主义建筑思想理论的研究和发展提供了非常丰富的可资启发、借鉴和反思的养料。

1.3.4 新现代主义时期的地域主义

把 20 世纪 90 年代至今称为新现代主义时期，这种说法事实上并没有像前面几个时期的划分和称呼那样得到一致认可，其原因主要是"新现代主义"这个概念存在争议。詹克斯是较早提出"新现代主义"这一名称的人之一，他把建筑中的解构主义及其与之类似的建筑思潮冠名为"新现代主义"。但显然，大多数人都不接受他的观点。随着时代的演进，不断有人试图定义"新现代主义"，有人把现代建筑更关注建筑的地域性、地点性、建筑与环境的整体性以及更关注建筑的绿色生态等称之为"新现代主义"。也有人把"新现代主义"解释为"今天的现代主义"，强调其创新性和未来性的一面。但不管怎么说，可以肯定的是：首先，新现代主义建筑的起点是对现代主义和后现代主义的反思和重新研究；其次，新现代主义建筑应该是多元的，涵盖当今建筑界对现代建筑多种角度的重新认识、拓展研究以及突破和发展。尽管对新现代主义的定义分歧很大，但这一时期总得有个称呼，笔者以为这大概是普遍的想法。

1981 年，荷兰建筑理论家亚历山大·楚尼斯（Alexander Tzonis）和他的夫人利亚纳·勒费夫尔（Liane Lefaivre）在他们发表的文章《网格和路径》中提出了关于地域主义的新概念——批判的地域主义。在他其他著作中又作了更多的分析论证。这是一种既是在对现代主义的反思，是在对当时还很热闹的后现代主义的批判的基础上提出的新观点，也是对地域主义思想的发展。在同时期，美国理论家肯尼斯·弗兰姆普敦（Kenneth Frampton）在 1980 年写成、出版于 1982 年的《现代建筑：一部批判的历史》（图 1-12）的著作的最后部分，在剖析了当时建筑中的各种主义和吸收了现象学的一些观点的基础上提出了类似的思考。接着在 1983 年，弗兰姆普敦发表了《走向批判的地域主义》和

《批判的地域主义面面观》两篇文章，并引用了《网格与路径》中的观点正式将"批判的地域主义"作为一种清晰的，并认为大方向是正确的建筑思潮来研究。

20世纪90年代至今，批判的地域主义或与此相似的思想和建筑实践均得到很大的发展。这里需要提到的是在90年代兴盛一时的建筑中的解构主义思想，尽管它与批判的地域主义思想本质不同，追求的目标也南辕北辙，但它们有一个共同的特性——批判性，只是前者是大致基于康德与法兰克福学派"批判学说"的

图 1-12　肯尼斯·弗兰姆普敦《现代建筑：一部批判的历史》

批判性立场，后者是想从哲学思想到创作思路的根本上进行彻底颠覆。但不可否认的是尽管真正意义上的所谓解构主义建筑并没有结出成熟果实（笔者认为也不可能修成正果），但其创作思路和方法确实给批判的地域主义提供了启发。

批判的地域主义不是一种建筑类型，是一种强调原创性的建筑设计思想和思路，其批判性既反映在对那种模数式的国际风格现代主义的批判上，也反映在对那种煽情模仿地域传统的地域主义的批判上。一方面反对把建筑当作机器来设计与建造，以及随之带来世界建筑的同质化，反对抛弃建筑中的地域性文化；另一方面，反对对建筑的历史地域性特征的种种模仿性创作的思想和方法。强调地域性文化立足于当代的再进化，建筑师对地域性建筑文化的再创造。

20世纪90年代中期，西方建筑世界又有一些人提出"世界地域建筑"（Glocal Architecture）的概念，"Glocal"是 global（全球）和 local（地域）的合成造词。1996年巴塞罗那通过的《建筑教育宪章》，1997年的亚洲建筑师协会第九次建筑论坛都对此进行

了讨论。[1] 大致的意思是想把全球化和地域化这一直被认为是矛盾的两方面统一起来，这在文化理论上是可以成立的，因为任何地域的文化都不是也不能静止、不发展，不发展就意味着消亡，而在今天，文化间的交流已是文化发展的核心因素。全球化的过程可以理解为文化交流的过程，是不可抵抗的，而文化交流通俗地讲就是相互学习。因此从理论上讲可以不存在全球化消灭地域文化的问题。"既是世界的，又是民族的"在理论上是可以成立的。批判的地域主义其本质还是地域主义，具有向后看的特征，"世界地域建筑"的提出，可能是想比之更积极一些，更向前看，想作为今后建筑创作的主流思想来确立。但到目前为止并没有用于指导创作的思路和方法，也很难与批判的地域主义厘清界限。

关于建筑中的地域主义，从近代谈到今天，这样的篇幅要说清楚其实是不大可能的。但可以总结的是：①建筑中的地域主义是一个不断发展的过程，并随着时代的发展，认识不断提高；②建筑中的地域主义原来是作为对非地域性建筑风潮的对抗而出现的，主要是被动的性质，发展到今天，已成为主动、自觉的理论思考和实践探索；③早期地域主义建筑思想以怀旧情结为主，发展到今天，更多的是关注地域建筑的时代化，探索时代性下的建筑地域性。

本章图片来源（除以下列出外均为作者自绘或自摄）

图 1-4　吴良镛. 中国建筑与城市文化 [M]. 北京：昆仑出版社，2009：书籍封面.

图 1-5　百度百科 baike.baidu.com.

图 1-6　（法）勒·柯布西耶. 光辉城市 [M]. 金秋野，王又佳译. 北京：中国建筑工业出版社，2011.

图 1-7　罗小末. 外国近现代建筑史 [M]. 北京：中国建筑工业出版社，2004.

图 1-8　www.usc.edu/dept/architecture/slide/ghirardo/image4.

图 1-9　（英）肯尼斯·弗兰姆普敦. 现代建筑：一部批判的历史 [M]. 原山等译. 北京：中国建筑工业出版社，1988.

图 1-10　刘先觉. 现代建筑理论 [M]. 北京：中国建筑工业出版社，1999.

---

[1] 吴良镛. 中国建筑与城市文化 [M]. 北京：昆仑出版社，2009：20.

图 1-11　刘先觉 . 现代建筑理论 [M]. 北京：中国建筑工业出版社，1999.

图 1-12　（美）肯尼斯·弗兰姆普敦 . 现代建筑：一部批判的历史 [M]. 张钦楠等译 . 北京：生活·读书·新知三联书店，2012：书籍封面 .

本章参考文献

[1]　吴良镛 . 北京宪章 [M]. 国际建筑师协会，1999.

[2]　刘先觉 . 现代建筑理论 [M]. 北京：中国建筑工业出版社，1999.

[3]　吴良镛 . 中国建筑与城市文化 [M]. 北京：昆仑出版社，2009.

[4]　（英）肯尼斯·弗兰姆普敦 . 现代建筑：一部批判的历史 [M]. 原山等译 . 北京：中国建筑工业出版社，1988.

[5]　（法）勒·柯布西耶 . 走向新建筑 [M]. 吴景祥译 . 北京：中国建筑工业出版社，1981.

[6]　刘先觉，葛明 . 当代世界建筑文化之走向 [J]. 华中建筑，1998（4）.

[7]　（美）查尔斯·詹克斯 . 后现代建筑语言 [M]. 李大夏译 . 北京：中国建筑工业出版社，1956.

[8]　（荷）亚历山大·楚尼斯，利亚纳·勒费夫尔 . 批判的地域主义——全球化世界中的建筑及其特性 [M]. 王丙辰译 . 北京：中国建筑工业出版社，2007.

[9]　徐苏宁 ."后折衷主义"—— 城市的文脉 [J]. 哈尔滨建筑大学学报，2000（10）.

2　全球化下的建筑地域化再思

2.1　什么是全球化

　　"全球化"（globalization）一开始是随着世界市场的发现而产生的国际经济学概念，"全球化"作为一个名词为中国人熟知是在中国加入 WTO 前后，它甚至几乎就是"全球经济一体化"的缩写。当然全球化显然不只是一个经济学的概念，我国近代史的鸦片战争其实就是一个全球化敲门的典型案例。从众多的相关论著中我们看到，对全球化的内涵并没有一个统一的认识，但我们还是可以这样来表述：全球化是一个以经济为核心，包含了各个国家、地区、民族之间从政治、文化、科技到意识形态、价值观念、生活方式乃至疆域军事安全等多领域、多层次的相互联系、制约、影响的多元概念。戴维·赫尔德等人合著的《全球大变革——全球化时代的政治、经济与文化》（图 2-1）把"现当代的全球化"分为三个阶段，分别为"现代早期的全球化"（约在 1500～1850 年之间）、"现代的全球化"（约在 1850～1945 年之间）及"当代的全球化"（1945 年至今）。《世界是平的》（图 2-2）是前些年很红的一本论述全球化的专著，作者托马斯·弗里德曼也把全球化进程分为三个阶段，分别为 1492～1825 年、1825～2000 年和 2000 年至今。两者的划分有所不同，但均是以哥伦布发现新大陆、世界进入殖民时代开始，至于当今的全球化，前者是以西方从工业化走向知识经济的信息化时代开始，后者是以世界进入网络时代为标志。不管如何划分，今天的全球化，在网络化的助力下，在拥有日益普遍化的经济解释力的同时，日益被赋予了一种超经济的价值评价和跨文化的话语权力。而这话语权应该说是以西方世界的价值观为主体的。当今世界从文化到政治、从意识形态到国家制度、从价值判断到生活方式等的变化、发展及冲突，都清楚地证明了这一事实。

　　由此，关于全球化我们可以总结以下几点认识：

图 2-1　戴维·赫尔德 等《全球大变革——全球化时代的政治、经济与文化》

图 2-2　托马斯·弗里德曼《世界是平的》

（1）全球化是在多领域、多层面上进行的。关于这一点其实已无需再进行说明，那种"全球化即使可能成为人类现代化社会运动的必然趋势，也只可能表现在现代经济生活的显性层面，甚至只可能呈现为世界经济的相对普遍化的联系或共生"的观点，在理论和事实层面均证明是站不住脚的。当代的全球化就如上文所说，是全方位的。"全球化"不是一个突发性的现代事件，更不是一个纯粹的世界性经济事件，它确实是一种全球一体化的社会运动。现代版的全球化理念建构了一整套价值人类学原理，这就是：人类的普遍理性、普遍意志和普遍目的的原理。[1]

（2）当今的全球化是一种自觉运动，并不是谁强行推销的结果。不可否认的是，全球化是一个由西方世界主导推广的话语，当今的全球化对于西方世界而言几乎是一个垄断的概念，而对于非西方社会则更多的具有被动接受的意味。但是，同样不可否认的是，当今的全球化现象并不是谁强行推销的结果，是当今世界各国的自觉行动。全球化自身也是一个发展的概念，本质上是一个世界文化全球性交流的永

[1]　万俊人 . 现代性的伦理话语 [M]. 哈尔滨：黑龙江人民出版社，2002：343.

无终结的过程。包括西方世界自身,除了现今的主导者角色外,也是(也必须是)一个主动参与、主动学习的角色。

(3)全球化的动力是现代性(modernity)。因为只是具有现代性的、先进性的东西才能有扩张性,才能被世界各国各民族地区自觉接受,无论它们来自哪里。信息化网络时代的来临,加强了传播的速度与力度,加快了全球化的进程。全球化蕴涵着不可剥离的现代性,被赋予了越来越强烈的现代人类目的论的价值期待,从而形成了全球化形势。在某种意义上说,全球化过程意味着现代化过程。

(4)以西方文化土壤为主体发展而来的现代文化,当它与其他民族、地区的文化相遇时,由矛盾导致冲突是必然的过程,但最终实现文化整合也是必然的。清华大学哲学系万俊人教授指出:"如果人们对于源于西方的'现代性'概念本身还不能达到无差异或无歧义的理解,那么,作为'现代性'事件的全球化也必须接受各种文明类型和文化传统的思想检验……即由于'现代性'首先源自西方先行的现代化国家和地区,它不可避免地带有其西方先见和视阈,因而对于非西方世界来说,其观念扩张必定具有强势话语的特性,而由它所支撑的全球化社会运动及其普遍化也必须接受异质的或至少是与之不同的文明或文化的批评与检审"[1]。

(5)全球化的本质或者说所追求的是一体化,不是一元化、同质化。全球化表面看是一个以西方世界的价值观为主体的"话语"领域,但其本质是(也必然是)使各国、民族、地区之间通过相互影响和相互协调,使相互之间的冲突与摩擦逐步减弱的过程。全球化的本质是现代性的全球化,其目的不是要消灭地域文化,全球化发展的趋势和结果不应是文化的单极化(这是人类的共识),而是多元化,是各地域文化的共存。

(6)全球化的浪潮也带着泥沙。哲学家保罗·利科在《历史与真理》一书中写道:"全球化的现象,既是人类的一大进步,又起了某种微妙的破坏作用……我们的感觉是:这种单一的世界文明同时正在对缔造了过去伟大文明的文化资源起着消耗和磨蚀的作用。除了其他一些令人不安的效果外,这种威胁还表现在它呈现于我们面前一种平庸

[1] 万俊人.现代性的伦理话语[M].哈尔滨:黑龙江人民出版社,2002:342-343.

无奇的文明……在世界各地，人们看到的是同样低劣的电影、同样的'角子老虎'、同样的塑料和铝制品的包装、同样的由宣传所歪曲的语言，等等。看来似乎人类在'成群'地接近一种消费者文化的过程中，也'成群'地停顿在一个次文化的水平上了"[1]。保罗·利科说的可能还只是"泥沙"的一部分，同时，还需要指出的是，全球化所包含的现代性或先进性的东西本身也是一个阶段性的发展的概念，并应通过其他多种文化的检验。此外，所谓的现代性或先进性里面藏着"文化霸权"，这种"文化霸权"其实是文化创造（或主导）者的自信和文化接受者"文化自卑"共同造成的，对此我们必须充分认识这一点。

2.2 建筑全球化在中国的形势

参考戴维·赫尔德与安东尼·麦克格鲁等人合著的《全球大变革——全球化时代的政治、经济与文化》对现当代全球化阶段的划分，建筑的"现代早期的全球化"是西方殖民时期的全球化建筑输出，出现了世界各地的殖民地建筑风格。建筑的"现代的全球化"是从 20 世纪 30～40 年代出现"国际风格"的时候开始的。20 世纪 20 年代，现代主义建筑运动首先在欧洲形成随后传到美国，并逐渐演化成了"国际式"的建筑风格，开始风行世界。而建筑的"当代的全球化"的情况就比较复杂了，一般可理解为从 20 世纪 60～70 年代开始的，在对现代主义建筑进行反思的基础上，对建筑多元论和建筑的文化属性的探讨，以及对建筑未来性的探索。在随后的岁月里，由此产生的一系列思想和理论扩展到全世界，深刻地影响着世界各国各地区的建筑理论和实践。

早期的殖民地建筑，对中国的影响尽管总体上局限于几个城市如上海、青岛和哈尔滨等（图 2-3、图 2-4），但对中国的冲击其实是很大的。殖民地建筑让我们看到了异域的建筑形式和风格以及建筑文化及其精神，看到了中国在经济、技术乃至文化上的落后。但在大众的理解中，这种建筑形式和风格反映的主要不是不同地域的建筑文化及

---

[1] （英）肯尼斯·弗兰姆普敦. 现代建筑：一部批判的历史 [M]. 原山等译. 北京：中国建筑工业出版社，1988：392.

图 2-3 上海

图 2-4 青岛

其精神，更多的是一种"洋气"，即先进乃至现代的符号。其实也不得不承认，当时的不少建筑师跟普通大众的认识也是一致的（当然，有些优秀的建筑师的思想是独立的，他们的一些作品只是为满足大众"甲方"的要求）。今天还有人认为，梁思成先生其实就做了一些建筑

图 2-5 楼书广告

图 2-6 建于 20 世纪 80 年代的上海虹桥宾馆

考古的工作，称不上一代大师，这就不能不说是时代的悲哀了。这也是在今天，殖民地建筑的形式和风格还在中国流行并依然是代表"现代生活"和"高尚生活"（来自于大量楼书广告）的符号（图 2-5）的重要原因。

现代主义建筑的"国际风格"来到中国，由于特殊的原因，其实是从 20 世纪 80 年代后才真正开始的（图 2-6）。它的科学精神，可快速建造，干净简洁的形象，以及代表现代化的符号，很快被我们接受。但就稍晚一步，后现代主义建筑也来敲门了。在 20 世纪 90 年代，以"食而不化"的现代主义建筑为主体，"食而不化"的后现代主义的历史主义建筑为辅，成为建筑的主流。由于时间被压缩，而我国又进入了高速发展的快车道，包括笔者在内，我们边"食"边做，边"化"边干，留给我们独立思考的时间却少之又少。当然还是有优秀的建筑师留下了一些优秀的建筑作品（图 2-7、图 2-8），但建筑学科整体上对建筑有较为深入的理解和认识，应该说是进入 21 世纪之后，是被建筑和城市"千城一面"的残酷的现实逼出来的。就如郑时龄先生在 2003 年的文章中所说："无论是北京、上海，或是香港、台北、曼谷、汉城，以及纽约、芝加哥，城市中的大部分地区都失去了个性，彼此十分相似。全球化对中国的城市与建筑带来的最大影响就是城市化的快速发展与城市规划以及建筑设计领域内国际建筑师的参与，中小城市在城市化的过程中逐渐失去了特色，在城市空间尺度和形态上模仿大城市。全球化话语淡化了中国建筑和东方文化的主体意识，由此而引发了城市

图 2-7　杭州火车站

图 2-8　梅园新村纪念馆

图 2-9　宁波博物馆

图 2-10　苏州火车站

空间和形态的趋同，而我们对此也已经熟视无睹。"[1] 我们开始重新学习从 20 世纪 60 年代开始，在欧美建筑界出现的对现代主义建筑割断历史和文化的"科学至上主义"的批判，以及当时及其后涌现出的一大批如建筑符号学、建筑类型学、建筑现象学、模式语言等涉及建筑文化属性的建筑思想和理论，开始重新学习和反思后现代主义和批判的地域主义等思潮。同时，结合当前世界建筑思想和理论的发展，思考中国建筑的发展。近些年来，出现了一些有文化质感的优秀的建筑作品，如宁波博物馆（图 2-9）、苏州火车站（图 2-10）等，让我们看到了地域文化在新时代的重生的希望。

　　但是，直至今日，形势依然十分不乐观。其原因的一方面，就如万俊人先生所说："自 19 世纪中叶西方列强的坚船利炮击碎了中国人的天朝文化心态并被迫进入世界现代化进程后，我们才发现，不仅自己的文化只是世界民族文化家族中的普通一员，而且由于超长时期的自我封闭和超强度的自我一体化加固，我们自身的文化已经不如某

[1] 郑时龄. 全球化影响下的中国城市与建筑 [J]. 建筑学报，2003（2）：7.

些文化他者那般富有活力和魅力了。在世界现代化的阳光照耀下，中国文化仿佛一幅封存既久的老式的中国水墨画：只见茅屋秋风、长辫马褂，以及四世同堂、合家围坐于门前老槐的树荫下悠闲纳凉、颔首叩拜的景象；不见高楼电车、声光电子，以及西装革履、握见吻别的摩登风尚。由是，中西之间呈现的土与洋、旧与新、落后与先进等之别，不仅具有事实差异的描述意义，而且也有了文化比较的价值评判意味。"[1] 这种社会心理，在今天依然普遍，这种"文化土壤"使得"无地域性的"包括所谓解构主义在内的一些"奇奇怪怪"的建筑以及异域性的"欧风"建筑野蛮生长。其原因的另一方面，就是我们广大的建筑从业人员，我们自身的文化修养普遍不高，我们对建筑及其城市的内涵的认识普遍较低，我们的社会责任感不够。"社会需求"、"时代潮流"成了我们的借口，我们在学习与思考、投入与探索、呼吁和争辩等方面做得太少。我们疏远自己的文化，随波逐流，规划设计着一片一片、一城一城的让人"漂泊失据、无家可归"的无识别性、无归属感的城市和建筑环境。

这就是建筑全球化在中国的形势。

2.3　全球化下的建筑地域化

2.3.1　必须理清的几个问题

在讨论全球化下的建筑地域化问题之前，关于全球化和地域化及其相互之间的关系，有一些认识笔者觉得还可以再梳理一下。

1. 关于全球化

首先，全球化是一把双刃剑。当今的全球化其重要的核心是现代性。现代哲学、科学精神、理性主义以及民主政治、市场经济等，尽管这些均发端于西方，但它们实实在在是人类现代文明的成果，是人类共同的财富，是人类向更美好的未来发展的基础，对于这一切，我们也必须迎接它、拥抱它。现代建筑与城市规划思想也实实在在地带给了我们建筑和城市科学性和时代性的一面。但同时，事物均有两面性，全球化、现代化的进程对传统文化具有巨大的冲击和破坏

[1] 万俊人 . 现代性的伦理话语 [M]. 哈尔滨：黑龙江人民出版社，2002：355.

图 2-11 《北京宪章》

作用，就建筑而言，正如《北京宪章》（图 2-11）所指出的："文化是历史的积淀，存留于城市和建筑中，融合在人们的生活中，对城市的建造、市民的观念和行为起着无形的影响，是城市和建筑之魂。技术和生产方式的全球化带来了人与传统地域空间的分离。地域文化的多样性和特色逐渐衰微、消失；城市和建筑物的标准化和商品化致使建筑特色逐渐隐退。建筑文化和城市文化出现趋同现象和特色危机。"全球化带来的世界建筑的趋同、城市空间形态的类似等现象，使建筑与城市的地域特色有逐渐消失的危险，事实已给予了证明。

其次，全球化这把双刃剑，对不发达国家来说，它的负面影响尤其突出。就如著名哲学家保罗•利科的名著《历史与真理》一书中说的："我们遇到了正面临着从不发达状态升起的民族的一个关键问题：为了走向现代化，是否必须抛弃使这个民族得以生存的古老文化传统……从而也产生这样一个谜：一方面，它必须扎根在自己历史的土壤中，焙炼一种民族精神，并且在殖民者的个性面前显示出这种精神和文明的再生。但是，为了参加现代文明，它又必须参与到科学、技术和政治的理性行列中来，而这种理性又往往要求把自己全部的文化传统都纯粹地、简单地予以抛弃。事实是：每个文化都无法承受及吸收来自现代文明的冲击。这就是我们的谜：如何既成为现代的而又回到自己的源泉；如何既恢复一个古老的、沉睡的文化，而又参与到全球文明中去。"[1] 当然，笔者也同意徐千里的说法："全球化的现代化对于传统文化的影响及其后果并不像利科所想象的那样单一和令人无奈，全球化传播的文化也并不是像利科所说的那样必然平

---

[1] （英）肯尼斯•弗兰姆普敦.现代建筑：一部批判的历史 [M].原山等译.北京：中国建筑工业出版社，1988：392.

庸和低劣。因为全球化还伴随着多元化，伴随着多元文化的互补与交流。把传统文化与全球化、现代化对立起来看待，是一种形而上学的思维方式。"[1] 但是，不可否认的是，对于像中国这样的发展中国家来说，在事实上也已证明了全球化的负面具有更大的破坏性。

图2-12　勒·柯布西耶《走向新建筑》

其三，作为全球化的核心的现代性，其本身是一个不断发展的概念。现代建筑史就是一个很好的例证，发端于20世纪初的现代主义建筑运动，形成于欧洲，并经美国的发展和演化，50年代以后逐渐成为全球化"国际式"的建筑。应该说这种早期现代主义建筑，有其正面的、普遍的意义和价值，从其如此快速地扩张和传播的事实中，我们也能确认其思想理论包含着科学性和先进性，即便今天依然如此。勒·柯布西耶早期在《走向新建筑》（图2-12）这本作为现代建筑宣言的小册子中为全球熟知的一句话："住宅是居住的机器"，令全球迷惘的建筑师震惊、惊叹乃至顿悟，但这句表达了现代建筑精神核心的话随着全球建筑实践展现出的问题，以及对建筑理论的深入思考，人们逐渐认识到了其思想理论的重大缺陷。至此，也逐渐地成为全球分析批判、反思、修正的对象，建筑理论与实践很快走向了多元论的时代。今天我们从哲学与文化学的理论来看，早期的现代主义建筑理论，是把文化的三个系统（即技术系统、社会学的系统和意识形态系统）中的技术系统的地位极大地放大，而成为决定一切的根本。当然，这不是柯布西耶一个人或现代建筑先驱们的错，这是时代认识上的局限，这种被总结为"工艺发展决定论"的思想，西方的思想理论界在19世纪末～20世纪初就已出现，柯布们只是这种理论的被启发者或参与者。这种观点是随着科学技术突飞猛进，科学技术在社会文化发展中的作用越来越明显，而产生的对技术工艺"崇拜"的结果。

[1] 徐千里. 全球化与地域性———个"现代性"问题 [J]. 建筑师，2004（3）：72.

图 2-13　贝尔纳《科学的社会功能》

贝尔纳的《科学的社会功能》（图 2-13）、怀特的《文化科学》等都表达了一致的或相似的理论思想。到 20 世纪 50 年代，越来越多的人认为科学技术是决定社会文化发展的决定性力量。这与"国际式"的全球传播时间完全重合。

举上述这个例子是想说明，面对全球化，我们一方面应该去积极迎接，不能简单地以过去的传统文化去抵抗全球化；另一方面我们要如《礼记·中庸》所言："博学之，审问之，慎思之，明辨之，笃行之。"即从不同文化的角度，审视、检验各种新的文化内容、文化形态，并结合各自的文化吸收它、丰富它、发展它，或修正它、否定它。这是人类文化的多元性所应承担起的责任，也是全球化不能，也不该使世界文化一元化的根本意义。

2. 关于地域化

我们讲地域化不是固守传统、排斥外来文化、排斥文化的"与时俱进"，我们讲的现代化也不是抛弃传统。首先文化的具体存在总是时代性的，因为地域化所依托的地域文化是时代的地域文化。文化的变迁、发展，有"内因"和"外因"两个方面促成，"内因是一个文化集团的社会生产方式的变更，正是这种变更……最终引起文化变迁"，"外因是一种文化受外在文化的冲撞和影响，从而引起文化变迁"，"在文化的继承和发展中，往往面临新旧文化的交替、外来文化与旧有文化的碰撞和交融等问题……不管它来自哪方面的原因，都必须通过某种文化内部的自身分化、冲突来完成……"[1] 上述的内因和外因均是我们正面临的情况，因此文化通过自身的分化和冲突进而实现发展是必然的，这过程中伴随着文化的传承和淘汰。应该指出的是"传承与淘汰并不是对文化形态或文化内容简单的全盘接受或否定，而往往是对某一种文化形态或文化内容的核心部分，诸如本质内

[1]　陈华文.文化学概论[M].上海：上海文艺出版社，2001：178-179.

核或思想，进行传承，而对器物部分则在淘汰的基础上进行改进、改造"[1]。一种文化总是由民族或特别的族群创造的，具有鲜明的地域性，决定了文化所具有的个性或特色，而文化的时代性则反映了文化对人类的需要程度。每一个时代都在不断地创造着各种文化形态和文化内容，而文化学中的"文化积累"概念，及人类文化发展中所展现的文化累积规律告诉我们，人类具有保存文化的特有能力。正是由于人类具有对文化的不断创新和累积的能力，使人类的文化越来越丰富多样、多姿多彩。

因此，文化从过去走到今天走向未来是一个不断的文化传承和扬弃、创新和发展的连续性过程。今天的城市、建筑是为今天人的生活服务的，建筑所应体现的文化性，必然是从历史走到今天的地域的文化。"所谓'地域性'，虽然也常常会反映在建筑的外在形式上，但更多地并且首先地还应当表现在文化的价值取向上。而地域建筑文化中的那些使自身区别于其他文化的有特色的东西，是那个特定地域和文化中的人们依据其生活方式、文化背景和自然条件在建设自己的生活家园时自然得出的自己特殊的解决方式。"[2] 所以建筑的地域化，首先必须基于对今天的文化的重新审视，养成自觉的地域文化关怀。

3. 关于全球化与地域化的关系

首先，就如上文所说，我们不能以社会达尔文主义的观点、逻辑来看问题，把传统与现代作为二元对立面。文化的传承与发展是有自身的规律的。整个人类各民族的发展史，就是不断走向现代化的历史，就是先进文化淘汰落后文化的各民族地区文化不断更新发展的历史。而这种先进对落后的淘汰主要集中在观念和技术层面，而非文化类型的整体。第二，全球化与地域化也不能简单地替换为现代与传统的概念。"全球化"之所以能全球化，是因为其现代性的先进性，或者说，"全球化"本质上讲是现代性的全球化；而"地域化"我们之所以认为它能够实现，是因为地域文化不是一个简单替代"过去传统"的名词，它是一个发展的概念，也因为它是发展的，所以它有着基于文化发展规律的生命力。总之，"全球化"与"地域性"会有矛盾、冲突，

[1] 陈华文. 文化学概论 [M]. 上海：上海文艺出版社，2001：197-198.
[2] 徐千里. 全球化与地域性——一个"现代性"问题 [J]. 建筑师，2004（3）：70.

但它不是对立的概念。今天的建筑文化全球化更多的是促进了世界建筑文化的交流和对话，这种交流和互动在一定程度上反而会加深对地域文化特征的认识，虽然今天的全球化中确实具有明显的西方化的含义和倾向，这就需要我们用自己的文化去过滤它。第三，全球化的文化语境构筑的是"全球意识"、"人类意识"以及理性精神。在建筑与城市领域的全球化的话题中，诸如自然资源与环境保护、历史遗产保护、人居环境归属感营造、城市与建筑特色传承、绿色生态建筑设计等，这些人类共同危机、共同利益是"当代建筑的全球化"构筑共同的主题。因此，全球化的结果并不会是地域化的消亡，从《北京宪章》指出的当今人类面临的问题和危机以及提出的未来的思路和战略中，我们清楚地看到，主动融入世界建筑文化的交流和互动中，是建筑地域化复兴的重要途径。

对于地域文化消失问题，真正令人担忧的是在全球化的强势话语下自身的迷失，从而对自身文化采取否定一切的盲从态度，以及与之相反的固守传统、排斥全球化的对抗态度。前者自己把地域文化抛弃了，后者使地域文化僵死，失去了更新发展的机遇，而最终被淘汰。因此，这一切促使我们去思考，如何以一种理性的思维认识全球化，我们文化中的很多文化形态、形式与内容与现代性并不矛盾，我们不应该妄自菲薄，不但不应该抛弃，还可以发扬和发展，同时还应重新去认识传统文化在当代的作用、意义和使命，并探索如何让传统文化中的积极因素参与到现代化的进程中来。

2.3.2 实现文化的自觉与自信是应对全球化浪潮的关键

当今的全球化，总体上说是西方世界的现代化扩张的继续，同时伴随着全球经济一体化。这种以西方文化土壤为主体，发展而来的现代文化有着明显的西方文化特征，由于其鲜明的现代性而处于强势地位。那么，处于弱势地位的后发展国家，就其文化建设和发展，如何应对呢？除了树立上文所述的几个方面的认识外，还必须在以下两个方面有所作为：一是文化自觉，二是文化自信。这是我们普遍的共识。文化自觉就要重新认识与评估自己的传统文化，文化自信就是要对自己优秀的和适合本民族地区的文化内容、文化形态建立自信。这两者是相辅相成的，没有自觉，即便自信，也是盲目的，没有自信，也不可能真正地自觉。而只有实现文化的自觉和自信才能从容应对全球化，才能重新认识地域文化在当代的作用、意义和新的使命，使传统文化与现代化对话与对接，才能使优秀文化在新时代更新和发展。

自五四运动，中国开始对自身文化进行大批判、大讨论，这实质是文化自觉的开始，客观地说，"五四"一代中对传统的批判者和捍卫者们，时代的特点决定了其局限性，由于认识上和心态上的双重原因，其观点往往偏激与局限。但问题是时至今日，我们好像没有多少进步，甚至我们不再反思我们的传统文化了，"五四"一代基本上是在中国传统文化熏陶下成长起来的，对中国文化存有切身的体验。因此更加严重的是，不说社会大众，单就当今的涉及文化领域的知识精英，由于在知识上和生活上越来越远离真切的传统文化，对传统文化的无知、曲解越来越严重。其后果是将传统文化不断推向概念化、脸谱化。一些优秀且具有民族地域特点或适合本民族地区的文化形态与文化内容、地域文化的特征精神与价值观念，在"现代化"的冲击下，不断消亡、丢失。

贝聿铭先生设计的苏州博物馆，对苏州地域建筑精神，从平面形态、空间形式、造型特征等方面进行了诠释，在平面上引入了西方以及他自己设计的众多博物馆所见不到的"以廊连接单体建筑形成院落"的地域概念，形成了庭与园的空间形式，并在尺度上，得到了较好的把握，建筑形象等方面也对现代建筑地域化作出了成功的、富有启发性的探索。举此例是想说，作为一个只在幼年时期在苏州短暂生活过、成年后一直在美国成长的一代现代主义建筑大师，他能很快地领悟地域建筑的精神，根本原因不是因为他是大师，而是因为他有心。因而可以说文化的自觉不是我们做不到，而是我们没有用心去做。

也是自"五四"以来，我们对传统文化感到越来越自卑，这不怪"五四"（恰恰相反，只有经过对自身文化的批判和反思，才能真正认识自身的文化，才能真正建立文化的信心）。西方科学技术的迅猛发展，似乎正在并已经改变了的一切，使得全世界包括西方人自己也一度迷失了方向。人文主义在对科学主义的论战中完败，前文述及的文化三系统中，技术系统成为了决定因素。相印证的是建筑与城市的理论与

图2-14　"光辉城市"

图2-15　中国的"光辉城市"

实践的发展历程，现代建筑的"国际式"一度在西方盛行，但20世纪70年代前后开始受到抵制，柯布西耶的现代城市理论一度也在西方受到追捧，好在找到了实践的地方后，因遭到抵制，只造了一幢马赛公寓就草草收场了，代之于以人文主义价值观为核心的强调文化历史传承的后现代主义的兴起，建筑符号学理论、建筑类型学理论、建筑现象学理论等，成为主流话语。时至今日，批判的地域主义、新地域主义等探索现代建筑如何体现地域精神、城市设计如何营造具有归属感的环境等话题进一步深入了相关主流话语。然而现代建筑的"国际式"却在像中国这样的发展中国家得到了大发展，柯布西耶的"光辉城市"（图2-14）在印度与巴西得到了实践但并不成功，在今天的中国却"成功"了（图2-15）。并且我们还"继承和发展"了柯布西耶的理论。当然，造成这一切的原因是多方面的，在此不作分析了。在现代化的进程中我们落后了，但这里说的落后不是指或不是主要指科学技术和经济发展的落后。西方自文艺复兴开始，哲学、世界观、文化理论、价值观、社会学文艺理论等的大繁荣、更新和大发展，使我们被远远地抛在了身后，经过改革开放后的努力，我们在经济建设上取得了辉煌的成绩，与发达国家距离在不断地缩小，但在文化建设方面，在笔者看来距离依然非常之大。这种差距需要全社会像搞经济建设一样的共同努力，但很重要的一点是，我们不能丧失文化的自觉和自信，我们常说，中华文化博大精深，这不是自吹自擂，我们是有理由自信的。我们一方面要深入研究和认识自身的文化，另一方面敞开胸怀勇于吸收先进文化。

笔者想起了 20 世纪 90 年代苏州园林申报世界文化遗产的经过，在撰写申报文本时邀请了国内一批专家学者反复研究，认为应该能够以"世界文化遗产六条标准"中的三条来申报：①代表一项独特的艺术或美学成就，构成一项创造性的天才杰作；②在相当一段时间或世界某一文化区域内，对于建筑艺术、文物性雕塑、园林和风景设计、相关的艺术或人类居住区的发展已产生重大影响；③构成某一传统风格的建筑物、建造方式或人类居住区的典型例证……。然而，教科文组织审议通过列入《世界文化遗产名录》并向世界公布时，除了"六条标准"中有一条与苏州园林无关的标准外，把剩下的我们不敢填写的两条也加了上去，分别是："独特、珍稀和历史悠久"和"构成某些类型的最高特色的例证……"我们曾经创造了人类文化的如此高度的成就，有着世界认可的如此辉煌的文化底蕴，我们要下功夫去自觉，要建立对自己文化的自信。"因此，在今天的全球化进程中，我们一方面要有一种文化自觉的意识，文化自尊的态度，文化自强的精神；面对强势文化的挑战，要像保护生物多样性一样，对建筑文化的多样性进行必要的保护、发掘、提炼、继承和弘扬。另一方面更要以开放、包容的心态和批判的精神，认真学习和吸收全世界优秀的建筑文化和先进的科学技术，自觉地融入全球化的现代化进程。惟其如此，我们的古老的建筑文化才有可能焕发出蓬勃的生命力、创造力和竞争力，才有可能真正实现中国建筑的现代化。"[1]

---

[1] 徐千里.全球化与地域性———一个"现代性"问题[J].建筑师，2004（3）：75.

本章图片来源

图 2-1 （英）戴维·赫尔德等.全球大变革 [M].杨雪冬,周红云,陈家刚,褚松燕译.北京：社会科学文献出版社,2001：书籍封面.

图 2-2 （美）托马斯·弗里德曼.世界是平的 [M].何帆,肖莹莹,郝正非译.长沙：湖南科学技术出版社,2006：书籍封面.

图 2-3 昵图网 www.nipic.com.

图 2-4 百度百科 baike.baidu.com.

图 2-5 昵图网 www.nipic.com.

图 2-6 南京市住房保障和房产局 www.njszjw.gov.cn.

图 2-7 百度百科 baike.baidu.com.

图 2-8 百度百科 baike.baidu.com.

图 2-9 百度百科 baike.baidu.com.

图 2-10 昵图网 www.nipic.com.

图 2-11 百度百科 baike.baidu.com.

图 2-12 吴良镛.北京宪章 [M].北京：清华大学出版社,2002：书籍封面.

图 2-13 （法）勒·柯布西耶.走向新建筑 [M].吴景祥译.西安：陕西师范大学出版社,2004：书籍封面.

图 2-14 （英）J.D.贝尔纳.科学的社会功能 [M].陈体芳译.南宁：广西师范大学出版社,2003：书籍封面.

图 2-15 www.pinterest.com.

本章参考文献

[1] 万俊人.现代性的伦理话语 [M].哈尔滨：黑龙江人民出版社,2002.

[2] （英）肯尼斯·弗兰姆普敦.现代建筑：一部批判的历史 [M].原山等译.北京：中国建筑工业出版社,1988.

[3] 陈华文.文化学概论 [M].上海：上海文艺出版社,2001.

[4] 吴良镛.吴良镛城市研究论文集——迎接新世纪的来临 [M].北京：中国建筑工业出版社,1996.

[5] （英）戴维·赫尔德等.全球大变革 [M].杨雪冬,周红云,陈家刚,褚松

燕译．译．北京：社会科学文献出版社，2001.

[6] （美）托马斯·弗里德曼．世界是平的 [M]．何帆，肖莹莹，郝正非译．长沙：湖南科学技术出版社，2006.

[7] 郑时龄．全球化影响下的中国城市与建筑 [J]．建筑学报，2003（2）.

[8] 徐千里．全球化与地域性——一个"现代性"问题 [J]．建筑师，2004（3）.

[9] 国际建筑师协会．国际建协"北京宪章" [J]．建筑学报，1999（6）：4-7.

[10] 刘先觉．从普利茨克奖看世界建筑文化趋势 [J]．华中建筑，2000（4）.

3 关于地域化的思想与思路

3.1 建筑类型学和现象学给了我们什么

3.1.1 关于建筑类型学

建筑类型学，更确切地说是建筑类型学的第三类型学，发端与20世纪中期的新理性主义运动。阿尔多·罗西（Aldo Rossi）1966年出版的著作《城市建筑学》和格拉西（Giorgio Grassi）1967年出版的著作《建筑的逻辑构造》奠定了新理性主义的理论基础。"斯卡拉利定义理性主义的某些目的是：①建筑的整体性；②清晰的逻辑必要性；③简洁性；④有效的合理性。这是新理性主义的一个特征。新理性主义的另一个特征是明显地采用历史主义，但采用的却是一种标准规范和正规的历史主义：它选择历史中的经典性的、古典的和权威性的元素，而非乡土和地方性的倾向。"[1] 显然，新理性主义或类型学想要解决的问题，不是建筑地域化的问题，笔者之所以把它拿出来讨论，一是因为，笔者认为它的思路和方法非常值得我们思考和借鉴，二是因为，有不少建筑师事实上是吸收了部分类型学的思想方法来进行地域化建筑的创作。

1. 建筑类型学的思想

建筑类型学把自己划分为三类，第一类可称为以自然为类型的第一类型学。主要是从建筑的相似性方面来探讨建筑的所谓"原型"。原型被理解为来自一种普遍原则，是基于原始茅屋之上的根本种类。而原始茅屋是受自然启发，利用自然进行改造而成的（图3-1）。第一

图3-1 罗杰埃的茅屋

[1] 刘先觉.现代建筑理论[M].北京：中国建筑工业出版社，1999：131.

类型学"探讨了建筑形式的来源问题，并且试图构筑一个类型的原型概念来解释这一问题。"[1] 第二类被称之为以工业为类型的第二类型学。这一方面是指在现代主义早期的把建筑理解为如柯布西耶所说的"住宅是居住的机器"的思想，另一方面也是指把建筑理解为可以按照一些规则、模式进行批量性生产的工业产品的观点。事实上，这两方面是一体的，既然是机器，当然是可以标准化生产的。与第一类型学不同的是前者基于原始茅屋，后者基于机器——这在第三类型学看来是彻底的异化。与第一类型学基本相同的是没有或忽视了人与建筑的关系，无视了类型与人、类型与城市的关系问题。

我们现在说的新理性主义的建筑类型学，被称之为以建筑为类型的第三类学。其思想首先是基于结构主义的理论，即建筑作为一个研究领域是不需要也不能够向外界寻求解释以阐释其规律的，应建立起自己说明自己的规律。其答案是："类型就是建筑的思想，它最接近建筑的本质。"[2] 而第一和第二类型学的本质问题就出在这儿。罗西在其著作《城市建筑学》中指出："类型，它存在于所有的建筑物中。"[3] 建筑是一个类型学问题，否则按常规的功能主义的思维，我们就无法解释为什么在不同的社会中可能有不同的房屋布局来处理同样的功能。"类型因此是经久的，其自身表现出一种需要的特征；尽管它是预先决定的，但却与技术、功能、风格以及建筑物的集合特征和个性有着某种辩证的关系。"[4] 而类型的背后或者说本质是生活。罗西说："不是迪朗（J. N. L. Darand）（第一类型学的核心人物，作者注）和他的建筑类型的搜集。我指的是生活，类型学是生活。"[5] 因此，"在罗西的哲理中，生活是永恒的，而用来解决生活问题的建筑的内在本质也应该是永恒的。建筑类型与人类的生活方式相关。一种特定的类型是一种生活方式与一种形式的结合，尽管它们的具体形态因不同的社会而有很大的差异。这样，形式就是建筑的表层结构，而类型则成为建筑的深层结构。"[6]

对于城市，罗西得到了两个结论：一方面他认为城市是历史的。

[1] 刘先觉. 现代建筑理论 [M]. 北京：中国建筑工业出版社，1999：307.
[2] （意）阿尔多·罗西. 城市建筑学 [M]. 黄士钧译. 北京：中国建筑工业出版社，2006：42-43.
[3] （意）阿尔多·罗西. 城市建筑学 [M]. 黄士钧译. 北京：中国建筑工业出版社，2006：42-43.
[4] （意）阿尔多·罗西. 城市建筑学 [M]. 黄士钧译. 北京：中国建筑工业出版社，2006：42-43.
[5] H·Klotz.The History of postmodern Architecture[M].MA：The MIT Press，1988：240.
[6] 刘先觉. 现代建筑理论 [M]. 北京：中国建筑工业出版社，1999：312.

城市的发展有一个时间的尺度，"在古代城市和现代城市之间，在时间的前后之间不存在任何差别，因此城市被认为是一个人造的物体；几乎没有什么城市只有清一色的现代城市建筑体或至少这类城市不是典型的，因此历史的经久性是城市的一个固有特征。"[1]组成城市的每一幢建筑物在被不断地设计、建造出来，同时也在不断地被毁坏、消失，但城市在它的生命周期内是持续存在的。这是因为对过去的记忆是通过城市承载过去的物质符号被人体验的。这也就涉及城市的第二方面结论：城市是居民的集体记忆。

罗西认为"城市本身就是市民们的集体记忆，而且城市和记忆一样，与物体和场所相连。城市是集体记忆的场所。这种场所和市民之间的关系于是成为城市中建筑和环境的主导形象。"[2]"记忆是理解整个城市复杂结构的引导线索，在此意义上，城市建筑体的建筑与艺术不同，因为后者只是为自身而存在的一种元素，而最伟大的建筑纪念物却与城市有着必然的密切关系。"[3]上述文字理解起来，就是说，罗西从他理解的城市的"经久性"和"集体记忆"的性质出发，把"纪念物"定义为城市中的主要元素。（"纪念物"可以是单幢建筑，"当然，在谈论纪念物时，我们也许就是指一条街道、一个地区，甚至一个国家"[4]）。"纪念物"是"城市的个性以及表现这种个性的建筑"。[5]"纪念物"以物质痕迹的方式记录了"集体记忆"，并能被人们强烈地感受，"纪念物"是具有象征功能的场所。因此，"城市是基于主要元素之上的观点是唯一合理的理性原则，是城市中唯一能够解释城市延续的逻辑法则。"[6]

那么如何运用类型学的方法进行建筑创作呢？罗西认为首先是从历史的建筑中抽取出建筑类型，即引用历史存在的建筑或片断，当然他说的引用不是去抄袭传统建筑，而是从过去复杂的建筑形式中（罗西的关注点在上文所说的"纪念物"上）提取对城市建筑具有普遍意义的能显出类型特征的形式。这是一种对建筑简化的结果，也可以说

[1]（意）阿尔多·罗西.城市建筑学[M].黄士钧译.北京：中国建筑工业出版社，2006：126.
[2]（意）阿尔多·罗西.城市建筑学[M].黄士钧译.北京：中国建筑工业出版社，2006：130.
[3]（意）阿尔多·罗西.城市建筑学[M].黄士钧译.北京：中国建筑工业出版社，2006：131.
[4]（意）阿尔多·罗西.城市建筑学[M].黄士钧译.北京：中国建筑工业出版社，2006：123.
[5]（意）阿尔多·罗西.城市建筑学[M].黄士钧译.北京：中国建筑工业出版社，2006：131.
[6]（意）阿尔多·罗西.城市建筑学[M].黄士钧译.北京：中国建筑工业出版社，2006：126.

是"原型",并以此作为创作的素材。他认为这是建筑创作的起点,并且是唯一的道路,只有这样,新设计出来的建筑就能与人们记忆中的建筑有着共同的"原型"。建筑师应有意识地利用人类具有的分类意识和类推能力,使新建筑与旧建筑产生"同源现象"(Homology)。这样的建筑才是属于这座城市和市民的建筑,才是基于建筑本质的建筑。

类型学的人物很多,他们的思想理论有的类似,有的存在很大差别,像格拉西,他认为"原型"应是具有普遍的、一般的性质,只存在于历史建筑连续出现的形式中,具有不言而喻的、不显著的特点。这跟罗西强调的典型性的"纪念物"就不同。而克里尔兄弟关于城市设计的研究也有着自己独到的观点和研究方法,并且两人也有差别。艾莫尼诺,威尼斯学派的成员,他的有些观点甚至与罗西相反。笔者重点介绍了罗西,一是限于篇幅,二是罗西的类型学思想较为体系化并且具有一定的典型性和思想深度。笔者介绍的内容也不是罗西类型学思想理论的全部,主要是跟我们讨论建筑地域化议题有关系的内容。

2. 建筑类型学给我们的启发

建筑类型学即第三类型学探讨的建筑以及城市的问题,其话题背后涉及了哲学思考(结构主义哲学思想)、心理学(社会心理学等)、语言学、社会学等许多方面。建筑类型学强调历史存在的建筑对于今天的重要性,但它不是提倡复古,也认可新的生活方式带来新的建筑与城市形式的必然性,但认为新与旧应是有承袭关系的,均是同一种类型的不同变体。他们的所思和所用维德勒(Anthony Vidler)的总结是这样的:"这个新的类型学的英雄们,并不是19世纪的那些怀旧的反城市化的乌托邦主义者,甚至也不是对20世纪工业化和技术进步的批评者,而是城市生活的专业信徒,用他们的设计技能,以及那些已知的或正在发明的材质,去解决在一个持续的有关林荫路、拱廊、街道与广场、公园与住房等的难题,以最终获得有关城市方面可理解的经验……建筑学实践的持续生命力在于它本质上与当前的严格需求相关,而不是与神化的过去历史联系。在唤起历史时,它拒绝任何'怀旧',除非改造它,使它有更犀利的焦点;它反对对形式的社会意义做出单一的描述;最后,它反对所有的折中主义,使用现代主义者的美学棱镜彻底地过滤它的'引用语'。"[1]

有一句名言："我们永远在接近真理的路上。"建筑类型学当然也不是真理，笔者认为，从人与建筑的关系上说，两者应是双方互动的，但类型学只强调了建筑对人的作用，把建筑问题归结为类型学问题也显然是把复杂的建筑问题简化了。但这一切并不能掩盖它的价值，它为我们打开了一扇以前没有开启过的窗，让我们看到了一个新的视野，尤其对于我们对建筑地域化的探索，有着很多启发。

1）建筑思想上的启发

首先是建筑类型学可以帮助我们（至少从一个侧面）理解和解释一些建筑问题和现象。比如说作为居住功能的民居及城市或聚落空间，其形式在各地区为什么会有很大的差别，我们知道这种差别来自于不同的文化，来自于它们对特定地域自然环境的应对方式和形成的不同的生活方式等，但我们把这一切与其形式相关联，而用类型学思想我们就可以把这理解为类型上的不同，形式背后的本质是类型。一种类型包含着一种生活方式，"类型也是一种文化元素"[2]。这里有必要再说一下类型的概念，类型是一种通过分类归纳获取的系统，在这个系统中各元素具有排他性并同时具有概念性。就是说，一方面，建筑的"原型"的概念，不是说真有这么个具体的"型"，而是指构成这一类型的个体间具有共同性、普遍性和区别于其他类型的特征性。另一方面，一个类型的成立，在于它其中的各个个体是不同的，只有不同性的存在才有类型的存在，当然其中必然要有一种变换的体系或称之为转换规律。这么解释读起来可能有点像文字游戏，举个很不恰当的例子，我们说，某一些人在长相上是一个类型的，并不是说他们长得一模一样，像机器生产出来似的毫无差别，恰恰相反，他们长得必须是有差别的，才能称之为"一个类型"。同时他们的长相作为一个类型又明显区别于其他人，而他们的"原型"是从他们的变换的面貌中被认识和理解的。说了这些就是想说，类型学从一侧面把对建筑的理解提升了一个高度，当我们观察一个地域特征鲜明的城镇或聚落时，事实上，其中的建筑

---

[1] （美）安东尼·维德勒.第三类型学[M]//查尔斯·詹克斯等.当代建筑的理论和宣言.周玉鹏等译.北京：中国建筑工业出版社，2005：71.

[2] （意）阿尔多·罗西.城市建筑学[M].黄士钧译.北京：中国建筑工业出版社，2006：42.

并不是长得一模一样，均是有变化的，公共空间也形式各异，但我们能从中获取一种整体性的认知——这是一种类型。

其次，类型学可以帮助我们解决一部分思想上的困扰。我们过去把眼睛盯着形式，在新建筑的创作时，就出现了这样的困扰和担忧：对传统形式如果复制或模仿显然是行不通的，无法体现时代的生活需要和文化精神，而抛弃地域性形式，则违背了想要体现地域特色的初衷，并担心出现破坏建设基地环境的历史文脉的问题。于是我们出现了思想上的迷茫，或者以功能主义为主体思想进行创作，再想方设法地在建筑上加一些"传统符号"；或者以仿古为主体思路，再想方设法地对建筑进行简化处理。但显然这些都不是有效的方法，也很难出现理想的结果。对待形式，要么模仿，要么改变，似乎没有别的路可走。但如果把建筑理解为类型则完全不同了。类型学告诉我们不但不要模仿，而且模仿是错误的。我们只要把新的形式做成与旧形式是"一个类型"的就成。因为是一个类型的，这就意味着对历史的传承，就是结合今天需要的发展的传承。

2）创作思路上的启发

新理性主义类型学与早期的功能主义的理性主义，相同的是均认为建筑创作时需要理性的逻辑。柯布西耶说："住宅是居住的机器"，罗西说"建筑是科学"，均是说建筑创作，不能是无拘无束、任意发挥的。不同的是功能主义的理性主义的建筑逻辑是工业机器或生物机能的"科学"逻辑，而类型学则认为柯布西耶的"住房的机器的定义对有教养的学者们来说是一种耻辱"，[1] 类型学的"科学"应是建筑的类型的逻辑。类型学认为，建筑只能在自己的体系内被认识，就是上文所说的建筑作为类型是在建筑的变换体系内被认识的，换句话说就是，各种各样的建筑都是在这体系中的互为变体，从建筑创作的角度上讲，也就是说，在人与建筑的关系上，人总是根据某种原型而创作出建筑的，建筑师不可能凭空臆想出一个与历史的建筑结构模式相违背的原则。建筑师在创作时，在他的头脑中总是先存在了建筑的类型，就像工匠制作物品时，脑子里总是已经有了这一类物品的形象一样。建筑师的创作只是在作变换。因此，建筑的创作"只能依赖先存的'类型'——'原型'

---

[1]（意）阿尔多·罗西.城市建筑学[M].黄士钧.北京：中国建筑工业出版社，2006：111.

而实现"。[1] 这就是类型学的逻辑。

对于地域建筑的创作来说，笔者认为这是一种武器，尽管我们要克服诸多方面的问题。首先是对类型如何获取的问题。笔者认为并不能像罗西所说的"是不能再进行缩减的元素的类型"[2]。如果以此来创作，就会出现所有建筑均是成立的，也就是说地域性的特征消失了，或者说人们无法从中读到具有地域性的信息，只读到这是一幢建筑而已。因此，还须就其形式组织的规律进行研究，因为过度的缩减，也就过滤掉了其组织的规律，而其组织的规律恰恰是构成类型的重要方面。对其形式组织的规律的把握，就是对类型的理解问题。这里有两个方面：一个是分类的视角问题，一个是分类的尺度的问题。分类的视角问题，就像前面笔者把某些人称为一个类型的是从长相上说的一样，这是一种角度，建筑类型学说的类型或者说探讨地域建筑相关研究的类型理论上应该是整体性的东西而不是某个角度，但如何抓住这整体性的东西，保证不存在片面性（片面性意味着只抓住了某些角度）这很困难，因为建筑及其城市的问题实在是太复杂了，不像罗西举例的工匠制作的物品那么简单。分类的尺度问题也是个大问题，再举个不恰当的例子，就比如说羊，我们可以把它分类成羊类，但我们也可以把它归为有蹄类，归为哺乳类。如果我们把哺乳类作为其"原型"来进行创作，我们就可能得不到想要的人们能理解认同的羊，但如果我们以羊类作为其"原型"来进行创作，却又有可能得到的是对现有羊的抄袭或模仿。在实际操作层面上讲，这也是类型学的困境。但不管怎么说，类型学的这一武器还是有一定有效性的。其有效性一方面来自于创作者需认真深入地对现存地域建筑及其城镇空间形式进行分析，就如克里尔所做的那样（图3-2），以求获取具有普遍性的、具有排他性质的和典型意义的形式类型；另一方面，需要创作者具有高超的设计能力及巧妙的设计手法，使结合今天各方面需要所产生的新形式与历史的形式产生同源感。新形式与旧形式能否被认同为同一类型，并不是创作者的一厢情愿，而是最终取决于人们的感受。因此，除了创作者在创作过程中必须的"闭门造车"外，还须开门让"公众参与"，这也是有效的途径。

---

[1] 刘先觉. 现代建筑理论 [M]. 北京：中国建筑工业出版社，1999：311.
[2] （意）阿尔多·罗西. 城市建筑学 [M]. 黄士钧译. 北京：中国建筑工业出版社，2006：42.

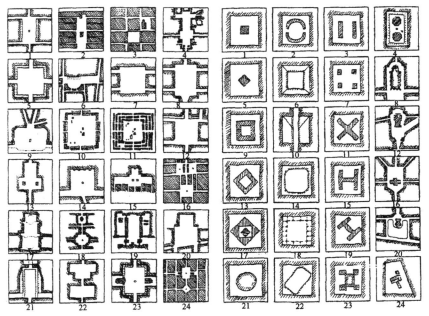

图 3-2　克里尔的空间形式分析

3.1.2　关于建筑现象学

　　建筑现象学，作为较为系统完整的理论出现，一般认为是诺伯舒兹（Christian Norberg-Schulz）1980 年出版的《场所精神》。而作为一种思想基础可追溯至 20 世纪初哲学家胡塞尔（Edmund Husserl）创立的现象学理论。哲学家海德尔格（Martin Heidegger）在 1954 年《建筑、住房、思想》一文中运用现象学的思想提出一个观察城市与建筑空间无场所感的批判制高点，对场所现象的实质以及"存在"、"建筑"、"居住"等问题进行了分析。在建筑实践上如史密斯夫妇（Smithson, Alison & peter）1952 年提出的"金巷住宅区"方案，从考文垂这一地区街道生活的体验中提出了"特征"与"联系"等概念，"以更接近现象学的概念的分类法：即房屋、街道、区域和城市来与柯布西耶的'光辉城市'的居住、工作、娱乐和交通相对抗。"[1]1965 年诺伯舒兹在其《建筑意向》中提出了这样的问题和设想："我们不禁要问：为什么特定时期的建筑有特定的风格？……历史所传递的信息应该首先是阐明问题

[1]　（英）肯尼斯·弗兰姆普敦．现代建筑：一部批判的历史 [M]．原山等译．北京：中国建筑工业出版社，1988：347．

和解决问题的方法之间存在的关系，继而为将来的工作打下经验的基础。如果我们把问题作为研究的起点，探讨建筑在社会演变过程中不断变换的角色，那么呈现在眼前的将是一个丰饶的新领域。"[1] 由此开启了他建立建筑现象学的进程。很显然，建筑现象学想要解决的核心问题也不是建筑的地域化问题，但其思想理论涉及的对建筑的理解、对建筑地域化思想特别是对批判地域主义思想的形成和发展均起到了巨大的影响作用。

1. 建筑现象学的思想

说到建筑现象学的思想，首先必须要说一下它的理论基础：现象学理论。胡塞尔在他的基于存在主义哲学的现象学理论中建立了这样的思想："认识体验具有一种意向，这属于认识体验的本质，它们意指某物且以这种或那种方式与对象有关。"[2] 此话如何来理解呢？我们知道在古典哲学中物质和意识谁是第一性的问题是区分唯物主义和唯心主义的准绳，上面这段话里面，"认识体验"指的是人的意识活动，"某物"当然指的是物质性质的东西，而"对象"是指意识活动所指向的"某物"，因此此话的意思就是说，意识活动的本质是意识活动总是指向意识活动所组成的对象。也就是说意识和物质都不是自我存在的，它们共同构成了现象学说的现象。现象是实体和构造实体意识组成的整体。现象是指呈现在人们意识中的一切，其中既有感觉经验也有一般概念。因此现象说的现象，并不是我们以往理解的"表面现象"或者说我们看到的现象从来就不是表面的，而现象学说的本质，也就不是我们以往理解的"透过现象看本质"的本质，而是指去掉主观意识的现象。

现象学认为，正是这种"透过现象看本质"的所谓的"科学思维"导致了海德格尔说的人居环境"全球性无场所感"的人类危机，所形成的实证科学分析人居环境的方法，造成缩减、中性和孤立地理解和对待人居环境，从而丢掉了人与生活世界之间本应有的整体关系。由此，现象学建立了自己分析环境的现象学方法：通过直接面对事物本身，将意识与其所指向的事物作为一个整体进行考察，具体到对人居

[1] （挪）诺伯格·舒尔茨.建筑意向：理论与宣言[M]// 查尔斯·詹克斯等.当代建筑的理论和宣言.周玉鹏，等译.北京：中国建筑工业出版社，2005：23.
[2] （德）胡塞尔.现象学的观念[M].倪梁康译.北京：人民出版社，2007：8.

环境的考察就是："一是用具体和定性的环境术语而不是抽象和缩减的概念来描述环境现象，即通过这些术语所明示或隐含的具体环境结构形式和意义，将环境与人们的具体生活经历紧紧联系在一起……另一种具体方法就是在具体的环境中，即在由特定的地点、人群、事物和历史构成的环境中，考察人们与环境之间的相互联系，从人们的环境经历中揭示出建筑环境结构和形式的具体意义和价值。"[1] 建筑现象学就是以这样的思想来理解和解释建筑现象，以这样的方法来分析建筑现象，或者更确切地说是通过考察和描述建筑现象，进而分析人与环境之间的各种联系和联系方式，从而去发现建筑与人们生活和存在的本质关系，摆脱当前人类以自我为中心、以实证科学为思维定式的思想，帮助和指导人们对建筑环境的理解、保护和创造。

现象学认为，人和世界是同时出现的一个整体，人的意识活动和意识活动所指向的对象构成了我们的生活世界。不存在独立的"主观世界"，也不存在独立于人之外的"客观世界"，只有"生活世界"。人的存在是在人与世界中事与物打交道的过程中显现并展开出来的。人的意识活动伴随着其在生活世界的目的，伴随着其经历，不断地赋予这些对象以意义和价值。而建筑或者说真正的建筑，就是将特定的意义和价值聚集在其形式中，并通过人们在其中进行的特定活动显现并展开出来。人总是居住在具体的地方，同时也居住在具体的事物和时间之中，这一切构成了人的特定的居住环境。真正意义上的居住，不是肉体的暂时安顿，而是指自觉地把身心归属于特定的生活环境。而让人产生归属感的建筑环境就是建筑现象学所说的场所。场所的营造是人进行建筑活动的根本目的。

在建筑现象学看来，衡量建筑环境的对错与优劣，或者按其说法就是本真的建筑应该具有哪些方面的品质，有以下几个方面的标尺：

（1）是看建筑环境是否与自然环境建立起积极并有意义的联系。现象学认为，从原初和本质上讲，建筑是自然的启示和生活的需要相结合的产物。建筑环境是人对自然环境创造性的模仿和借鉴，并把在自然环境中体验和感悟到的意义和精神体现在建筑环境中。因此建筑环境在满足生活和生活方式的需要的同时，也体现了自然环境的形式、

---

[1] 刘先觉.现代建筑理论[M].北京：中国建筑工业出版社，1999：112.

结构和特征及其由此而产生的意义和精神。自然环境并不是只为人类生存提供了物质条件，自然环境与人造环境是一个整体。（图 3-3）"在古代的建筑历史中，自然环境与神话是密切相关的，它们以一种神奇而深刻的方式影响着人们住所位置的选择和环境形式的创造，影响着人们的生活经历和意义。"[1] 诺伯舒兹认为，人造环境不能是简单地理解为实用性的产物，更不是随机性的产物，而是特定的自然环境和具体的生活状况相互结合的产物，人造环境是以自然环境的显现、补充和象征这三种方式与自然环境相联系的。所包含的精神内容远远超越

图 3-3　哥特式教堂指向天空的形式，其建筑边界（外轮廓）所建立起的与天空的关系，显现出的意义和精神

了物质和功能上的意义。真正优秀的建筑都具备这样的品质。具化自然现象并与其建立积极而有意义的关系是人造环境建设的基本任务。

（2）是看建筑环境是否满足人们的生活需要，建立起了人们的生活秩序。建筑现象学的视角，不像现代主义分析机器那样"科学"地分析功能和功能关系，从而抽离了人的环境体验和心理经验。海德格尔的《建筑、住房和思想》在探讨"空间"时就指出，空间作为场所的现象学实质在于它的边界的具体、清晰、明确定义的性质，用他自己的话来说就是"空间指的是一块经过清理或允许自由聚居或居住的场所。界限并不是某件事物的终止的地点，而是指某事物开始其存在的地点。"建筑环境是通过界线建立起的不同的活动空间或领域构造而成的。界线带来了围合，不同形式的界线和不同形式的围合创造出适合开展不同活动的条件和氛围。拉普卜特（Amos Rapoport）说："人们是以他们获得的环境的意义来对环境做出反应的。"[2] 建筑环境无论是一个房间、一座建筑还是建筑群体和城市空间，都是在其形式结构、

[1] 刘先觉.现代建筑理论 [M].北京：中国建筑工业出版社，1999：117.

[2] （美）阿摩斯·拉普卜特.建成环境的意义 [M].黄兰谷译.北京：中国建筑工业出版社，2003：3.

特征细节等方面传递出特定的信息内容，人们从中获得对环境意义的认知，以及环境中经历的意义。人们据此来产生活动的内容、活动的方式和程序。因此，反过来说，本真的建筑环境应是围绕人们的生活需要，通过界线和围合的形式结构、特征细节，塑造出相应的适合的空间领域。

（3）是看建筑环境是否以与文化相适应的方式参与到人们的生活之中而成为生活方式的一部分。建筑现象学认为，除了自然环境，文化环境是塑造建筑环境的另一条腿。这样的观点在今天看来并不新鲜，但在 20 世纪 50 年代还是很有价值的。而且，重要的是现象学对此有着自己的理解和解释。人创造了文化，但文化反过来规约着人。落实到建筑环境上，建筑是文化的产品，文化可理解为特定的人群共享的生活方式。人们把身心归属于特定的环境首先是归属于特定的生活方式，而建筑环境应该也必然是体现和表达这种生活方式的。世界各地不同的城镇空间及其街道、广场等元素的形式和结构，建筑空间及其房屋、院落等元素的形式和结构，均是不同的生活方式的体现和表达。特定文化的价值观念、风俗习惯、审美倾向等指导着人们的建筑环境营造活动，表达出对环境的理解和意义解释，同时又影响着其文化成员的环境经历、理解和解释环境信息的意义，以及在建筑环境中活动的方式和程序等。本真的建筑环境应该是与文化相适应的，并且以此方式参与到人们的生活之中。因此，"准确地把握特定环境对于特定人群的意义是相当重要的，这牵涉到我们能否完整和准确地理解人和环境的关系问题，牵涉到建筑师是否能为环境使用者设计出合适环境的问题。"

从哲学思想到建筑问题的分析到对建筑现象的解析以及对建筑本质的认识，这一切最终要说的是（或者说是结论）就是本真的建筑环境是场所。也就是说，场所及其精神的研究是建筑现象学的中心议题。在现象学的概念中，场所不只有物质意义上的概念，从哲学概念上说，就是意识活动与意识活动所指向的对象所构成的整体。

也就是说，场所是人与建筑在时间（经历）的基础上，通过相互反复作用和复杂联系后，在记忆和情感中所形成的概念，是人们心理和精神上的需要、愿望与生活上的需要相结合的产物。场所的本质意义是归属感，人们把身心"归属于某地意味着人们的经历和情感上对某一建筑环境的深度介入，从而在更加深刻的层次上感受到生活和存在的意义，同时建立与周围世界的积极而有意义的联系。"[1] 因此场所除了它的物质属性外还有精神属性。

在诺伯舒兹看来，场所结构可以从空间和特征这两个方面来描述和讨论。空间既不仅是指物理概念的几何体，也不只是指意识概念的感觉，而是指具有品质和意义的容纳人们生活和经历的三维整体。空间的伸展与外部相连，空间的围合产生内部，不同方式、不同程度的伸展和围合构成了场所结构的一方面。而特征一方面是指一种总体的品质，另一方面是指构成空间的实体的具体形式。特征既来自于空间，不同特征的场所意味着不同的生活内容和事件；特征又来自于边界，来自于建筑物跟天与地的具体形式关系，来自于建筑物和建筑空间环境内部与外部间的边界中。

场所的意义来自于人的经历。来自于与自然环境打交道中的经历，来自于社会文化环境中的生活经历。这种经历或者说体验，赋予了场所以意义。这是一种反复作用的历程，这种反复作用带来对意义不断地修正和补充；带来了对具体建筑环境不断加强的属于感，由此影响乃至决定着人们在空间中的体验方式和行为。

场所精神是指一种总体气氛，场所的结构和场所的意义共同构成了场所精神。因此其包含的内容和意义是全方位的。在今天的人居环境建设中，保持场所精神意味着如何为人类自己创造具有归属感的环境问题，意味着把握住人与世界的本质联系的问题，意味着把握住了建筑的本质。当然，保护场所精神并不是说要复制或模仿原有建筑环境的具体结构和特征，而是说要从场所精神出发去理解建筑环境，在新的历史背景下，创造性的解释和体现业已存在的场所精神。

2. 建筑现象学给我们的启发

建筑现象学从哲学思想的角度出发，借鉴了当时及之前人类学、地理学、文化学、心理学及建筑学与城市规划设计研究的成果，搭建起自己的建筑思想和理论框架。面对自然科学的分析法带来的种种问题，建筑现象学借助于人文科学的方法。来解开建筑的本质问题，让

[1] 刘先觉.现代建筑理论[M].北京：中国建筑工业出版社，1999：115.

我们对建筑问题有了更深刻的理解和
认识。但不可否认的是，今天的建筑、
今天的城市如果全然抛弃了科学思维
和实证科学的方法，那是无法想象的，
科学性和人文性是建筑的两条腿，一
条也不能丢的。

　　建筑现象学向我们展示了建筑的
一个被我们忽视的或没有能充分认识
的侧面。仅凭这一点，对于我们更深
入地研究建筑问题就有着十分重要的
价值和非常积极的意义。拉普卜特在
他的《建成环境的意义》（图3-4）一
书的结语中写道："一个群体及其生活

图3-4　阿莫斯·拉普卜特《建成环
境的意义》

方式和对环境质量的喜好所勾画的轮廓一旦树立起来，人们常常可以
描绘他们的行动体系和容纳它们的体系如场面、领域之类。通过观察
和分析这些场面和发生期间的行为，切题的线索就能迅速发现并理解。
他们即可由此提供，或易于使该群体把这些提供给他们自己。人们能
以巨大的预见性研究场面是否满意地表达了预期行为及其允许范围或
分寸的百分比。"[1] 由此，我们也看到，建筑现象学对于地域建筑的理解
和建筑地域化创作有着重大的启发意义。

　　1）建筑思想上的启发

　　（1）以前，其实也包括当前，我们探讨建筑地域化问题总被（甚
至自己也）认为是在做一件不是建筑主流或至少只是建筑的一个方面
的事。建筑现象学告诉了我们，建筑的地域性是建筑的本质。建筑是
特定地域的自然环境和社会文化环境的产物，体现地域人的生活方式，
让人产生归属感的建筑环境才是真正好的建筑环境（场所）。因此，探
讨建筑的地域化问题可理解为是探讨建筑的本质问题。建筑表达其地
域性是理直气壮的，并且是必须的。

　　（2）以前，其实也包括当前，我们探讨建筑地域化问题总被（甚
至自己也）认为是在做一件偏执的、留恋过去的老人心态的事。建筑

[1]　（美）阿摩斯·拉普卜特.建成环境的意义 [M].黄兰谷译.北京：中国建筑工业出版社，2003：160.

现象学告诉我们，本真的建筑是将意义和价值聚集到了其形式之中，并对人在建筑中的活动起到了展现和强化的作用。而意义和价值来源于人们时间尺度上的经历。人总是在自身经历的基础上来认识判断事物的。因而创作属于该地域的建筑即让人产生归属感的环境，从历史出发是理直气壮的，并且是必须的。

（3）以前，其实也包括当前，我们在进行地域建筑的创作或研究时，常被（甚至自己也）认为是在做一件片面性的、缺乏普遍意义的事，"只有民族的才是世界的"这句话，只是自我麻醉式的口号。建筑现象学告诉我们的恰恰是那些功能主义和相应科学技术分析方法，那才是片面性的。因为它们剥离地域人的生活方式以及人与建筑环境间整体的复杂关系，把人的精神世界排斥去建筑事实之外了。只有从直接面对特定地域的建筑事实（现象）出发，将人与建筑环境作为整体关联起来分析，并以此探索和创作建筑，才是建筑的根本之道。这样的创作思路和方法才是具有普遍意义的。

当然，建筑现象学并不是针对建筑地域化的理论，它探讨的重心是建筑一般性的、普遍意义的属性。现象学人类生存状况的属性，人和世界的关系，存在着其意义的研究，建筑的目的与建筑的内涵品质等本质问题的研究，均对我们重新或更加深入地理解建筑问题有很大的启发意义。在此基础上对建筑的理解和解释，如单体房屋、村落及城镇是如何聚集并揭示人们的生活状况的，就连桥梁也不仅是交通的意义，"因为只有当一座桥梁跨越水面时，我们才能称河的两边为两岸……两边就不再是没有什么关系的了……桥梁使水面、岸边和相关土地成为邻居并将水面周围的大地聚集成为有意义的环境。"[1] 它帮助我们提高了对建筑的理解和认识。

但不得不说，建筑现象学存在着诸多问题，如它回避了物质和意识谁是第一性的问题，但事实上是走向了主观唯心主义的道路。思想一旦脱掉了唯物论的缰绳，就很容易"飞翔"。如诺伯舒兹认为建筑聚集的"秩序"、"事物"、"特征"和"光线"四个要素是建筑所具化的、超越表面现象的本质意义，它们分别对应的是"天堂"、"人世"、"人类"和"神灵"。海德格尔还有更多"具有想象力"的带着浓厚的神学和神

[1] 刘先觉.现代建筑理论[M].北京：中国建筑工业出版社，1999：135.

秘主义色彩的论述。此外，诺伯舒兹一方面认为文化及相应而来的生活方式是建筑意义的来源，但又说文化和生活方式不会产生意义，而是他认为的上面所说的四个要素是根本。这不但自相矛盾，而且就文化而论建筑也是片面的。政治、经济、社会以及文化相互交织并共同作用，才是建筑或场所产生的必然的依据。他在强调自然环境的时候也是片面的。一方面只强调了自然地理环境的因素，但丢掉了其实是非常重要的自然环境的经济地理因素，因为不同的自然环境必然会培育出不同的生产方式，由此也影响生活方式的形成，这也是地域人文观念、审美倾向等形成和发展的重要因素。另一方面他把人对自然环境的理解归纳为力量、秩序、特征、光线和时间，笔者并不是说这样的分析和归纳没有意义或价值，而是说，这事实上是把自然环境现象另一种的抽象和缩减，同时与他在论述考察环境时强调的要把特定地域的环境与特定的人群的生存状况和生活方式相互联系考察，以获取特定地域环境与人的整体内在关系相矛盾。

2）创作思路上的启发

以往进行地域建筑的创作，我们往往是从对传统地域建筑的形式和特征的分析出发，很多建筑理论也是这么指引我们的，如建筑符号学、类型学、形态学等，尽管它们的视角不同，并且也从不同的理论的落脚点强调形式承载着的意义，但都是从分析建筑的形式出发的。而建筑现象学为我们提供了完全不同的，非常有启发意义和价值的分析法：首先是把事物和意识作为一个整体来考察的思路，这几乎是抓住了问题的本质，因为建筑环境总是人按照自己的意愿进行创造的结果，因此只有把两者结合为一体来考察环境，才可能更深刻地领悟建筑环境其表现形式的基本属性和价值；其次是通过直接面对现象本身去发现本质的方法，即通过具体和定性的考察研究，来实现准确地描述环境现象，达到揭示特定地域建筑环境结构与形式对于特定人群的具体关系的目的。在笔者看来这样的分析法无疑是更科学、更有效的。当然这依赖于考察分析的全面性、系统性和深入度。这样的分析思路和方法，尽管对我们的综合能力、知识储备、投入的精力等要求非常高，甚至要同时结合不同学科，就特定地域在不同方面进行的大量深入的考察研究。但无论如何，只是这样才能更好地把握建筑及其城市空间环境形式对于特定人群的本质意义和价值，由此把握在新条件下对其发展创造的线索。只有这样，才能获得对我们的创作更准确、更直接、更重要的依据。

这种考察分析对我们的启发是：特定地域的自然环境和社会文化环境是两个重要的内容，我们不必纠结于人类学或文化学理论关于自然环境究竟何等程度上决定或影响着地域文化的争论，也不必纠结于建筑现象学中把自然环境最终理解为"力量、秩序、特征、光线和时间"，是否是高度的归纳，还是抽象和缩减了环境现象，就像现象学自己所说的，人们创造建筑环境的一个基本任务就是建立、保持和发展与自然环境的积极而有意义的联系。人们总是生活在具体的自然环境下的建筑环境中，特定地域的建筑环境是人们与自然环境打交道的过程中获得的对生存方式、生活意义的产物。"一方水土养一方人"，特定的自然环境影响着特定的人群的生活方式、生活态度、审美观念乃至世界观等是不争的事实。从传统地域建筑中，我们也能清晰地看到自然环境在建筑上所烙下的印迹。因而对地域建筑的创作来说，深入分析特定地域的自然环境及其与建筑和人的整体关联性，由此分析理解建筑环境的结构、形式、特征及其可能的相关意义，对于把握地域的精神，获取创作的线索，有着重要的价值。而对于地域的社会文化环境，我们也不必纠结于社会学、文化学关于这由人自身创造的社会和文化究竟在何等程度上反过来规约着人的所思和所为。有一点是明确的，就如拉普卜特所言："人们对环境，首先是整体的与感情的反应……环境质量的整个概念显然是这样一种概念，即人们喜欢某些市区或住宅形式，只是由于他们含有的意义。"[1] 文化就是这意义产生的来源，地域的文化规约着、影响着地域人对建筑环境质量和意义的理解和解释，指导着地域人的建筑活动。从传统地域建筑中我们事实上也能清晰地看到建筑所反映出的生活方式、价值观念和风俗习惯等文化因素。因此对于地域建筑的创作来说，考察和分析地域社会文化环境就显得极其重要。只有这样，设计者才能把握住使用者对于建筑环境的意义的理解，才能整理出地域建筑形式背后的精神内核，才能创作出属于这块文化土壤的真正的地域建筑。

---

[1] （美）阿摩斯·拉普卜特.建成环境的意义[M].黄兰谷译.北京：中国建筑工业出版社，2003：4.

因此，建筑现象学对于创作思路的另一启发或指引，是把我们从对地域建筑形式的关注带到了对地域建筑的精神层面的关注。建筑的本质是营造场所，地域建筑的创作，准确地说是真正的建筑创作就是要保持和延续场所精神。因此在创作思路上，首先是认识到新建筑及空间环境是在既有的场所中生成的，因此它不应该是反场所的，应该是场所精神的延续；其二是保持、尊重和创造性地发展在历史中形成的环境结构和形式特征应是建筑与环境创作的主体思路；其三，历史或者说经历是存在的根基，这里包含着今天，今天的建筑与环境创作是以今天的时间坐标重新解释和体现业已存在的场所精神。

3.2 如何理解批判的地域主义

在上文"建筑中的地域主义"一节中笔者已对批判的地域主义进行了粗略的介绍，批判的地域主义不容易被理解，笔者认为，一是由于"批判"这词容易被误解，或不好把握其内在的意思；二是批判的地域主义不是一种具有比较严密逻辑的建筑理论，它是据于对具有类似性的建筑实践的分析而来的一种（也可称为一类）建筑创作思想的梳理、总结和反思，是一种建筑观点和立场，因此自称或被称为批判的地域主义的建筑作品呈现出创作思路、方法乃至建筑形象等方面的多元性；三是因为其批判性和实践性，使得其不断地处于自我反思和更新中。我们可以从以下四个方面来梳理和分析理解批判的地域主义。

3.2.1 批判的地域主义是如何被提出来的

批判的地域主义是基于对建筑主流现实的抵抗，和对过往建筑实践的反思提出的。批判的地域主义正式作为名词概念是由建筑理论家亚历山大·楚尼斯（Alexander Tzonis）和利亚纳·勒费夫尔（Liane Lefaivre）在1981年发表的文章《网格和路径》中首次提出的。紧接着，美国建筑学者肯尼斯·弗兰姆普敦在1983年发表了文章《走向批判的地域主义》对楚尼斯和勒费夫尔创造的这一名词以及相关观点进行了肯定，并正式将批判的地域主义作为一种清晰和明确的建筑思想来研究。批判的地域主义被提出来，其背景可以归结为以下两点：

1. 抵抗

弗兰姆普敦的文章《走向批判的地域主义》还有一个副标题"'抵抗建筑学'的六要点"，显然批判的地域主义至少在当时是基于一种"抵抗"的需要而提出来的，那么弗兰姆普敦所说的"抵抗"是要抵抗什么呢？文章的开头他首先引用了保罗·利科（Paul Ricoeur）的著作《历史与真理》中的一段话："全球化的现象，既是人类的一大进步，又起到了某种微妙的破坏作用。它不仅破坏了传统文化，这一点倒不一定是无可挽回的错误，而且破坏了我暂且称之为伟大文化的'创造核心'，这个'核心'构成了我们阐释生命的基础，我称之为人类道德和神话核心。由此产生了冲突。我们的感觉是：这种单一的世界文明同时正在对创造了过去伟大文明的文化资源起着消耗和磨蚀的作用。除了其他一些令人不安的效果外，这种威胁还表现在它呈现于我们面前的一种平庸无奇的文明，恰好是我前面所说的基本文化的荒谬的对立面……这就是我们的迷：如何既成为现代的而又回到自己的源泉，如何既恢复一个古老的、沉睡的文化，而又参与到全球文明中去。"接着开始正文。第一个标题是"文化与文明"。要解释一下的是弗兰姆普敦这里所说的"文化"是指地域性文化，而"文明"是指全球性的文明。他说："从启蒙时代开始，'文明'所关心的主要是工具式的理性，而'文化'则从事于特征的表现，也就是它自身的集体心理—社会现实的存在的演变。今天，文明越来越卷入'手段—目标'这一从不中断的锁链之中……"[1] 很明显，弗兰姆普敦所说的抵抗就是用地域性文化来抵抗全球性的文明。他指出："当今，建筑创作的实践似乎日益走向两极化，一方面是完全决定于生产的'重技派'手法，另一方面是提供一种'弥补式的立面'，来掩盖这种全球性系统的冷酷现实。"[2] 这段话中的第一方面显然是指现代主义建筑存在的问题，第二方面显然是指后现代主义建筑的。在第二个标题"先锋派的兴衰"下，弗兰姆普敦在简要评述各历史时期建筑中的先锋派的作为后说："在世纪（指 20 世纪，笔者注）转换后不久，进步的先锋派以全副武装出现。这种对'古代统治'的毫不含糊的批

---

[1]（英）肯尼斯·弗兰姆普敦.现代建筑：一部批判的历史[M].原山等译.北京：中国建筑工业出版社，1988：393-395.

[2]（英）肯尼斯·弗兰姆普敦.现代建筑：一部批判的历史[M].原山等译.北京：中国建筑工业出版社，1988：393-395.

判导致了在 20 年代的一些主要的积极的文化流派的形成：即纯洁主义、新造型主义和构成主义。这些运动是激进先锋主义能够全心全意地和现代化过程站在一起的最后一次。"[1] 指出"先锋主义不再能继续成为一种解放运动，部分的是由于它最初的乌托邦诺言已经被工具式理智的内在理性所否定"。同时他也对后现代主义提出了质疑，尤其是对查尔斯·詹克斯定义的那种他称之为"走向纯布景术"的后现代建筑，"不是像他们自己声称的，在解放性现代化计划据称已被证明破产之后（指詹克斯在《后现代建筑语言》一书中开篇所说的现代主义建筑已死亡之说，笔者注），提供一种创造性的'秩序的恢复'"，并引用了安德里阿斯·胡森斯的话："美国的后现代主义先锋派不仅是先锋主义的最后一场游戏，它还代表了批判性反对派文化的支离破碎和日落西山。"[2]

楚尼斯和勒费夫尔在《网格和路径》以及其后发表的《批判的地域主义》中一方面试图把批判的地域主义与大众主义和情感性的地域主义相区分，后者是指当时后现代主义的思想和建筑实践。另一方面追溯了 20 世纪中叶当时美国建筑理论和批评家芒福德与国际风格的代言人希区柯克和现代主义的理论家吉迪翁等人的争论，赞赏芒福德在美国提倡地域主义来抵抗国际风格的现代主义的试图。认为芒福德很早就十分有远见地将区域（地域）主义从商业和沙文主义的弊端中拯救了出来，认同芒福德所说的当时加州地区出现的"海湾地区风格"（Bay Region Style）是一种现代主义的当地、本土和人道的形式。肯定了杰克逊（J.B Jackson）在 20 世纪 50 年代对国际风格和 MOMA 等无视美国地方建筑和景观现实的抵抗，以及他创办的《景观》杂志介绍和分析美国地方与乡土建筑、地貌景观与地质，以及居民生活方式等所做的贡献。认为芒福德和杰克逊在当时的观点和思想表现出一种美国"地域主义的觉醒和反抗"。

由此可见，批判的地域主义的提出，既是针对现代主义的，也是针对后现代主义，或者更确切地说，它并不想针对谁，其本质是出于对建筑的地域性的消失的抵抗。就像弗兰姆普敦在"文化与文明"一

[1]（英）肯尼斯·弗兰姆普敦. 现代建筑：一部批判的历史 [M]. 原山等译. 北京：中国建筑工业出版社，1988：394.
[2]（英）肯尼斯·弗兰姆普敦. 现代建筑：一部批判的历史 [M]. 原山等译. 北京：中国建筑工业出版社，1988：395.

节中所说的那样，就是用地域性文化来抵抗全球性的文明。当然，这种抵抗不是采取复古倒退方法，也不是全盘否定全球性文明，是试图通过"强调对地区的不同性、多元文化、地区的地理、气候和材料的不同性的建筑设计的意义加以重视，强调地区的地理、气候、材料、色彩、解决环境问题的方式，强调地方文化的意义"，来抵抗"现代主义那种以西方文化为根基的国际风格，以最大限度地获得经济利润的资本主义机器标准和机械生产，以消费文化为主的大众文化，以及大同式的世界建筑标准，以消费、利润和西方文化征服一切弱势文化的西方现代主义"[1]。这是批判性态度的抵抗。这里涉及"批判"的概念和批判的地域主义的核心思想，留待后文详解。

2. 反思

批判的地域主义的提出，也是对建筑自身反思的结果。最早的反思者在楚尼斯和勒费夫尔看来就是芒福德。早在 1924 年芒福德在其著作《Sticks and Stones》中就对地域的概念进行了反思，认为这不只是一个美学层面的审美倾向问题，还是对自然环境的理解和经营的问题，而这是现代文明或者说现代建筑所应该具有的态度。上文所说的20 世纪中叶他与国际风格和现代主义的捍卫者们的争论，就是他这一思想的延续。因此他充分肯定 W·伍斯特（William Wurster，伯克利加利福尼亚大学建筑系第一任系主任）发展出的加州"海湾地区风格"，认为伍斯特的建筑"容许地区性的调节和适应"，这远比当时的国际风格更具有真正的现代性和普遍意义，这才是真正的世界风格。芒福德通过对现代主义及其国际风格的思想及其现实后果的反思，提出了地域性是现代性重要内容这个具有"原创性贡献"的思想。同时他对传统的地域主义进行了反思，认为我们今天探讨的地域主义"并不是有关使用最现成的地方材料，或是抄袭我们祖先所使用的某种简单的构造和营建形式"，是类似"海湾地区风格"那样的结合气候与环境特点的今天对地域的创造性解释。他的这种不把"地域"与"全球"对立起来看待，而是把地域主义理解为是在地方与全球之间不断交流和沟通的过程的思想，对批判的地域主义主体思想的形成和发展起到了奠基石的作用。

弗兰姆普敦的著作《现代建筑：一部批判的历史》通篇就是对现

---

[1] 沈克宁. 批判的地域主义 [J]. 建筑师，2004（5）：49.

代建筑从萌芽到诞生从发展至其成书的全方位的反思。书的主体分三篇，第一和第二篇更接近介绍性质的现代建筑史，第三篇则加入了更多的自己的思考和判断。在第三篇的最后一章，他以"场所，生产与建筑艺术：走向一种批判的建筑理论"为标题，说的第一段话就是："凡是叙述建筑学近期发展的著作，无不提到这一学科在过去 10 年间所扮演的模棱两可的角色——所谓模棱两可，指的不仅是它公开宣称要为公众利益服务之时，却往往不加批判地帮助了一种最佳工艺学的统治领域的扩大；而且也指的是它的许多有才干的成员已经放弃了传统的实践，或是转向社会活动，或是沉溺于把建筑学设想为一种纯艺术形式。"[1]这段话清晰地指出了当时（其实也是当前）建筑学存在的问题和困境。其实也由此提出了建筑学的方向在哪里的问题。在分析评述了当时存在的各种建筑思想和建筑实践后，在文章的结尾他引用了诺伯舒兹的著作《对已沦失的建筑艺术的研究》中的一段话："……因此，近百年中的技术革命超越了'技术'革命的含义。事实上，现代工艺学不仅服务于解决数量和经济的问题，而且，如果正确地加以理解的话，它还有助于我们用可使我们的环境具有特征的形式来取代已经贬值的历史主义的主题，从而创立一种真正的'场所'。"弗兰姆普敦在文章的最后反思道："我们如今极少能见到一项现代作品，它所精心选择的技术能够提供一种渗透到结构物的最深的内核中去的改变语言，它无能成为一种组成整体的力量，而只不过是一种人为的感觉上的变格而已。然而，现代社会依然具有改变语言的能力，这一点可以阿尔托的最佳作品为证……现代建筑当今的趋势却是内容的枯竭，也就是说，把建筑还原为施工方法，这一事实使我们回复到海德格尔提出的挑战……"这种反思和对建筑方向的思考与认识进一步体现在他其后的《当代建筑的各种主义》一文中。此文在归纳和分析了当时建筑中的各种主义和建筑实践后，用"地域主义"为标题专门分析了在他看来具有建筑学方向性的建筑思想和建筑实践，为他后来响应楚尼斯和勒费夫尔创造的批判的地域主义的概念，形成他的批判的地域主义思想和《走向批判的地域主义》一文，奠定了基础。

---

[1] （英）肯尼斯·弗兰姆普敦. 现代建筑：一部批判的历史 [M]. 原山等译. 北京：中国建筑工业出版社，1988：357.

楚尼斯和勒费夫尔在《网格和路径》中对地域主义以及被他们命名为批判的地域主义进行了反思,认为:"地域主义在过去的两个半世纪中的某些时期几乎都主宰了建筑设计。对它的一般定义可以是:它维护个人和地域的建筑特征,反对全球化及抽象的特性。然而,地域主义又带有一定的含糊性。一方面,它与改革及解放运动相联系……另一方面,它却证明是一种有力地镇压和沙文主义的工具……肯定地说,批判的地域主义有它的局限性。大众主义——地域主义的一种更为发展形式的兴起,已经把这些弱点暴露无遗。任何新的建筑学都不可能在不建立一种设计人与用户之间的新关系或不提出新纲领的情况下出现……尽管有这些局限性,批判的地域主义却是任何一种人道主义建筑学通向未来所必须跨过的桥梁。"[1] 这段话反映了楚尼斯和勒费夫尔在创立批判的地域主义思想时,对当时地域主义形形色色的建筑思想和实践的忧虑和反思,批判的地域主义一方面表现出的是如芒福德所说的现代性的创造性,即"它与改革及解放运动相联系";另一方面也由于其强调地域性,又很容易成为抑制现代性和创造性的工具,或者滑向类似弗兰姆普敦所说的"政治的地域主义",在某些政治和历史遗存较多的城市,"制定创造性的文化策略的计划是很困难的"[2];而在当时兴盛的后现代则把地域主义带向了大众主义,使之失去了批判性的创造性而成为通俗主义或情感性的地域主义。楚尼斯和勒费夫尔的忧虑和反思与其说是针对地域主义的,毋宁说是针对建筑学的。其反思的结论是:批判的地域主义是建筑学的正道。

3.2.2 批判的地域主义的总体思想

1. 批判的概念

"批判"这个概念可以追溯到 18 世纪康德用"三大批判"(《实践理性的批判》和《纯粹理性的批判》、《判断力批判》)所建立的批判性思维。此后批判就成了哲学家的传统。康德的"批判"是对"理性永远无法被送上被告席,因为在审判的时候人们发现理性是其自身的立

---

[1]（英）肯尼斯·弗兰姆普敦. 现代建筑:一部批判的历史 [M]. 原山等译. 北京:中国建筑工业出版社,1988:396.

[2]（英）肯尼斯·弗兰姆普敦. 现代建筑:一部批判的历史 [M]. 原山等译. 北京:中国建筑工业出版社,1988:391.

法者"的"批判"。在过去，人们让认识向外部事物看齐。康德提出了如果我们颠倒一下，让事物向我们的认识看齐，该会如何呢？以及我怎样才能肯定世界只不过是存在于我的头脑当中呢？因为只有在人的头脑中，语言与事物的一致（真理）似乎才是可能存在的。康德的"批判"是在继承了古希腊哲学的二元论的世界观基础上，对人们的经验世界与客观世界的关系的思考。对于二元对立论，上文介绍到的现象学实际上已经拒绝了这种拆分和对立，但康德的思想以及在《判断力批判》中对于人类精神活动的目的、意义和作用方式，包括人的美学鉴赏能力和幻想能力等的思考，对于现象学无疑起到了启示性乃至指导性的作用。在 20 世纪中兴盛一时的法兰克福学派继承了这种批判性的思维，形成了以社会批判理论和文化批判理论为主体的"批判学说"。法兰克福学派人数众多，相互间的观点也不尽一致，粗略的归纳的话，其社会批判理论是在马克思主义的名义下对现代资本主义社会的批判。当然这一学派对于马克思主义的理解和接受是片面的、有选择的。认为马克思的哲学的"核心问题就是现实的个人的存在问题"，是纯粹的人道主义。因此常被称为黑格尔主义的马克思主义、个体化的马克思主义、弗洛伊德主义的马克思主义等。这些跟我们讨论的主体较远，不细说了。其文化批判理论的理论脉络是以欧洲的人文主义传统为主线的，理论基调即以人为本。大致说来包括了三方面的内容：一是对肯定文化 (affirmative culture) 和文化工业 (culture-industry) 的批判，即重在批判文化工业对大众的控制性和欺骗性；二是对文化艺术的社会作用进行了阐述，认为艺术的作用就是否定现存社会，试图建立一个审美的乌托邦；三是将文化艺术与生产力和生产关系联系在一起，对艺术生产的理论进行了探索。思想来源一是接受卢梭、歌德、席勒等人的具有宗教化色彩的救赎思想，对科技文明的发展、社会技术的进步持一种批判态度，并以之否定现存社会。形成了一种具有怀旧色彩的浪漫主义理论基调。二是这一学派继承了伏尔泰、柏格森、叔本华、尼采、海德格尔等人强调作为个体人的存在的理论，推崇个人自主性、创造性和个体自由解放的思想。表现为对现代艺术的推崇和对文化工业的批判两个方面。法兰克福学派的这种批判由于其对现实中的一切存在所作的几乎绝对否定态度，使得其也成为了批判的对象。

从康德到现象学到法兰克福学派，笔者用上文的这点篇幅是不可能说清楚的，只是想由此引出笔者想说的两点：一是关于批判的地域主义的思想方法。那是源自康德的批判性思维的并后来成为西方哲学传统（包括现象学和法兰克福学派等）的"离开先验接受给定的真理，而对自己的认知范畴进行不停地反思和自我批判"的思想方法；二是关于批判的地域主义的思想基础。要批判就首先要有立场，批判的地域主义的思想基础首先是源自康德的人本主义立场，理论脉络是欧洲的人文主义传统。其中现象学的思想理论对批判的地域主义的思想的形成有着较大的影响。尽管像海德格尔的一些思想具有保守的地域主义倾向，但现象学把意识与其所指向的事物作为一个整体来考察以及把人居环境理解为场所的概念等，对批判的地域主义有深刻的影响。而法兰克福学派，首先其兴盛时期与批判的地域主义的提出在时间上是前脚和后脚的关系，其次在思想上更是具有较强的传承关系。尽管法兰克福学派的一些思想过于极端，但其强调自主性、创造性及主张通过艺术的自律性来实现社会批判和人的自由解放的革命目标，以自身为目的的艺术自律性又成了实现他律性目标的手段等思想，无疑对批判的地域主义的建筑思想具有很强的启发意义。这些就是楚尼斯和勒费夫尔使用批判的地域主义这个概念的由来。

2. 接受的批判

弗兰姆普敦在《走向批判的地域主义》中写道："建筑学的今天要能够作为一种批判性的实践而存在下去，只是在它采取一种'后卫'[1]派的立场时才能做到，也就是说，要使它自己与启蒙运动的进步神话以及那种回归到前工业时期建筑形式的反动而不现实的冲动保持同等距离。一个批判性的后卫派，必须使自己既与先进工艺技术的优化又与始终存在的那种退缩到怀旧的历史主义或油腔滑调的装饰中去的倾向相脱离。我的观点是：只有后卫派才有能力去培养一种抵抗性的、能提供识别性的文化，同时又小心翼翼地吸收全球性的技术。"其后又写道："有人可以提出，批判的地域主义作为一项文化战略，既是'世

---

[1]（英）肯尼斯·弗兰姆普敦. 现代建筑：一部批判的历史 [M]. 原山等译. 北京：中国建筑工业出版社，1988. 原翻译是"后锋"，可能是想与其前文述及的先锋派相对应，沈克宁在他的《批判的地域主义》一文中把它译为"后卫"，我认为可能更确切些。

界文化’的承担者，又是‘全球文明’的载体。显然，把我们继承世界文化与作为全球文明的接班人等同看待将把人引入迷津，然而，同样明显的是，我们原则上同时处于两者的影响之下，因而除了承认它们之间的相互作用外，别无其他选择。从这个角度说，批判的地域主义的实践取决于一种双向调解的过程。首先，它必须‘拆卸’它无可避免必然继承的世界文化的总谱；其次，它又必须通过矛盾的综合，对全球文明进行明白无误地批判。拆卸世界文化，就是使自己摆脱‘世纪末’的折中主义，后者不过是为了要重新振奋一个衰弱无能的社会的表现力而挪用了异国的、华丽的形式。另一方面，全球技术的调解意味着对工业及后工业工艺技术最优化施加某种限制。”弗兰姆普敦的这两段话以及前文述及的楚尼斯和勒费夫尔还有芒福德等人的思想告诉我们：首先，批判的地域主义的批判内容是全方位的，是对建筑学的全面性的反思，既是对现代主义以技术和思想进步为目标的工具式理性主义的先锋派的批判，也是对传统地域主义、乡土主义保守落后甚至复古倒退的批判，以及对后现代主义通俗主义性质的、怀旧的、浪漫的历史主义和装饰主义的批判；第二，批判的地域主义的批判态度不是全盘否定一切，它承认并接受建筑的“世界文化”和“全球文明”中的现代性精神以及现代工业工艺技术的进步性及其价值，接受并强调建筑应该具有的地域性诉求，是对它认为是错误的、起消极作用的、背离建筑本质的方面的批判，是对极端性的排他性（也称为限制性）的批判；第三，批判的地域主义的批判方式不是旁观式的，不是这场“game”的观众立场，而是以“后卫”的角色参与其中，是以与它们“保持距离”的方式的批判；第四，批判的地域主义的批判方法是“调解”、“综合”、“拆卸”和“限制”等，是对全球化和地域化的“双向调解”和“矛盾的综合”，是对世界文化的“拆卸”，对工业工艺技术最优化作为目标的“限制”。

由此可见，批判的地域主义的批判，是在接受建筑的现代性和进步性的基础上的对现代建筑的批判，这种接受是基于对当代的建筑应该也必须是服务当代人和表达当代文化的认识。而建筑总是坐落于具体的地域，同时当代人依然是有文化上的地域性的，因此，建筑的现代性或“人道主义建筑学”（楚尼斯和勒费夫尔在《网格和路径》中的话）应该也必须体现地域性的内容。同时，有意识地、积极地去挖掘建筑的地域性，也是抵抗全球化带来的无识别性的、无道德的、一元化和文化大同趋势的唯一武器。因此，批判的地域主义对传统地域主义、乡土主义以及后现代的地域主义等的批判，是在接受建筑的地域性的基础上的批判。弗兰姆普敦在《走向批判的地域主义》中引用哈维尔·哈里斯(H. Harwell Harris,前文说到的20世纪中叶加州"海湾地区风格"的创造者之一）话说"与限制的地域主义相反，有一种另一类型的地域主义，就是解放的地域主义。这是一个地区与本时代新兴思想合拍的表露。我们把这表露称为'地域性'是因为它还没有在其他地方出现……一个地方可以发展某些观念。一个地方可以接受某些观念……"由此，我们可以看出，批判的地域主义对地域性的接受（或可称为地域性的概念）是"解放"性的概念，是具有发展性和开放性的地域性。

批判的地域主义的批判，是接受的批判。

3. 创新的传承

从上文我们就能看出，批判的地域主义对其他的地域主义的批判也是全方位的。

首先，它认为当前颇为流行某些地域主义（主要是指后现代主义）普遍直接把与记忆直接关联的地方元素使用在新建筑上是不可取的。弗兰姆普敦在《走向批判的地域主义》中指出："与批判的地域主义相反，大众主义所使用的主要载体是代码或工具性的符号，这样一种符号产生的不是对现实的某种批判性的概念，而不过是通过提供信息使某种取得直接经验的愿望理想化。"这类地域主义总是习惯于寻找最有代表性的地方文化元素来催化我们的灵感，通过对传统建筑的造型元素进行归纳、提炼、变异以及重组，借由外在的建筑符号来传达建筑的历史性，试图以此来创造一种我们所熟悉的符号化或者图案化的图像景观。以此从观众那里获取同情和共鸣，这种地域性仅仅停留在表层，缺乏文化内涵并丧失了地域的时代精神。在进行实践的时候，为了追求可读性和共鸣，这些地方元素往往会去选择大家熟知的通俗和浪漫，形成一种大众主义的或感情化的地域主义。然而，过度的熟悉性的归宿必然是走向麻木，反而难以得到所期望的共鸣，进而失去精神层面的交流的机会。这种本质上是通俗主义的思想，反映出的是商品化的消费主义的事实，从根本上说，并没有体现对历史的尊重，同时也背离了建筑作为艺术的本质。

其次，批判的地域主义也明确地反对过分强调重现历史、反映出对历史建筑的模仿与重现的创作，认为这是一种表面上看是体现对历史的尊重，本质上是复古倒退，除了怀旧，别无他物。

其三，批判的地域主义也不是乡土主义。"现代主义和后现代都做过这方面的努力。现代主义有时强调乡土建筑的纯粹形式，后现代主义建筑强调的是它的装饰性和图案形象特征。"[1] 乡土建筑是通过气候、文化、社会和手工艺的结合自发产生的，有着经验主义的本质。乡土主义的落脚点是在体现乡土上，因此，"批判的地域主义不可能简单地以某一特定地区原生的形式为基础"。"哲学家保罗·利科认为，一种混杂的'世界文化'仅有通过当地文化与大同文化之间的互相滋润才能出现的。地域文化必然是世界文化的一种形式……一切取决于原有的扎根的文化在吸收这种影响的同时对自身传统再创造的能力。"[2]

批判的地域主义对其他类的地域主义的批判说明它不同于它们，但批判的地域主义又是如何去传承地域性的呢？用最简单的话说那就是——创新的传承。前文已说到，批判的地域主义对现代主义存在问题的批判，是在接受建筑的现代性和进步性的基础上的，也就是说，它的立足点是当代，尽管是以"后卫"的面貌出现的。批判的地域主义是基于当代的对地域性的表达。用哈里斯的话说就是"一个地区与本时代新兴思想合拍的表露。我们把这表露称为'地域性'"。用芒福德的话说就是"地域性是现代性的内容"是"地方与全球之间的交流和沟通"。而要实现这一目标，就有赖于利科说的"原有的扎根的文化在吸收这种影响的同时对自身传统再创造的能力"。因此，批判的地域主义必须依靠创造性思维，它是一种原创性的运动。批判的地域主义目的是以批判的态度表达和服务于它们赖以存在的特定地域，通过植根于特定地域的历史和文化以及气候与地理地形，将这些与建筑创作相联系，以时代的角度，对其所立足的地域性进行重新思考，进行结

[1] 沈克宁. 批判的地域主义 [J]. 建筑师. 2004（5）：50.
[2] （英）肯尼斯·弗兰姆普敦. 现代建筑：一部批判的历史 [M]. 原山等译. 北京：中国建筑工业出版社，1988：388.

合当代精神的再创造，以此延续地域文化的生命并体现地域文化的时代价值。创新是批判的地域主义区别于其他地域主义的核心标准。

因此，用弗兰姆普敦的话说"批判的地域主义的基本战略是用间接取自某一特定地点的特征要素"。批判的地域主义思维方式的基本特征，是使用从地域建筑中非直接衍化而来的要素来对现代主义同一性的缺陷加以弥补。批判的地域主义首先是用现代的方式进行思考和设计，是站在时代的角度来审视地域的特性，希望用全新的设计方式来体现地域特性。另一方面，批判的地域主义把地域精神提升到了重要地位，这也是其区别于其他建筑的重要特征。批判的地域主义思维需要保持一种高度的自我批判意识。批判的地域主义是以地域主义为基础的更高层面的思考。

因此，批判的地域主义既不是对原有建筑形式、样式的再加工，也不是现代主义无视地域性的自言自语，而是一种基于传承的再创造。

3.2.3 批判的地域主义的创作思路和方法

沈克宁在他的《批判的地域主义》一文中总结了弗兰姆普敦分析的在建筑设计中可以被认为是批判的地域主义的六种要素。这六种要素为：

（1）批判的地域主义被理解为是一种边缘性的建筑实践，它虽然对现代主义持批判的态度，但它拒绝抛弃现代建筑遗产中有关进步和解放的内容。

（2）批判的地域主义表明这是一种有意识有良知的建筑思想。它并不强调和炫耀那种不顾场址而设计的孤零零的建筑，而是强调场址对建筑的决定作用。

（3）批判的地域主义强调对建筑的建构（Tectonic）要素的实现和使用，而不鼓励将环境简化为一系列无规则的布景和道具式的风景景象系列。

（4）批判的地域主义不可避免地要强调特定场址的要素，这种要素包括从地形地貌到光线在结构要素中所起的作用。

（5）批判的地域主义不仅仅强调视觉，而且强调触觉。它反对当代信息媒介时代那种真实的经验被信息所取代的倾向。

图3-5 玛利亚别墅

（6）批判的地域主义虽然反对那种对地方和乡土建筑的煽情模仿，但它并不反对偶尔对地方和乡土要素进行解释，并将其作为一种选择和分离性的手法或片断注入建筑整体。

批判的地域主义的思想探索和建筑实践，最早可追溯至弗兰克·劳埃德·赖特（Frank Lloyd Wright）的"有机建筑"理论及其建筑作品体现出的他对"场所感"的深刻领悟，在他的"草原住宅"作品中体现出的从形式、空间和材料上同美国的草原文化的共融性，以及现代性的致力于建筑材料与技术的内在潜力的探索和追求空间流动性以及建筑结构的诗意表达。可追溯至阿尔瓦·阿尔托（Alva Aalto）延续和发展了芬兰的地方性特点和人情化追求（图3-5）。他把具有强烈质感的传统材料如砖、木作为一种更有亲和力的表现材料，同时对无感情的新型结构、材料加以温和化，将现代"功能主义"的设计原则与芬兰的地方特点相结合。用他在1940年写的文章《建筑的人情化》中的话："如果我们更深入地观察人类生活的过程，我们就会发现技术本身只是一种辅助手段，而不是最终的独立现象……建筑不仅覆盖了人类活动的各个领域，而且必须在所有这些区域同时得到发展。不是要反对理性主义倾向，而是要将理性的方法从技术领域转向人文和心理学领域。"阿尔托具有的批判的地域主义精神，使他的设计既采纳"世界文

图 3-6　巴黎阿拉伯世界研究中心　　　　图 3-7　新喀里多尼亚 Tjibaou
　　　　　　　　　　　　　　　　　　　　　　　　文化中心

化"的发展，又通过矛盾的综合，使建筑作品显示出源于地域的意向以及回归自然的天性。批判的地域主义自上文述及的 20 世纪 50 ～ 60 年代围绕"海湾地区风格"的争论，到楚尼斯和弗兰姆普敦在 20 世纪 80 年代对其深入研究和总结以及倡导和推广。之后，很多建筑师在此基础上进行了更多的实践探索和理论思考。创作思路和方法上也不断地丰富和发展。很多具有批判的地域主义精神的优秀的建筑作品不断问世。如法国建筑师让·努维尔关注地方传统文化的表现与保护，对地域文化的现代表达进行理论思考和实践研究，他设计的"巴黎阿拉伯世界研究中心"（图 3-6），采用当代的结构与工艺技术以及现代建筑材料诠释出了传统美学的时代精神。葡萄牙建筑师西扎关注传统建筑形式类型及其深层次的精神特质的分析，他的作品如"葡萄牙福尔诺斯教区中心"通过对传统原型创造性变形和改造传递出现代精神的地域性。意大利建筑师皮亚诺不仅潜心于基于场所的建筑形式的创新，还把它与生态、绿色技术的运用相结合，最有代表性的是他设计的"新喀里多尼亚 Tjibaou 文化中心"（图 3-7），建筑的形式有效配合了被动式节能的通风系统是其一方面，整组建筑体现的基于地域的场所感，反映出了他对环境的独到理解和创造力。中国建筑师严迅奇设计的"上海浦东九间堂别墅区项目"（图 3-8）也是基于批判的地域主义思想的探索。他将现代建筑与传统民居模式相结合，用现代的模式思考传统的家庭关系；借鉴传统院落方法回应气候条件，处理采光通风和改善

图 3-8 上海浦东九间堂别墅区项目

图 3-9 苏州新博物馆

小气候环境。作品对现代中国的居住文化的探索无疑是非常有价值的。美国的著名华裔建筑师贝聿铭，一位现代主义建筑的追随者和发展者（被称为第二代现代主义建筑师），在其创作的前期已把建筑的场地环境作为建筑表达的内容，在其创作的后期更加注重对建筑的地域文化的表现，建在苏州的"苏州新博物馆"（图3-9）就是其中一个典型的例子。作品对传统园林和民居院落空间以及立面形式的现代再创作进行了探索，表达出了"苏而新"的现代建筑的地域精神。日本建筑师安藤忠雄探求每一块基地的特性并在建筑中加以体现。安藤建筑创作的目的并不仅是与自然交谈，更是经由建筑试图表达出地域的精神。这种地域精神的建筑表达不是借助于传统的材料、形式或色彩等，而是采取"传承人类经验的方式"。他的系列宗教建筑采取了源于日本传统的加入了时间的空间精神，均是由一组有个性的空间序列组成，借由光影变换，通过循环相互关联，产生了与现代主义的空间处理方式完全不同的通过控制人的空间经历获取的地域性的空间体验（图3-10）。

批判的地域主义作为当代的重要建筑理论，以它为理论指导的建筑实践不断涌现。同时，这些实践又验证和发展了该理论，批判的地域主义不断进行自我反思和批判，形成了从实践到理论再到实践的循环发展。显示出了其具有的生命力。批判的地域主义的创作思路和方法笔者认为可归纳为以下几个方面：

（1）批判的地域主义追求"场所"的营造。批判的地域主义认为，正是因为现代建筑运动所带来的大量枯燥无个性的场所，使人类陷入

图 3-10 光之教堂

了整体性的"环境危机"。所以创造场所，寻求环境的归属感，关注环境文脉的问题，是批判的地域主义建筑师追求的目标。弗兰姆普敦在《走向批判的地域主义》一文中，用"'场所—形式'的抵抗"一章指出了用场所的营造抵抗现代建筑带来了全球性的"无场所感"的意义。用"文化与自然：地形、文脉、气候、光线与构造形式"和"视觉与触觉"两个章节的分析，总结了批判的地域主义围绕如何营造场所及其精神可以和应该采用的思路和方法。人与场所的关系不仅是客观上的存在于场所中，而且包含更为重要的感情因素。场所不仅具有实体的形式，而且还具有精神层面的意义。每一个环境既具有地域属性，又有普遍的意义，场所的普遍性存在于具体的地域特性之中。而地域特性或者说建筑环境特征就是指这种具体环境中的整体气氛，包含历史、气候、心理等多方面因素。批判的地域主义认为不同地区的不同的建筑形式通常反映了地区气候等自然环境特征，同时从中也反映了当地的文化环境特征。建筑反映其所在环境的特征并且引起了居住者的思想认知到认同，继而产生人和场所互动就是体现了某种场所精神。基于这样的认识，挖掘来自于地形地貌、文化文脉、气候光线等地域的要素，研究地域性的建筑的结构和构造方式和形式及其与文化和自然的内在关系以及综合运用现代主义建筑侧重于人的视觉之外的视觉与触觉感受等，成为批判的地域主义创作所依赖的源泉。目的是要创造"场所"，努力把建筑及其空间环境与人的社会活动与人们心理上的要求统一起来，获得真正服务于地域人的地域性。

（2）批判的地域主义常常采用一种"积极的折中"手法。由应对全球化的负面影响而被提出的批判的地域主义，必然要在地域性和全球性中取得某种平衡。批判地域主义不是全面否定时代性，因而常常采用一种"积极的折中"手法。这种"折中"不是表现在建筑形式的模仿和拼贴上，而是如上文述及的弗兰姆普敦所说的"调解"、"综合"、"拆卸"和"限制"等上，是对全球化和地域化的"双向调解"和"矛盾的综合"，是对世界文化的"拆卸"，对工业工艺技术最优化作为目标的"限制"。是在强调保护自身的地域文化的同时，以现代的、时代的角度，对其所立足的地域性进行重新思考，对历史文化进行扬弃，对全球文化进行修正。它既对先进的技术和建筑思想通过实践的检验后，取其精华，提炼出适合于建筑发展的要素并加以丰富；又同时对地域特点进行分析理解，最终凝结成批判的地域主义所需要的要素加以实践运用。

（3）批判的地域主义的创作总是采取"陌生化"的思路。即立足于自身的建筑传统但又对之采取"陌生化"的处理，这需要创造性思维。批判的地域主义希望通过陌生的手法来呼唤和刺激人们的思考，并以此重释传统的内涵，维持传统文化的现代的活力，塑造一种面向时代的场所的文化。因此，批判的地域主义是以地域主义为基础的更高层面思考，它是一般地域主义的形而上学。

（4）批判的地域主义倡导"去形式化"的观点。建筑总是要用形式语言去表达，"去形式化"是指不模仿地方传统形式的语言，也希望建筑师摆脱头脑中固有形式的束缚去创新，探索抽象、现代的形式语言去把握设计的内涵，追求更精神化的表达，使设计更加纯粹。批判的地域主义对形式的探索可总结为两方面：一是通过对地域传统样式的深度理解，来寻找对其最本质的回应方法。建筑样式的形成是历史筛选的结果，代表地域的特点和文化。这里所说的深度理解传统样式并不是指形式上和手法上的，而是理解其形成的原因和希望表达的精神。这是延续建筑与历史之间联系的重要过程，也是对地域形态最本质的回应。设计者对于传统样式的研究，一方面反映了现代建筑对于地域文化的尊重，另一方面，可为新时代的建筑样式的产生提供研究基础。二是用现代建筑语言重新诠释地域精神。建筑师基于现代的思维理念，通过理解地域建筑的深层内涵，解读传统的地域精神，运用现代建筑设计手法对其进行新的表达。这并不是对原有建筑形式、样式的再加工，而是一种再创造的过程，是用现代建筑语言重新诠释跨越传统和现代的地域精神，形成新时期的地域建筑语言。

批判的地域主义发展至今，由于其对待建筑问题的严肃态度和思想框架带来的不断进行自我反思和批判的精神，使其不断地处于更新和发展中。今天来看，它已成为当今建筑地域化思想乃至建筑学的主要和不可少或缺的主流建筑思想。

本章图片来源（除以下列出外均为作者自绘或自摄）

图 3-1、图 3-2　刘先觉. 现代建筑理论 [M]. 北京：中国建筑工业出版社，1999.

图 3-3　百度图片 image.baidu.com.

图 3-4　（美）阿摩斯·拉普卜特. 建成环境的意义 [M]. 黄兰谷译. 北京：中国建筑工业出版社，2003.

图 3-5　（芬）阿尔瓦·阿尔托. 阿尔瓦·阿尔托全集 [M]. 王又佳，金秋野译. 北京：中国建筑工业出版社，2007.

图 3-6　www.architecture-studio.fr.

图 3-7　罗小末. 外国近现代建筑史 [M]. 北京：中国建筑工业出版社，2004.

图 3-8　百度百科 baike.baidu.com.

图 3-10　www.suggestkeyword.com.

本章参考文献

[1]　刘先觉. 现代建筑理论 [M]. 北京：中国建筑工业出版社，1999.

[2]　（意）阿尔多·罗西. 城市建筑学 [M]. 黄士钧译. 北京：中国建筑工业出版社. 2006：43.

[3]　H.Klotz.The History of Postmodern Architecture[M].MA：The MIT Press, 1988.

[4]　（美）安东尼·维德勒. 第三类型学 [M]// 查尔斯·詹克斯等. 当代建筑

的理论和宣言．周玉鹏等译．北京：中国建筑工业出版社，2005．

[5]（英）肯尼斯•弗兰姆普敦．现代建筑：一部批判的历史 [M]．原山等译．北京：中国建筑工业出版社，1988．

[6]（挪）诺伯舒兹．建筑意向 [M]// 查尔斯•詹克斯等．当代建筑的理论和宣言．周玉鹏等译．北京：中国建筑工业出版社，2005．

[7]（德）胡塞尔．现象学的观念 [M]．倪梁康译．北京：人民出版社，2007．

[8]（美）阿摩斯•拉普卜特．建成环境的意义 [M]．黄兰谷译．北京：中国建筑工业出版社，2003．

[9]（挪）诺伯舒兹．场所精神：迈向建筑现象学 [M]．施植明译．武汉：华中科技大学出版社，2010．

[10] R•克里尔．城市空间 [M]．钟山译．上海：同济大学出版社，1991．

[11]（挪）诺伯舒兹．存在•空间•建筑 [M]．尹培桐译．北京：中国建筑工业出版社,1990．

[12]（丹麦）S•E•拉斯姆森．建筑体验 [M]．刘亚芬译．北京：知识产权出版社，2003．

[13]（美）拉普普．住屋形式与文化 [M]．张玫玫译．台北：境与象出版社，1979．

[14]（荷）亚历山大•楚尼斯，利亚纳•勒费夫尔．批判的地域主义——全球化世界中的建筑及其特性 [M]．王丙辰译．北京：中国建筑工业出版社，2007．

[15] Alexander Tzonis, Liane Lefaivre.Why Critical Regionalism Today?[M]// Kate Nesbitt. Theorizing a New Agenda for Architecture.New York：Princeton Architectural Press，1996．

[16] 沈克宁．批判的地域主义 [J]．建筑师，2004（5）．

[17] 王颖,卢永毅．对"批判的地域主义"的批判性阅读 [J]．建筑师,2007（5）．

[18]（美）刘易斯•芒福德．城市发展史——起源，演变和前景 [M]．倪文彦译．北京：中国建筑工业出版社，1989．

[19] John A. Loomis, House on the Hill[N].San Francisco Chronicle，2004-7-17．

[20] Tony Atkin, Joseph Rykwert.Structure and meaning in human settlements[M].Philadelphia：University of Pennsylvania Museum of Archaeology and Anthropology，2005．

4 地域精神及其建筑

　　从研究地域精神入手来探讨建筑的地域化之路是笔者近年来一直坚持的思路。通常，我们总是习惯地从研究地域文化入手，但从目前的事实来看，其结果显然是很不理想的。得到的东西要么很空泛，要么很细节，最关键的是难以作为建筑创作所需的线索，总是与建筑创作相脱节。其原因可能是因为，一是文化这个概念既太大，又模糊。先不说社会学、人类学、历史学和语言学都努力着从各自学科的角度来界定文化的概念，但迄今为止也没有获得一个公认的、令人满意的定义，就说文化涉及的方面也有广义和狭义之说。《中国大百科全书——社会学》中说："广义的文化是指人类创造的一切物质产品和精神产品的总和。狭义的文化专指语言、文学、艺术及一切意识形态在内的精神产品。"其实这种说法也只是对人们语言叙述中的习惯的总结，文化由此成了一种万能的言语。没有理论上的意义。二是文化其实是个"黑匣子"[1]。文化的概念之所以感觉太大又模糊，难以把握，至少部分是因为这样的困境："文化本身是不是分析的对象，或者文化是不是分析其他事项的大框架的一部分，尽管这些事项通常被看作本质上是'文化的'。"[2] 可能有人说，可以只研究建筑文化啊。但事实上，一方面依然无法绕开上面所说的同样问题，另一方面，所谓的建筑文化，本质上是地域文化在建筑活动上的体现，丢掉了地域文化来研究地域的建筑文化显然是行不通的。这类研究事实上已把我们带向了关于传统建筑的很具体的各种文化表现的事项中去，对我们今天的地域建筑创作的意义和价值并不大。

　　因此，以期盯着"黑匣子"不放，去解剖它，还不如去捕捉"黑匣子"传递出来的具有地域性的信息。笔者把这种信息称之为"地域精神"。

---

[1]（英）凯·米尔顿. 环境决定论与文化理论 [M]. 袁同凯等译. 北京：民族出版社，2007：16.
[2]（英）凯·米尔顿. 环境决定论与文化理论 [M]. 袁同凯等译. 北京：民族出版社，2007：16.

4.1 地域环境与地域精神

地域环境可以从地域自然环境和社会文化环境两方面来理解。如果要讨论地域自然环境在地域精神中扮演着怎样的角色，我们就有可能回复到人类学及其相关学科至今也没有达成一致的争论：即地域自然环境对于地域文化是否具有决定性作用。因为地域精神，无论如何还是上面所说的文化传递出来的具有地域性的精神信息。但其实这并不重要，因为有一点是肯定的，就是如果没有地域自然环境的差异，就不可能有异质性的文化因子，也不可能有地域文化的存在。同时，笔者认为，探讨地域自然环境与地域精神的关系，在相当程度上是可以绕开文化这个"黑匣子"的，即不走"地域自然环境—地域文化—地域精神"这样的路线。

地域自然环境与地域精神的关系可以从两方面体现出来：一方面是从自然环境形态的结构和特征。自然环境由天地中的自然元素组成，自然环境的差异性是显而易见的（图4-1～图4-3）：连绵高山构成起伏变化的山区，巨大的自然形态和急剧的地势变化给人带来的是对自然的敬畏和不安定感；广阔的草原则是一览无余，宽阔与豪迈同生活在这土地上的人的性格相符；在荒漠中，植被稀少的土地缺乏水源，单一的地表形态突出了生命的力量和人的坚韧……这些还只是地表形态的某些差异性，还有如水体、岩石和植被等，加上气候与气象以及地理带来的天空的光线、色彩、云块的状况以及季节性的变化等，构成了不同地域的自然环境形态的结构和特征，这种结构和特征赋予了自然环境特定的秩序、气氛和精神气质。而自然环境形态这种结构和特征或者说特定的秩序、气氛和精神气质虽然不是形成一种地域文化的唯一因素，但是却会在各自的地域精神中留下深刻的印记。秦腔的高亢和昆曲的委婉，与其说是不同的地域文化造成的，还不如说是地域的自然环境带来的。同时，也是第二方面，就是自然环境的经济地理环境因素。因为，不同的自然环境条件会直接导致生产和生活方式的不同。如在我国的北方有着旱作农业和游牧文化，但古代江南水乡的经济生产和生活方式在《史记》中则描述为"火耕而水耨"、"饭稻羹鱼"。这主要是由长江中下游特殊的气候、土壤、水文等自然环境条

图 4-1　山区

图 4-2　草原

图 4-3　荒漠

件决定的。生产方式与生活方式两者毫无疑问是紧密关联的，我们也不必纠结于两者的主从关系是什么，广义的生活方式包含了经济生产的方式。有的人类学家把文化定义为"一群人所共享的一种模式化的生活方式"[1]，这是一种视角，至少准确地说明了不同的生活方式意味着不同的文化。这同时也说明了不同的生活方式，意味着不同的地域精神。事实上，"大碗喝酒大口吃肉"和"饭稻羹鱼"，不必把它们上升到文化，我们就能从中清晰地感受到不同地域人的地域精神。

---

[1]　S.Nanda.Cultural Anthropology : Belmont[M]. CA:Wadsworth,1987 : 68.

　　就像创立了现象学的德国哲学家胡塞尔（Edmund Husserl）所说，人和世界是同时出现的不可分割的整体，人们的意识活动和意识活动所指向的对象构成了生活世界的两极，在经历的基础上，人们的意识活动赋予这些对象以意义和价值。而这些意义和价值又是同人们在生活世界的目的紧密相连。自然环境无论日月星辰和春夏秋冬的规则运行还是地形地貌和气候气象的形态特征，无不启蒙和培育着人类的思想，也使得不同地域人的不同环境经历培育了地域人的地域精神。同时，人类必需的生产与生活，在不同的自然环境条件下培育出不同的生产方式和生活方式。用海德格尔（Martin Heidegger）的话说，人的存在是在人与世界中其他事物打交道的过程中显现和展开出来的。"靠山吃山，靠水吃水"，与山打交道和与水打交道，必然培育出不同的生产方式和生活方式，也必然培育出作为人的存在的不同的地域精神。用马克思从实践出发来解释文化现象的实践观的文化观来解释，那就是实践即生产与生活决定了人的认识。人们在生产与生活中获得对世界的看法以及对待事物的态度和方式。人们的生产和生活及其方式塑造着人们的思维方式、价值观念。地域自然环境塑造着地域精神。

　　地域的社会文化环境与地域精神的关系自然不必说，地域精神本质上就是地域的社会文化放射出的精神光芒。人是拥有知性的高级动物，正是因为人类拥有了文化，使自身成为区别于任何其他动物的物种。文化流淌于每个人的灵魂之中。文化总是由特定地域的人群创造的，因此，文化的地域性是显而易见的。地域文化就是地域人创造并享用的文化，这种文化既具有区别于其他地域文化的个性和特色，又因为其长期的存在而形成的传统和地域精神。而这种地域精神对一个地域具有深刻的影响。一方面，地域的文化塑造着、规约着地域精神。地域文化流淌于地域人的灵魂之中，它塑造着地域人的世界观、价值观、审美观乃至风俗习惯等，也由此形成了地域精神。同时，一个地域的文化在与其他文化交流学习和文化发展上起着规约性的作用。对外来文化的学习一般都是"选择—吸收—改造"的过程，在这个过程中，地域传统的文化扮演着掌舵者的角色。对于自身的文化创新同样是这样。也由此规约、引领着地域精神的发展。另一方面，地域精神反映着地域文化的存在和它的精神特质。关于这一点我们应该给予高度的重视。

笔者之所以试图绕开文化而借助地域精神来探讨建筑及城市问题，其重要的原因就是笔者对文化能否被解析的怀疑或至少是解析文化的困难度的担忧。我们面对的文化或者说地域文化，是随着历史的发展不同文化间的不断交流以及文化的不断改造和创新的今天的地域文化，先不说文化的内容是如此的庞杂（吃个饭或上个厕所都可以是文化），就说我们如何去辨别哪些文化形态或内容是自产的，哪些是通过文化间的交流学习而得来的，以及哪些文化形态或内容是通过改造外来文化或自我创新形成的，这就是个大问题。更大的问题是做这样的梳理和辨别工作有多大的意义，要么带来一些依然是模糊不清的东西，要么带来一些非常具体的、细节性的东西。这也是今天的现实，对今天地域建筑创作的价值几乎是微乎其微。要清楚的是，我们今天所说的地域建筑创作或建筑的地域化之路的探索，不是要去仿古或复古，是要探索表达符合我们今天这个时代的地域性的建筑，用吴良镛先生的话说就是"地域建筑的现代化和现代建筑的地域化"，用贝聿铭先生在创作苏州新博物馆时说的话就是"中而新、苏而新"。因此，笔者认为，通过对地域的社会文化环境的理解和认识去把握地域精神是更为有效的途径，才能不被传统中的具体的形式和内容方面的东西干扰我们的思想，才能跳出具体的形式和内容的束缚，去把握文化的精神层面的东西。

只要我们潜下心来考察和分析，地域精神这种社会文化放射出的精神光芒是清晰可见的，即便在今天依然如此。这种考察和分析的方法可以有多种手段，重要的是，一是要把地域的社会文化环境与地域的文化现象联系起来作为整体来考察，这种考察可以是宏观的，也可以是微观的、多侧面的，通过考察和分析这种整体性的联系来揭示地域人对待事物的态度和方式、倾向和特点、习惯和偏好，捕捉地域人的文化精神；二是要把地域的多种文化产品联系起来作为整体来考察，以吴地文化为例，如果我们把其语言的吴侬软语、戏曲的委婉流转、园林的曲折迂回等联系起来考察，就有助于我们对地域精神某些方面的理解和把握；三是应结合比较的手段，即通过不同地域的比较，借助对比的方法来揭示地域间的差异性，以此显现和捕捉地域的精神特质。此外，最重要的一点是，在以上所有的工作中必须追求全面性和保持客观的立场。全面性要求我们的投入，而保持客观的立场其实是很难做到的，人是文化的，也是经验的，个人的经验会影响我们的判断，但我们必须尽可能地把它过滤掉。

4.2　地域环境、地域精神和地域建筑

有人总是把现代建筑地域特征消失的原因归结为世界大同的现代建筑材料和建筑模式化的生产，这种观点获得了相当一部分人的赞同，至少，有相当一部分人认为这确实是现代建筑地域特征消失的重要原因之一。但笔者认为，这种观点是明显站不住脚的。首先，传统的地域建筑事实上采用的也是世界大同的建筑材料，无非就是砖瓦木石，同时，其材料的丰富性还比我们今天差，如果建筑材料是一种理由的话，那么传统建筑只能比现代建筑的同质性更强，也不可能还存在地域性；其次，建筑模式化的生产其实不是现代工业化生产或现代建筑发明的，我们对传统建筑的观察总是把目光停留在诸如教堂宫殿、城堡府邸，这跟我们今天城市的一些标志性建筑一样，都不是模式化的生产的结果，但如果我们把目光转向大量性的、构成城镇和村落主体的建筑时，我们可以清晰地看到建筑的模式化，从空间到形式到细节以及建造方式方法的模式化。并且，这种模式化程度比我们今天还要强。在没有职业建筑师和规划师的过去，人们就是以此建造出功能完善、充满生机的建筑和城市空间。其实在 20 世纪 60 年代，建筑理论家克里斯托弗·亚历山大（Christopher Alexander）就不仅指出了这一点，而且对其进行了深入的分析。因此，现代建筑地域特征消失的原因根本与此无关。原因是不同地域对待砖瓦木石的态度不同带来了最终效果的不同（图 4-4、图 4-5），这种效果的不同可能是处理方式的不同带来的，但也并不完全是这样，一些地域间对待砖瓦木石处理方式是几乎相同的，但由于态度的不同带来了彼此间的明显差异；原因是不同地域发展着不同的建筑模式（图 4-6、图 4-7），用亚历山大的话说是"就像语言可以创造无穷无尽的句子一样……人们用一种我称之为模式语言的语言随心所欲地建造建筑和城镇……不仅村庄和农场里的建筑，

图 4-4　岭南民居

图 4-5　山西民居

图 4-6　英国拜伯里小镇

图 4-7　意大利阿尔贝罗贝洛小镇

所有的建筑行为都受到某种模式语言的约束"[1]。而为什么会有这些不同呢？因为不同地域有着不同的建筑精神。那为什么会有不同的建筑精神呢？因为不同地域有着不同的自然环境和社会文化环境塑造出来的不同的地域精神。在我们考察传统地域建筑尤其是那些保存相对完整的城镇和村落（哪怕是局部）时，我们都能清楚地看到地域精神和地域建筑在精神上的整体一致性。地域精神是地域建筑的精神土壤,同时,地域建筑反映着、揭示着地域精神。

　　现代建筑的无地域性现象，本质上并不是因为其现代性造成的，是现代主义建筑把建筑中的共同性和科学性的方面无限放大，并以此否定了地域的文化差异性。弗兰姆普敦在他的著作《现代建筑：一部批判的历史》中写道："我们如今极少能见到一项现代作品，它所精心选择的技术能够提供一种渗透到结构物的最深的内核中去的改变语言，它不能成为一种组成整体的力量，只不过是一种人为的感觉上的变格而已。然而，现代社会依然具有改变语言的能力，这一点

[1]（奥地利）克里斯托弗·亚历山大.建筑的永恒之道 [M]// 查尔斯·詹克斯等.当代建筑的理论和宣言.周玉鹏等译.北京：中国建筑工业出版社，2005：74.

可以以阿尔托的最佳作品为证……现代建筑当今的趋势却是内容的枯竭……。"我们的建筑和城市，之所以变成"千城一面"，是因为我们在追求现代性的同时丢掉了地域性语言，甚至用现代性去否定地域性造成的。当然，造成我国这一现实的原因不只是在建筑上的问题，是由很多方面的问题综合造成的（在前文中已有述及）。但可以说的是，建筑的现代性与地域性其实并不是矛盾的对立面，不是有你无我、有我无你的关系。

用建筑理论思维来分析，所谓现代性可以理解为对科学性和时代精神的追求，如果用地域的传统建筑形式来理解所谓地域性，这显然会产生矛盾，但如果用地域精神或地域的建筑精神来理解地域性就并不矛盾。因为，地域精神或地域的建筑精神是一个开放的、发展的概念，指的是包含着地域自身发展而来的当下的地域的精神，它因此包含着时代精神，也不会被地域传统形式所束缚而成为现代性的对立面。这也是笔者强调应该以地域精神来理解和阐述地域性的根本原因。也就是说，建筑对地域精神的表达不是通过仿古来实现的，而是通过创新来实现的。哈维尔·哈里斯（H. Harwell Harris，20 世纪中叶加州"海湾地区风格"的创造者之一）说过："与限制的地域主义相反，有一种另一类型的地域主义，就是解放的地域主义。这是一个地区与本时代新兴思想合拍的表露。我们把这表露称为'地域性'，是因为它还没有在其他地方出现……一个地方可以发展某些观念。一个地方可以接受某些观念，……。"[1] 安藤忠雄在《安藤忠雄论建筑》一书中有段话："思考传统时的两种方法：一个是因袭传统形式的方法；另一个是继承非形态的精神的方法。丹下健三赞同前者的观点，它认为，如何将非精神的传统形式现代化地继承下来，并与未来的发展相结合。而我的观点却与此相反，我认为，不应该是继承传统的具体形式，而是继承其根本的精神性的东西，将其传承到下一个时代。"[2] 笔者非常赞同安藤忠雄的追求，但笔者也不排斥丹下健三的想法，因为，一方面不是所有的传统形式都是同现代性相矛盾的，形式自身常常可以既是传统的也

---

[1]（英）肯尼斯·弗兰姆普敦.现代建筑：一部批判的历史[M].原山等译.北京：中国建筑工业出版社，1988：397.
[2]（日）安藤忠雄.安藤忠雄论建筑[M].白林译.北京：中国建筑工业出版社，2003：41.

图 4-8　代代木体育馆

是现代的，只是需要创造者的智慧，丹下健三的作品（图4-8）就是一个很好的例证；另一方面，传统的形式不能理解为只是形式，其往往承载着地域精神，刻意去回避传统的形式也是不必要的，在这一点上，笔者赞同王澍的态度。

用建筑实践的成果来分析，不说远的，就说刚才提到的。安藤忠雄的作品就是现代性与地域性并存的很好的例子，他的作品彻底排除了传统形式和传统材料，但之所以被认为是地域性的，就是因为我们从中读到了地域精神。正如他自己在《建筑视野之外》中所分析的："日本的传统喜欢一种不同的关于性质的敏感性，而不是在西方发现的那种东西……在日本可以这样说，所有形式的精神实践都是在人类和自然的相互联系中进行的。这种敏感性形成了一种文化……当水、风、光线、雨和其他的自然成分在建筑中被抽象化，建筑就成了人和自然在持续不变的紧张中相处的一个地方。我相信这种紧张的感觉会唤醒现代人类中所潜藏的精神上的敏感性。""我通过寻找一个地方本身固有的逻辑来创造建筑，这种建筑的追求暗示着发现和提取一个地理位置上的特点的能力，以及它的文化传统、气候和自然环境特征，形成其背景的城市结构和生活模式，以及人们在将来也会遵守的一些旧的风俗。在没有情感色彩的情况下，我尽力通过建筑把一个地方变得抽象并具有一般性。"[1] 举一个他的不常被提及的作品福本寺水御堂为例（图4-9、图4-10），此作品给笔者的总体性的感受，一是他的一种从地理环境中寻找建筑的角色定位和表现方式的态度以及他对建筑与环境关系的独到表达；二是设计对建筑的宗教性质及其精神的创造性表达。他提取了来自日本民族的东方精神的建筑的进入方式，并对进入的过程进行设计，通过路径的转折、空间的转换和对视线的引导等，

---

[1] 安藤忠雄.建筑视野之外 [M]// 查尔斯·詹克斯等.当代建筑的理论和宣言.周玉鹏等译.北京：中国建筑工业出版社，2005：271-272.

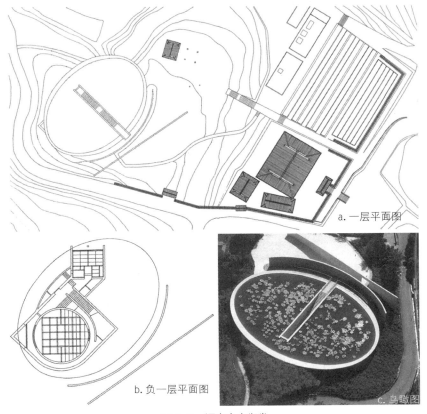

a.一层平面图

b.负一层平面图

c.鸟瞰图

图4-9　福本寺水御堂

使人在进入的过程中酝酿出似乎要发生什么的期待和紧张感，以及进入宗教性建筑的仪式感。这个过程是渐进的，先是林中小路的神秘感，然后是"被抽象并具有一般性质的"场景，这种场景会清空人的大脑，在时间中把人带向对光线、风及视野中的自然元素的敏感，这种期待和紧张感在人回头看到一大池莲花（莲花有宗教意义）时得到释放并产生了更大的期待感，因为来此的人知道这一切不是为了让人看一眼莲花的。当人从天空下的水池上拾阶往下走时是一个从明亮处进入暗处的过程，安藤刻意地在室内延长这暗的过程，既起到酝酿气氛的作用又使人眼的瞳孔彻底放大，直到人转入主题空间。那是一个刺眼的光线从正面倾泻过来的场景，圣坛上的偶像在逆光中随着人眼的瞳孔变化呈现出来……在让人经历如此这般的酝酿后的宗教仪式轻松地俘

图 4-10　进入福本寺水御堂的行走路线和
空间变化（通过构筑热的空间经历，使人获
　　得地域性的宗教场所的空间体验）

虏了人的灵魂。这与西方教堂直接的、通过指向天空的造型以及竖向高耸的室内空间来表达宗教精神的方法截然不同，完全是扎根于日本民族的、东方式的、与地域人的文化心理结构共振的设计。更妙的是，当人完成了仪式从暗的室内出来拾阶而上时，抬头所能见到的是耀眼的光线和天空，给人以走向天空的错觉。当人走到地面，再次看见敞向天空的明晃晃的水面中静静的满池莲花时，一种来时所没有的新的体验油然而生。王澍的作品与安藤忠雄刻意回避传统形式和传统材料相反，是"随意"地选用。王澍的作品中透出的那种"随意"感，也和安藤忠雄作品中透出的"紧张"感不同，如果要上升到高度来说的话，那可能是两个民族间某种精神特质上的差异。中国传统艺术精神中的写意精神及其手法，在中国美术学院象山校区（图4-11）的规划和设计中体现得尤为明显，"随意"中透着诗意，是一种东方式的浪漫。安藤忠雄的作品总的来说与批判的地域主义思想合拍，王澍的作品则有着建筑类型学的影子，为什么说是影子，因为这只是其作品透出了的一部分特点，同时，对类型的获取和运用，不是通过抽象的方法而是通过写意的精神来实现的。位于象山的中国美术学院处于吴越文化圈，但整个作品透出了区别于江南水乡文化精神的浙江的、山区的精神特质，这是王澍把心沉到特定的地域中去和作为大师的敏锐和控制

图4-11　中国美术学院象山校区

力的结果。就笔者个人而言，笔者更喜欢他设计的宁波博物馆和文正学院图书馆（图 4-12、图 4-13）这类作品，宁波博物馆的外墙用了旧建筑材料不是想提供一种简单的视觉体验，那种不同用途和不同历史时期的材料的层层叠叠，是当地传统民居面对台风频繁的扫荡快速经济的重建的方法，呈现在民居的外墙上和挖掘出土的遗址中，因此，作为记录历史的博物馆，王澍这样做有着深意。但这些不是笔者喜欢他的这类作品的根本原因，而是因为这类作品对传统形式的模仿成分更少，一些出自地域的却有着现代性精神的东西更多。文正学院图书馆是王澍较早的作品，位于苏州，设计很好地结合了地形和环境，除了建筑平面、空间和造型的"随意"气质外，建筑形象体现出了某种典雅的气质。面对水面的一侧，一个白色小方盒"随意"地飘移出来，不是创作者的突发奇想，是基于他对地域精神把握的基础上的灵感触发。

不需要再多的例子了，建筑的现代性与地域性并不是不可调和的矛盾的对立面，无论是理论还是实践，均可证明这一点。只是这种兼顾现代性与地域性的建筑创作，对设计者的知识积累、创作能力以及

图 4-12　宁波博物馆

图 4-13　文正学院图书馆

投入精力等要求更高，设计的难度也更大。但我们不能回避，建筑本质上是一项涉及人类心灵家园的营造的工作，它必然是不容易的，我们只能付出更多的努力。

对于地域精神，其中的地域自然环境因素与其他的文化产品相比对建筑的影响更大。这是很好理解的，因为建筑是人类直接应对自然环境的产品。地域自然环境因素对建筑的影响可分为直接影响和间接影响两方面。

直接影响是相对较容易被辨认的，在传统建筑的民居中反映得最为明显。从建筑形式到建造方式，从建筑材料到构造手段，这种影响或者说在建筑中的体现是方方面面的。宏观可以是如聚落的选址、空间的结构、建筑的布局；中观可以是如屋顶的坡度、院落的尺度、窗户和墙面的比例；微观可以是如出檐的大小、瓦的铺法、墙体的砌法。世界各地的传统民居之所以有千姿百态的形象，其直接的原因就是由不同的自然环境因素造成的。这种自然环境因素或是气候气象，或是地形地貌，或是水文地理，或是土壤生物，或者是以上多种因素，它们或影响着、或启发着、或提供着人类建筑及其方式的选择和创造。至少在一个多世纪以前，人类一直沿着适应自然的思路不断优化着自己的建筑。然而随着科学技术的发展，人类发现自己越来越有能力摆脱自然环境的束缚，于是，人类选择了摆脱，这一选择一方面是基于人类对生活质量提高的追求（通过现代科技提高环境的舒适度），另一方面是人类要彰显自己摆脱自然和改造自然的能力以及从自然的束缚中解放的精神。勒·柯布西耶 20 世纪 20 年代提出的新建筑五点手法（①立柱与底层透空；②平屋顶与屋顶花园；③平面自由布置；④外观自由设计，承重结构在内部；⑤水平带形窗）（图 4-14）就是这种思想的明显体现。因为我们有能力做平屋顶而不漏雨，所以新建筑应该做平屋顶，因为我们有能力用框架结构解决建筑的坚固不倒，所以新建筑应该底层架空，平面应该自由布置，外观应该自由设计，应该做水平带形窗。这一切就是因为——体现建筑的新精神。弗兰姆普敦在他的著作《走向批判的地域主义》中写道："现代化的最初倾向主张最佳地利用推土设备……在这里，人们又一次具体地触及到了存在于全球文明和生土文化之间的基本矛盾。把一块不规则的地形推成平地显然

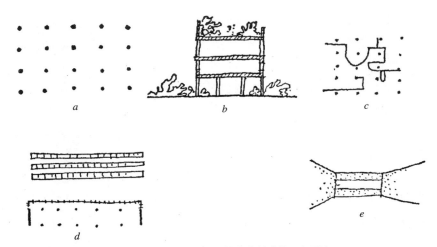

图 4-14　勒·柯布西耶提出的新建筑五点手法

是一种技术至上的姿态，企求创立一种'无场所感'的绝对条件，而利用同一场地的起伏地形使其容纳台阶形的建筑则是从事'培育'这一场地的一种行动。"[1] 正是这种技术至上的姿态和企求消除自然环境影响痕迹的精神，使得在今天的建筑中这种自然的痕迹越来越弱，也是使得"无场所感"成为我们今天建筑与空间环境的主旋律的原因之一。因此，摆脱人类的自大傲慢，重新理解自然环境因素与建筑的关系，有助于我们找回人类与自然的本真联系，有助于我们营建有场所感的建筑与空间环境，也有助于我们借鉴前人的智慧探索绿色生态的建筑之路。

地域精神中地域自然环境因素对建筑的间接影响，是指因地域自然环境因素而培育出的地域文化对建筑的影响。在传统建筑中，这种影响既是很大的，也是可以通过观察和分析清晰可见的。前文已经述及，在文化这个"黑匣子"中，我们很难分辨地域自然环境因素在地域文化中承担着哪些重要的作用，哪些文化内容与地域自然环境因素无关，而哪些是相关的，以及这种相关的程度是决定性的还是辅助性的。因此，笔者提出了绕开"地域自然环境—地域文化—地域精神"这样的路线，直接去考察地域自然环境与地域精神的关系的思路。笔者是

[1]（英）肯尼斯·弗兰姆普敦 . 现代建筑：一部批判的历史 [M]. 原山等译 . 北京：中国建筑工业出版社，
1988：400.

从自然环境形态的结构和特征及自然环境的经济地理环境因素两方面考察分析的，同样的，这个方法也适用于对地域自然环境因素通过文化对建筑的间接影响的考察分析。特定地域的自然环境形态总是有着特定的结构和特征，通过这种结构和特征，自然环境呈现出特定的秩序、气氛和精神气质。当然，这种特定的秩序、气氛和精神气质是人对自然环境的观察、体会和感悟所得，这种所得影响着、塑造着地域人的思维框架和文化精神。当然也影响着、塑造着一个地域的建筑精神，一些地域的建筑偏爱丰富和变化，一些地域的建筑倾向简洁和秩序，往往与地域人所处的自然环境有密切的关系。"在古代的建筑历史中，自然环境与神话是密切相关的，它们以一种神奇而深刻的方式影响着人们住所位置的选择和环境形式的创造，影响着人们的生活经历和意义。"[1] 诺伯舒兹（Christian Norberg-Schulz）用浪漫的（Romantic）、统一的（Cosmic）和古典的（Classical）三个形容词概括具有典型代表意义的自然环境精神，并把它们与其中出现的建筑形式和呈现的精神气质联系起来考察，得到了对应的浪漫的、统一的和古典的建筑精神[2]。自然环境的经济地理环境因素，直接影响了不同地域的经济生产的内容及其方式，也由此影响了地域人的生活内容和生活方式，从而从另一个侧面培育着地域人对世界的看法以及对待事物的态度和方式。人们的生产和生活及其方式指引着地域建筑的形态和形式，并且塑造着人们的思维方式、价值观念，由此塑造着地域建筑的精神。李泽厚先生在他的著作《美的历程》中引用克莱夫·贝尔（Clive Bell）的"有意味的形式"（Significant Form）的著名观点，来分析说明艺术品的形式所承载的精神，并由此引起不同于一般感受的"审美情感"（Aesthetic Emotion）[3]，这同样适合于建筑，不同地域的建筑形态和形式传递着不同的地域精神。

对于地域精神，其中的社会文化环境因素对建筑的影响是广泛和深远的。这种影响当然也包括上文所说的由自然环境培育的文化内容对建筑的影响。这种影响的广泛和深远性可以从建筑是文化的

[1] 刘先觉. 现代建筑理论 [M]. 北京：中国建筑工业出版社，1999：117.
[2] 刘先觉. 现代建筑理论 [M]. 北京：中国建筑工业出版社，1999：118-121.
[3] 李泽厚. 美的历程 [M]. 北京：文物出版社，1981：15-30.

产品来认识。建筑以与文化相适应的方式参与到人们的生活之中，建筑除了满足特定人群的生活内容，同时也体现着特定人群的生活方式和生活态度。特定文化的价值观念、风俗习惯、审美倾向等指导着人们的建筑环境营造活动，建筑也由此表达出特定人群对事物的理解和态度，表达出地域的文化精神。马丁·海德尔格（Martin Heidegger）关于人类存在状况基本属性——"人们沉浸于世界之中"的观点告诉我们，人的存在总是在世界中的存在。在世界中人们是居住在由具体地点、事物和时间构成的具体环境中的，人们居住于某地表明人们把身心归属于特定的生活环境，人们把身心归属于特定的生活环境首先是归属于特定的生活方式，人类的建筑活动就是围绕着这一切展开的。建筑现象学认为，世界各地不同的城镇空间及其街道、广场等元素的形式和结构，以及建筑空间及其房屋、院落等元素的形式和结构均是不同的生活方式和生活态度的体现和表达。本真的建筑应该是与文化相适应的，并且以此方式参与到人们的生活之中。文化影响着其文化成员对环境经历的理解和解释环境信息的意义，这就是为什么不同文化的成员往往会在先入的观念影响下对建筑环境质量和意义做出不同的解释和评价的原因。这一切均在其建筑及其环境的营造中体现出来。地域精神中的社会文化环境因素对建筑的影响是实实在在的，建筑对地域精神的反映在过去也是鲜明的，在今天，我们也必须这么做。

地域环境塑造了地域精神，是地域建筑的精神土壤。地域的建筑精神是地域人的文化精神。建筑，一旦丢了地域精神，其实不是简单的丧失地域特色的问题，是人的心灵无处安家的问题。这是我们今天的建筑、今天的城市必须严肃考虑的问题。

本章图片来源（除以下列出外均为作者自绘或自摄）

图 4-2　维基百科 zh.wikipedia.org.

图 4-3　wallpaperbeta.com.

图 4-4　蚂蜂窝 www.mafengwo.cn.

图 4-5　百度百科 baike.baidu.com.

图 4-6　维基百科 en.wikipedia.org.

图 4-7　维基百科 it.wikipedia.org.

图 4-8　thetemplesofconsumption.blogspot.com.

图 4-9　（意）安东尼奥·埃斯帕斯托.安藤忠雄 [M]. 大连：大连理工大学出版社，2008.

图 4-14　刘先觉.现代建筑理论 [M].北京：中国建筑工业出版社，1999.

本章参考文献

[1]　（英）凯·米尔顿.环境决定论与文化理论 [M].袁同凯等译.北京：民族出版社，2007.

[2]　S.Nanda.Cultural Anthropology:Belmont[M].CA:Wadsworth,1987.

[3]　（奥地利）克里斯托弗·亚历山大.建筑的永恒之道 [M]// 查尔斯·詹克斯等.当代建筑的理论和宣言.周玉鹏等译.北京：中国建筑工业出版社，2005.

[4]　（英）肯尼斯·弗兰姆普敦.现代建筑：一部批判的历史 [M].原山等译.北京：中国建筑工业出版社，1988.

[5]　（美）乔治·斯坦纳.海德格尔 [M].李河，刘继译.北京：中国社会科学出版社，1989.

[6]　（日）安藤忠雄.安藤忠雄论建筑 [M].白林译.北京：中国建筑工业出版社，2003.

[7]　（日）安藤忠雄.建筑视野之外 [M]// 查尔斯·詹克斯等.当代建筑的理论和宣言.周玉鹏等译.北京：中国建筑工业出版社，2005.

[8]　刘先觉.现代建筑理论 [M].北京：中国建筑工业出版社，1999.

[9]　李泽厚.美的历程 [M].北京：文物出版社，1981.

[10]（挪）诺伯舒兹.场所精神：迈向建筑现象学 [M].施植明译.武汉：华中科技大学出版社，2010.

[11]（英）罗杰·斯克鲁顿.建筑美学 [M].刘先觉译.北京：中国建筑工业出版社，2004.

[12]（美）C·亚历山大.建筑模式语言 [M].王昕度译.北京：中国建筑工业出版社，1989.

[13] 李凯生，彭怒. 现代主义的空间神话与存在空间的现象学分析 [J]. 时代
建筑，2003（3）.

[14] Amos Rapoport. Culture, Architecture, and Design[J]. Locke Science
Publishing Co. Inc, 2005(3).

第二部分　关于吴地建筑地域特色的创作

5　地域环境与苏州的建筑精神

　　随着中国快速城市化的进程，建筑形象雷同、城市个性丧失等问题也越来越严重。尽管苏州的古城保存相对较好，但城市在新城与旧城的共同发展中，也同样面临着相同的问题。2008 年《中外建筑》杂志社在苏州搞了一次活动，邀请了苏州建筑与规划方面的专家进行了以苏州为话题的讨论，笔者也发了言。会后杂志社把我们的发言以"双面绣"一文发表在《中外建筑》杂志上。其实把苏州的建筑及其城市形象定义为"双面绣"[1]，与其说是一种赞扬，还不如说是质疑。一面是传统，一面是现代，传统和现代没有被"绣"到一起而是被分成了两面，这是很大的问题。我们知道除了人类历史上少有的文化灭绝，"文化创造与文化发展是连续的、不可分割的；而文化的创造与文化发展同时又是累积的、整体的。因此，一种文化在发展过程中，由于连续性和累积性，必然要形成自己的特色或个性。"[2] 但在建筑及其城市形象的传统和所谓的现代之间，我们看不到这种连续性和整体性，地域建筑文化似乎已被终止在过去，现代的建筑及其城市形象中没有了地域性的精神，有的只是"千城一面"的无地域性的、无场所感的城市环境。这一切，与其说是现代主义建筑思想"惹的祸"，还不如说是我们在迎接现代文明和时代精神时丢掉了自己的根。这使得我们的城市在"现代"的外表下，显得越来越陌生，人们对城市环境越来越没有归属感（图 5-1～图 5-4）。

　　"居住意味着人们与既定的环境之间建立有意义的关系。"[3] 就是说居住的本质是特定人群把身心归属特定的环境。这个环境是由自然元素和人造元素组成的整体。一方面，自然环境以自身的特性构成了生存空间最基本的部分，同时影响并确立了人们在世界中获得经历和意义的基本构架；另一方面，人类创造的社会文化也深刻地影响着人类

---

[1] 时匡，洪杰等."双面绣"：苏州 [J].中外建筑，2009(4)：9-33.

[2] 陈华文.文化学概论 [M].上海：上海文艺出版社，2001：221.

[3] （美）拉普普.住屋形式与文化 [M].张玫玫译.台北：境与象出版社，1979：16.

图 5-1　乌鲁木齐

图 5-2　呼和浩特

图 5-3　贵阳

图 5-4　苏州

自身的环境经历和意义的获得。这一切在人类的文化价值观念中体现出来，也在人类为自身营造的生活环境中体现出来。至少这在过去是这样的。人作为联系建筑空间环境与文化二者之间的桥梁，是环境与文化的信息传递者和构建者。文化价值观念是一种扬弃、传承和发展的过程，在为自身营造建筑空间环境时，人们在这种具有连续性和累积性的文化价值观念的指引下，创造出反映生活本质的建筑空间环境。这是建筑及其城市空间环境创作的本真方法。

因此，追溯地域的环境、人、建筑三者间更为原初的、本质的关系，通过直面苏州传统建筑空间环境构成意义本身，来阐释这种构成的依据和基础，来理解苏州人对自身与建筑环境之间各种联系的传统认识，是十分必要的。本章从构成地域环境的地域自然环境因素和社会文化环境因素两方面入手，尝试进行分析研究，期望能有助于我们完整理解苏州人与传统建筑空间环境之间的各种复杂联系及其意义，并以此寻找人们的特定地域价值观念的历史形成和由此透射出的在今天依然应该传承发展的地域建筑精神。

5.1 苏州的自然环境、意义和传统建筑

　　地域自然环境及其意义是从自然环境形态的结构和特征以及自然环境的经济地理环境因素两方面体现出来的。人类栖息于天地之中，自然环境为其存在提供了物质基础和精神基础，并构成了人类存在的重要内容，深刻影响着人们对聚居环境的选择和环境形式的创造。在地域广阔的中国，生态环境的多样性是显而易见的，这些不同的自然

图 5-5　精神家园：丽江一角

形态和条件虽然不是形成一种地域文化的唯一因素，但是却会在各自的文化中留下深刻的印记。具有传统历史风貌的城镇或地区总是因其显著的建筑环境特征吸引着我们，是因为我们从中感受到了自然环境与传统建筑环境的联系和意义，感受到了特定人群营造其"精神家园"的建筑精神（图 5-5）。

5.1.1　自然环境及其意义

　　1. 地表地貌形态

　　根据地貌成因形态及其区域特征，苏州地貌分属于长江冲积平原区和太湖水网平原区两个大区，两个大区又分别包含了隶归于三角洲平原、古湖平原、石质山地的 6 种地貌类型。大约在六七千年前，长江是从今天镇江东面入海的。在以后的岁月里，入海口不断东移，形成了长江三角洲平原。大约在六千年前，长江南岸的江岸线，已大致沿今江阴、太仓、松江、金山一线构成半弧形。据对太湖平原形成的研究，最初的时候太湖是一个海湾，后来成了内陆的湖泊。《史记》称太湖为"五湖"，《禹贡》称"震泽"。虎丘原名"海涌山"，也是在海里。经历沧海桑田，长江三角洲和太湖流域构成了苏州地处的江南地理身世，形成了湖塘星罗、河道棋布的水网地区。苏州地区处于太湖平原中部，古三江（松江、东江、娄江）水道在此汇合，地貌特征以平缓

图 5-6　局部苏州地区水系图

平原为主，地势低平，自西向东缓慢倾斜，平原的海拔高度 2.5～4m
（图 5-6、图 5-7）。

　　苏州古城的北、东、南三面为平原河网地区，开阔平坦，唯一的

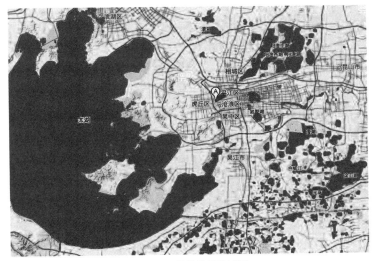

图 5-7　苏州地区地域图

视线遮挡或视觉景观是杂生的树木，其间湖荡罗列，河道纵横。密布的水体构成地表的细致纹理，这些成为苏州地区主体自然环境的概略。这样的大地结构，整体表现出的是平坦、舒展的特征。河流、湖泊自然地形成划分区域的界限，形成最初的秩序：临近自然水体的地带成为这一带聚落场所的中心，沿岸线则产生了沿河方向的限定空间。自然河流的阻隔不仅具有天生的庇护作用，也提供了生活上的便利。特别是小尺度的河，两岸空间逐步被大多数人所选择作为住地，认为这样的居住选址既可以避免临大河带来的冬季的寒冷和风，并适宜就近的农业耕作、渔业生产和生活活动，在环境的心理尺度上也是合适的。（1987 年首次发现的 5200 年前原始村落——吴江龙南遗址，村落沿一条河道展开，河床上部宽 9～12m，底部宽 3～3.5m，推测实际水面宽度在 5～8m 之间。被誉为"江南水乡第一村"。房址为半地穴式和浅地穴式，出土了鱼鳔、箭镞、网坠等渔猎工具，粳稻、籼稻的碳化米粒，家猪骨骸，陶罐器皿等反映生产生活内容和方式的物品。）[1] 人们依水而居，河流作为生活饮用、洗漱、排污以及交通的途径。为了连接河道两侧区域，产生了与河道方向垂直的桥，然后新的道路、标记和场所、节点渐次形成（图 5-8）。

[1]　钱公麟，徐亦鹏.苏州考古 [M].苏州：苏州大学出版社，2007：37-40.

图 5-8　依水而居的村落形式

　　苏州乡镇的村（图 5-9、图 5-10）和镇（图 5-11、图 5-12）大多保留了这种水乡的特征，而苏州古城道路空间的水陆双棋盘格局（图 5-13）则是这种环境结构的城市版。很显然，这种环境结构来自于人们最初对水网特征的地表结构的借鉴模仿以及聚居形式的选择，是自然的启示和生产生活的需要相结合的产物。相对乡村聚落的环境形式，在城市中密集的人群对人造环境孜孜不倦地创建和改造，使城市环境与其周围自然环境之间的联系大为减弱了，但这些在过去的环境经历中逐渐形成积淀的认识和观念，却在不断地发展并不断被赋予新的意义，从而形成复杂得多的却与环境有着内在联系的人造环境。

　　苏州的西南方向是湖光与山色相辉映的地貌。苏州西面（今虎丘区）和西南面（今吴中区）直到太湖沿岸，多为海拔几十米至三四百米的山丘。零星散布在西南部区域的太湖诸岛，构成一派疏朗的湖光山色之美（图 5-14）。除邓尉、穹窿、七子诸山外，花岗岩侵入体所形成的天平、灵岩和天池等山，由于地壳运动和岩石受到风化侵蚀，形成一种巨石垒垒、奇巧变化的特殊景色（图 5-15）。这种景色是对平原单一地貌特征的补充，这里的居民也因"靠山吃山、靠水吃水"有着与平原的居民不同的生产和生活方式。在自然环境的塑造下，他们的性格在古代文献和近现代的历史中也反映出与平原的居民有一定差异。他们与平原居民共同构成了苏州的原住民。

图 5-9　昆山市村庄聚落 1

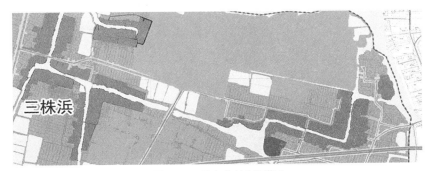

图 5-10　昆山市村庄聚落 2

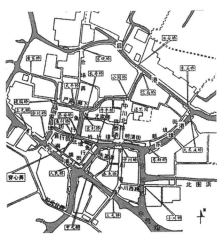

图 5-11　苏州同里镇河网空间示意图

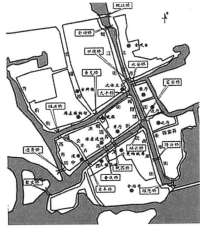

图 5-12　苏州周庄镇河网空间示意图

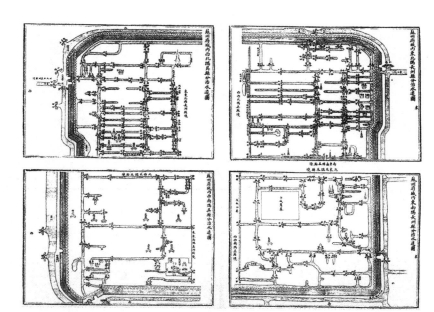

图 5-13　明崇祯十二年 (1639),《苏州府城内水道图》显示出水陆双棋盘格局

图 5-14　苏州的湖光山色之美

图 5-15　苏州富于变化的奇石

图 5-16　开阔荡漾芦苇青帐

图 5-17　清澈宁静，蜿蜒流淌

"水"是苏州区别于其他一些地域的地表地貌的最大特征。在今天苏州全市总面积 8488.42km² 中，平原约 4660km²，水面约 3607km²，丘陵约 221km²，分别占总面积的 54.9%、42.5%、2.6%。这么大的水域面积由形形色色不同尺度、不同形状的水体构成，或开阔无际或溪水蜿蜒，或碧波荡漾或缓缓流淌，或清澈宁静或芦苇青帐（图5-16、图5-17）。可以想象，一个几千年来与水为伴的人群，从水中得到的就远远不是生活的必需品了。水的规律、水的性格、水的精神渗透到了苏州人的文化之中。

地表地貌的结构、形态和特征启发着、影响着、塑造着苏州人。

2. 气候气象特征

气候气象作为自然环境中最活跃的组成部分，在苏州所在的江南地区尤其鲜明。江南地区处于长江流域的中下游，属于北亚热带湿润季风气候区，受季风环流的影响，形成了显著的气候特色：四季温差明显，冬冷夏热，降水丰沛，雨热同季。同时，在苏州的水土配合下，演奏出四季轮回、特色鲜明、丰富变幻的自然环境美妙的乐章。

江南的春景（图5-18），自古以来是享有盛誉的。所谓"春江水暖鸭先知"，温度一有回升，水禽便在一片喧闹中入水"拨清波"了。此时，柳芽初现，大地开始披上嫩绿的新装，桃梨争芳，植物争相开出五颜六色的鲜花。天然的色彩纯洁而丰富，呈现一派充满希望的和谐景象。自然的美和生机给人带来雀跃的心情，在风和日丽的天气里，丰富的声、光、色是自然环境体验的绝妙感受，整体环境的氛围左右着人的情绪，沉浸在其中，可以感受到生命的绽放和丰富多彩以及温润和浪漫的气息。

初夏来自暖湿海洋地区的热气团与大陆气团交锋，形成极锋滞留的梅雨天气。梅雨季节往往雨量充沛，降水连续；相对湿度大、云量多、地面风力小。如此一来，温暖而潮湿多雨的初夏，天空常被连绵细雨所笼罩，整个空间弥漫雾气（图5-19），于是就形成了江南烟雨朦胧的特有气质——多愁善感、温婉细腻。大街小巷中传递着吴侬软语，园林戏台里演绎着婉转昆曲。情深深伴着雨蒙蒙，这样的声音和景象与自然环境朦胧景象和湿润空气浑然一体，让人强烈地感受到地域人的某些方面的精神特质与地域环境的关联性。这期间是当地一年中降水最多的季节，植物的生长快速而茂盛，气温也逐渐升高。莲花开了。

图 5-18　江南的春景

图 5-19　苏州天平山雾气
弥漫

图 5-20　苏州夏季的荷塘

当苏州进入温度最高的七八月时，夏季正式到来了。中国的很多地方都有莲花，但在苏州有着最大的、渗透在生活环境中的、适合莲花生长的水域面积。成片成片的荷叶中，莲花，在人们的生活环境中，在春天的花儿都凋谢时，在浓郁的绿荫抵挡着烈日和高温带来的酷暑中，从湖塘河渠的污泥静水中傲立而出（图 5-20），成为一种独特的景观，也昭示着一种精神。苏州的夏天是炎热的，日最高气温可以达到 36℃ 以上，在古代，人不停地出汗，精神萎靡，食欲不振，是为常态。人们在炎炎夏日中苦熬，水成为了陪伴人们熬过高温的最好的朋友。也带来了一种期盼，期盼来自北方的风的到来。

太平洋副热带高压主体的南撤和冷空气势力的加强，带来了秋风和气温的下降，枫树红，银杏黄，大地再一次构成了一幅色彩斑斓的画面（图 5-21）。与春天呈现的勃勃生机相比，秋日的色彩是饱和的，天高云淡，却又绚烂至极。转眼冬季来临，季风自蒙古高原和西伯利亚东部等干燥寒冷的内陆地区吹来，带来极地大陆气团，位于冷气团

图 5-21 苏州天平山秋季
绚烂的色彩

图 5-22 雪中竹林

图 5-23 狭窄的城市街道空间

南下扩散的路径上，往往出现大风、大雪和剧烈的降温天气，致使这里的冬季气温要低于同纬度的其他地区。与北方大雪茫茫的大地景象及严寒不同，清冷的天气里，在这里出现的却多是梅、兰、竹、菊这类看似纤细柔弱的植物抵抗着寒意（图5-22）。苏州有很多文人喜欢把自己的生存空间处理成具有这种精神的场所环境，显现着他们的性格和情操。

气候气象特征影响了建筑空间及其形式，抵御冬季寒冷和夏季湿热是建筑需要承担的责任。但是在缺乏技术条件的古代，同时满足这两方面的要求是难以实现的，因而在江南，人们选择了克服夏季炎热这一更为突出的问题。与北方易于吸收大量阳光的宽敞院落和开阔城市空间不同，通透的建筑与深深的庭院，以及狭窄的城市街道空间等，成为人们营造建筑环境的首选（图5-23）。此外，冬冷夏热的极端气候特征使得人们对建筑空间的朝向要求也特别高。南向（或东南朝向）成为了唯一的选择。这是因为，一方面可以在冬季获得最大的日晒，另一方面，在夏季由于太阳入射角高加上房屋的出檐，太阳并不会照进屋内，却给通风带来了益处（苏州夏季的主导风向为东南风），同时这样的朝向防止了夏季避之不及的西晒和东晒。

特定的气候气象条件，带来了气温变化和季风的特点和规律，影响着人们营造建筑环境的形态和形式，影响着人们的生活方式，也培育着人们空间环境的心理尺度。显著的四季气候特征在肥沃土壤的配合下带来各种丰富的物产，影响并促成了当地劳作、饮食以及休闲方式。而四季景象转换以及温度湿度所带来的变化包括天空、植被、空气甚至水体的色彩、光影等为整个地区带来了丰满的、饶有趣味的情调，同时也定下了这一地域的审美基调。

3. 水土生物特点

土地是人类生存之本，尤其是在中国古代以农耕经济为基础的社会。战国时期的地理著作《禹贡》，对"九州"的划分，土壤的类别就是主要依据之一。当时归于扬州的苏南地区"厥田唯下下"（在九州之中最为下），认为是不适宜种植的淤泥，经过地理学家的考证，这一地区土类多为湿土 [1]。其实这种性质的土壤是非常适合水稻种植的，之所以被认为不适宜种植，其评判是以当时黄河流域文化为中心的古代社会北方作物的旱作技术及其作物产量为标准造成的。同时也说明，当时江南水乡地区的水稻种植技术落后，产量很低。其实，在已发现的苏州史前文化遗址中已证实该地区的原始人类已开始种植水稻。位于阳澄湖南岸唯亭镇的草鞋山文化遗址中水稻田的发现，反映了早在6000～7000年前先民已种植水稻（图5-24），遗址中发现的碳化米粒，经过分析已有粳稻和籼稻

图5-24　草鞋山遗址的河道与水田

[1] 邓先瑞，邹尚辉.长江文化生态 [M].武汉：湖北教育出版社，2005.

之分 [1]。但直至春秋战国之前，苏南地区对水稻耕作的技术的掌握依然较差，经济水平落后于北方地区。

　　但这并不是说当时的南方人比北方人笨，而是水稻种植的技术要比北方作物的旱作技术复杂得多。种植水稻需要先做秧田来育苗，然后再移植到稻田，期间涉及农历节气的准确把握、秧田和稻田的水位以及移栽的密度控制等。在水稻生长的过程中还有灌排水的时节把握，这种把握还要根据天气的干湿、日照和降水的情况以及幼穗形成和抽穗开花的情况进行调整。而要灌排水，就要在农闲时做好农田的水利建设。这并不是简单的开渠、建闸的工作，要做到灌水的时候有水，排水的时候能排，是要有多方面的知识和智慧的，因为要灌水的时候往往是天旱的时候，排水的时候往往是地涝的时候。这在大规模种植时尤为重要。这一切都是我们的古人不断地探索和总结经验教训逐步得来的。这说明一个事实，即种植水稻是一件精心细致的工作，既需要勤动手也需要勤动脑，而对我们的先民来说，农时忙种植和看护，闲时搞沃土和水利，这是他们年复一年的最主要的工作，这样的生产劳动培育着我们先民的对待事物的态度和方式，也培育着我们先民的性格特征。

　　苏州的河流湖泊虽然为人们提供了丰富的水产品，但是人们依旧需要通过耕种来获得基本的粮食等农作物。当水稻种植技术得以不断地提高，这里的农耕生产状况逐步发生了转变。在初期，因为人口的稀少，加之有着适宜水稻作物生长的环境，人们只要注重合理利用土地就能够获得足够的生活所需。但生产生活中养成的精心细致对待事物的态度和勤动脑勤动手的习惯，使他们在充分利用土地上下起了功夫。本该不缺耕地的平原地区，因为地势低、水位高而导致适宜种植北方农作物的自然耕地并不多，人们根据地面微小的高差所引起的地下水位变化和土壤条件差异进行稻、麦、棉种植的布局，精耕细作成为理所当然的种植方式。

　　随着苏州地区的人口逐渐增多，社会经济发展需求量增大后，人们不得不投入大量的人力物力进行农田水利建设，以获得更多的种植面积和亩产收成。两千多年以来，尽管历代政权纷争、统治者更迭不断，但只要条件允许，人们对这一地区的水利建设就会继续改进，通过排

[1] 钱公麟，徐亦鹏 . 苏州考古 [M]. 苏州：苏州大学出版社，2007：20-23.

图 5-25 苏州乡村的农田

图 5-26 江南出产的鱼类普遍个头较小、鱼刺较多

涝筑田，用肥沃的河泥滋养田地，以及温湿的气候条件，其结果是农作物的丰收，产量之多使得这里逐渐成为古代中国的经济中心。至唐末，太湖流域已是"五里一纵浦，十里一横塘"的景象，形成圩田和塘浦相应布列的棋盘式圩田系统[1]。北宋末年，这里的水田进一步开发起来，自此，直至近代，苏州地区成为了国家主要的粮食供给基地（图 5-25），承担起了"天下粮仓"的角色。流传的"苏常熟，天下足"[2]即是反映苏州地区以稻作文化为基础的农业经济发展态势。

　　说了土还必须说水，苏州有着总面积超大的水域，水域中丰富的水生动植物为我们的原始先民提供了生存的保障。上文说到的草鞋山文化遗址，在属于 6000 多年前的土层中发现的鲫鱼、鲤鱼、草龟、鳖、河蚌以及水生植物果实菱角。5200 年前的吴江龙南遗址，出土了鱼鳔、箭镞、网坠等渔猎工具，还有鱼、蚬、蚌、螺蛳等残骸[3]。可以想见，在农耕技术还非常落后的新石器时代，我们的原始先民必然是以水生动植物作为主要的食物来源。直至今天，《史记》中描述的"饭稻羹鱼"依然是我们年长者的最爱。鱼，从原始先民开始就是人们日常生活离不开的事物。江南量最多的河鱼有一个普遍的特征：个头小和鱼刺多（图 5-26）。吃鱼的时候，要敏感、要细心、要耐心、要有不能马虎的"挑剔"精神。而这吃鱼所需的素质，与苏州人的性格特征几乎完全一致，这绝对不是巧合。一个地域的人的性格养成必然是多方面因素塑成的，但是千万年来"食不可无鱼"的生活是极其重要的因素。这种素质或

[1] 王卫平，王建华.苏州史记（古代）[M].苏州：苏州大学出版社，1999.
[2] 陆游.渭南文集.卷20.
[3] 钱公麟，徐亦鹏.苏州考古[M].苏州：苏州大学出版社，2007：23-40.

图 5-27　苏州园林曲线丰富，灵动轻盈

图 5-28　鱼的流线形体

曰精神，体现在苏州的语言、文学、戏曲、手工艺以及建筑等文化和艺术的中，体现在苏州人对待生活中方方面面事物的态度和方式中。鱼，为苏州人提供了补充蛋白质和脂肪的重要途径，并在此过程中塑造着苏州人的性格。但鱼所给予的远远不止这些，就以建筑为例，我们知道直线的、规则的形体是最易建并经济的，而且也可以是美的，但在苏州的园林里我们见不到一条笔直的廊，它必须是左右摆动的，甚至还要上下起伏；我们也见不到像北方建筑那样的平直舒展的屋檐和檐角，它必须是曲线的、高高起翘的（图 5-27）。从图 5-27 的场景中，那起伏的廊，好像是鱼儿游出水面上下的律动，那亭的屋顶分明是鱼儿的尾巴在上下翻动（图 5-28）。在千万年来日日年年享受鱼肉细腻鲜嫩的美味中，人们培育出了对鱼的感情。近朱者会赤，近鱼者也会爱上鱼，爱上鱼的曲线式的游动、鱼的流线形体、鱼在水中的灵秀、轻盈和自由感等。这与我们普遍共识的苏州文化艺术与人文精神中细腻的、灵秀和轻盈的、流动感和自由感的特性是如此的一致，这也绝对不是巧合。

　　苏州的水土是富饶的，苏州的物产是丰富的。但这种水土富饶和物产丰富是通过人的参与显现出来的，是通过人的劳动和劳动中激发的智慧带来的。除了水稻，在苏州的西部和西南部直到太湖沿岸的山丘之地出产着林果、茶叶和桑蚕；在苏州的东北部的一些海拔较高的"高乡"出产着小麦、棉花等。在苏州到处可见的大小湖泊和网状分布的大小河道中出产着鱼虾蟹蚌和"水八仙"等水生植物。这一切共同构成了苏州一年四季的丰饶的物产，肥沃的土地提供了生存所需的足够的生活材料，人们对土地的依赖，发展出顺应自然的态度，也养成了一种平和的心态。

苏州的水土生物引发的丰饶物产，其中，就如"苏"的繁体字"蘇"所揭示的，鱼和米是最大的也是最核心的因素。水土与生物特点的意义，或者说"鱼米之乡"的意义，不仅是指物产的丰饶，也不仅是指食物的丰富带来的饮食文化以及生活中的讲究，更是指一种文化精神。一种在千万年来的生产和生活中养成的对待事物的态度，培育出的性格、价值观念和审美偏好。

4. 小结——自然环境的意义

现象学之父的德国哲学家胡塞尔（Edmund Husserl）在《现象学的观念》中指出：人和世界是同时出现的不可分割的整体，人们的意识活动和意识活动所指向的对象构成了"生活世界"的两极，在经历的基础上，人们的意识活动赋予这些对象以意义和价值，而这些意义和价值又是同人们在生活世界的目的紧密相连。自然环境无论日月星辰和春夏秋冬的规则运行，还是地形地貌和气候气象的形态特征，无不启蒙和培育着人类的思想，也使得不同地域人的不同环境经历培育了地域人的地域精神。同时，人类必需的生产与生活，在不同的自然环境条件培育出不同的生产方式和生活方式。用海德格尔的话说，人的存在是在人与世界中其他事物打交道的过程中显现和展开出来的。人在与特定的自然环境的交往中培育出作为人的存在的不同的地域精神。汉代的班固在《汉书·地理志》中就已说道："凡民函五常之性，而其刚柔缓急，音声不同，系水土之风气。"从哲学到人类学到人文地理学，都从不同层面指向一个事实，那就是自然环境对人的塑造。

苏州地处平原水网地区，山体较少，呈现出的是舒展平坦的特征和较为单一的地表结构形式，相对丘陵地区或山区等地表的起伏变化来说，缺少丰富而复杂的形态特征。但是苏州地表密布的水网和四季变换带来的植被等，却形成丰富的景象，对自然环境的结构和特征起着不可忽略的影响。苏州水域面积占了很大比例，同时构成自然水网形态的又多是蜿蜒平缓的河流，因而整个地域"柔情似水"（图5-29）的特质得以天然形成，平缓的水面也容易形成娴静的氛围。而交替的四季，带来变换着的丰富物产和大地景观，也造就了人们细腻的情感，以及物质生活和精神生活的内容。除却与大地状况密切联系，四季分明的气候特征使天空产生出不同色彩、形状各异的云以及强弱多变的光线，还有江南连接春夏的雨季烟雨笼罩的氤

图 5-29　苏州"柔情似水"的地域特征

氲。在天与地的共同配合下，自然环境营造出具有鲜明特征的结构和形态，赋予了苏州特定的秩序、气氛和精神气质（图 5-30～图 5-33）。

在天空之下，在大地之上，人们"上法圆象、下参方载"，用勤劳和智慧探索并有效地掌握了自然环境的规律和特点，找到了适宜农作物的生长规律并不断改进其种植方法，带来了丰饶的物产，精耕细作的习惯也促成了苏州人对待事物的悉心态度。湖塘河渠中的水产在成

图 5-30　苏州的春

图 5-31　苏州的夏

图 5-32　苏州的秋

图 5-33　苏州的冬

为人摄取补充蛋白质和脂肪的重要途径的同时，也培育着人们细心和耐心、"挑剔"和谨慎的性格。物质生活的富足，平和的生活有条不紊地进行，也促成了人们对更高层次的精神生活的追求。

在特定的自然环境的启发、培育下，在人们与自然环境的互动中，地域人的思维框架、性格倾向、价值观念、风俗习惯、审美偏好等逐渐养成，具有鲜明个性的地域文化得以形成。在随后的文化交流、文化发展和创新中，这种源自地域自然环境的地域性文化精神不但没有丢失，而且放射出耀眼的光芒，成为中华文化之树上一颗璀璨的明珠。

5.1.2 自然环境对传统建筑的意义

在传统建筑中地域自然环境所承担的意义是全方位的。建筑是人类直接应对自然环境的产品，它既是人生活需要的产品，也是人精神需要的产品，在不同的地域自然环境下，人类发展着与自然环境相适应的建筑。地域自然环境因素对建筑的影响我认为可分为直接影响和间接影响两方面。直接影响是指自然环境在物质条件层面对建筑的影响，这是相对较容易被辨认的。从聚落选址到建筑布局，从院落尺寸到屋顶坡度，从窗户大小到出檐多少，从建筑材料到构造手段，不同地域的建筑的这些差异大多是地域自然环境的客观条件差异带来的。这种差异可能是地形地貌，可能是气候气象，或者是水文地理或土壤生物，或者是以上多种因素，它们直接影响着不同地域的人们建筑形式与建造方式的选择和创造，是带来世界各地的传统建筑差异化的建筑及其聚落环境形象的重要原因。而地域自然环境因素对建筑的间接影响，是指因地域自然环境因素而培育出的地域文化对建筑的影响。地域文化指引着、规约着地域人的思维框架和文化精神，当然也指引着、规约着地域的建筑精神。一些地域的建筑偏爱丰富和变化，一些地域的建筑倾向简洁和秩序，这种价值和审美取向往往是地域自然环境的结构和特征、形式和气氛等对地域人的影响造成的。此外，自然环境的经济地理环境因素，直接影响了不同地域的经济生产的内容及其方式，也由此影响了地域人的生活内容和生活方式，从而从另一个侧面培育着地域人对世界的看法以及对待事物的态度和方式。人们的生产和生活及其方式指引着地域建筑的形态和形式，并且塑造着人们的思维方式、价值观念，由此形成地域建筑的精神。

1. 自然环境对建筑的直接影响

在单体建筑上，自然环境对建筑的直接影响主要体现在对气温、风和雨的应对上。这是一种综合性的、抓主要矛盾的解决方案。苏州气温冬冷夏热，尤其是夏季的炎热最为难熬，因此抵御夏季湿热成

图 5-34　围护结构通透性强

为了建筑要解决的主要矛盾。由此，在传统民居中，苏州民居形成了以下特点：一是严格的南北朝向；二是层高比较高；三是围护结构通透性强（图5-34）。南北朝向既是为了防止夏季的西晒和东晒，也是为了让夏季的主导风向东南风吹进室内；层高比较高既是为了利于通风，也是为了让热空气在人活动高度以上流动；而围护结构通透性其起因也是为了使建筑有良好的通风。为了构建利于通风的空间环境，当地人在室内大量运用格栅、漏窗等建筑构件形式，形成具有渗透特征的空间。围合建筑的实体通过漏空将室内与室外空间进行了最大程度的连通。由此，从这种视线的渗透、空间的延伸的体验中，地域人创造性地发明了把建筑的室内与室外作为一个整体来考虑的建筑理念。苏州民居宅园合一的形式，强调空间渗透性与流动性的、步移景异的园林精神，对景、框景、借景等手法（图5-35～图5-39），其起因就来自于此。

在群体建筑上，苏州也形成了自己的特点。体现在院落式传统民居中，那就是深深的庭院和狭小的天井（图5-40）；体现在城市群体建筑上，那就是狭窄的城市街道空间（图5-41）。有人说这是苏州人对小尺度的偏爱。但在我们的原始先民生活的自然环境中没有这样的环境特征，地表地貌的结构、形态和特征是宽阔的平原，小河很多，但也有大河与大湖，考古证实此地也没有大片的森林，并且也不以此为居住地。他们何以养成对小尺度的偏爱呢？其实造成这种格局形态的原因还是主要因为苏州的气候特征，同样是为了克服夏季的炎热问题，

图5-35、图5-36　空间渗透性与流动性

图5-37、图5-38、图5-39　苏州园林中框景、借景、对景等手法

产生了与北方欢迎阳光不同的格局形态，以此减少太阳照射并减少地面的热辐射。但过于狭小的室外空间对于生活和活动带来了不便，在人的心理上也造成压抑。于是，在院落式传统民居中人们选择把其中的一个院落适当做大，通过种植树木来遮挡阳光，通过设置水池来减少地面的热辐射。于是，私家园林由此出现了。而狭窄的城市街道空间，两边的建筑中，靠河一侧的建筑连续长度不会很长，而是被间断地隔开，

图 5-40　狭小的天井

图 5-42　苏州的水埠码头　　　　　　图 5-41　狭窄的城市街道

　　形成临河的节点空间，配以水井和水埠码头，成为街巷居民生活和活动、纳凉和交往的场所（图 5-42）。苏州人确实存在对小尺度的偏爱，但这主要是地域人在应对自然而创造的生活空间中逐渐养成的。

　　在聚居空间形态上，首先，地表地貌的结构、形态和特征起着关键的作用。苏州古城空间水陆双棋盘格局的来龙去脉，在上文"地表地貌形态"一节中已作了阐述。河流密布的地理环境决定了苏州传统建筑呈线状连接单体来组织更大的整体。河流的自然形态决定了它所联系的建筑环境的布置，因而沿河的居住空间及道路显示着自然环境结构所具有的线状特征（图 5-43）。这种街随河走、屋顺河建的建造行为，产生一种顺应河道的线性动势（图 5-44），它的形成和突出是由于河、街、屋三种空间要素沿同一轴线的并列重复[1]。苏州的许多村和镇大多保留了这种水乡特征，很显然，这种环境结构来自于人们最初对水网特征的地表结构的借鉴模仿，是自然的启示和生产生活的需要相结合的产物。

---

[1] 段进，季松，王海宁. 城镇空间解析：太湖流域古镇空间结构与形态 [M]. 北京：中国建筑工业出版社，2002：25-26.

其次，气候气象特点也起着关键的作用。上文述及的建筑严格的南北朝向和狭小的建筑间距形成了聚居空间的肌理。在人们择水而居建筑沿河道展开时，城市的公共空间也渐渐形成，这是由于水路（河道）在过去是与陆路同等重要的交通方式，水路与陆路成为一个互相密切配合的系统，由此形成了江南水城独特的社会生活及经济活动方式。呈现给我们的是道路顺应水网，城市主干道往往与主河道平行，次一级的街巷在河道界定的地域内划分组团。水路与陆路形成大大小小的连接点，大的连接点是城市的交通枢纽，是货物集散交易的集市，是商业中心，是集会和文化娱乐中心；小的连接点是河埠、水栈和相应的市民生活性空间。这些连接点形成了水乡城市中最为活跃的场所。东西走向的河道往往被最早开发利用，因为无论是街临河还是建筑临河，都满足了地域人严格的南北朝向的要求，城市或聚落的公共空间也就大都集中于此。南北走向的河道次之，而远离河道的道路，往往以巷或弄命名，承担的更多是交通联系的功能。

地表地貌的结构、形态和特征以及气候气象特点共同作用，指引着人们构筑着聚居空间最初的结构和形态，并在后来的发展中，这些在过去的环境经历中逐渐形成

图5-43　传统民居沿河呈线性特征（左）
图5-44　房屋顺应河道的线性动势（右）

积淀的认识和观念，被不断地发展并被不断赋予新的意义，从而形成复杂得多的却与环境有着内在联系的城市空间形态。

2. 自然环境对建筑的间接影响

地域自然环境因素对建筑的间接影响要复杂得多，因为这种间接影响是"地域自然环境—因地域自然环境而培育出的地域文化因素—地域建筑现象"的图式。这复杂的原因，一方面是文化的形成是错综复杂的，往往很难理清楚哪些文化因素是由地域自然环境培育出的，哪些是通过文化间的交流学习而得来的，以及是通过改造外来文化或自我创新形成的；另一方面，地域自然环境是如何塑造地域文化的，即自然环境是从哪些方面、以怎样的方式、多大的程度塑造地域文化的，这是人类到目前为止还没有达成共识的问题。因此，描述这种"地域自然环境因素对建筑的间接影响"是有"风险"的，一方面，不同观点立场的人可以轻易地提出批驳；另一方面，自身也是处于"可能"、"或许"的自我怀疑中。但是，这种因地域自然环境因素而培育出的地域文化对建筑的影响，即地域自然环境因素对建筑的间接影响是实实在在存在的，人类也是达成共识的。同时，这对于我们认识和理解建筑的形成和发展，以及研究建筑的地域性是极其重要的。因此笔者还是打算作一点粗略的分析。总体上可以这么理解：一方面，特定地域的自然环境形态的特定的结构和特征，呈现出特定的秩序、气氛和精神气质，人们在自然环境中的经历和体验，塑造着地域人对世界的看法、性格性情、思维框架和文化精神。明末清初刘师培在《南北文学不同论》中说："大凡北方之地，水厚土深，民生其间，多尚实际。南方之地，水势浩洋，民生其间，多尚虚无"，讲的就是这一道理。另一方面，不同的自然环境必然培育出不同的生产方式和生活方式，人们在生产与生活中获得的对世界的看法以及对待事物的态度和方式就会有差异。自然环境通过人们的生产和生活及其方式塑造着人们的思维方式、价值观念。这两个方面有时是很难分清楚的，但它们一起塑造着我们的文化，由此指引着、规约着地域人对建筑及其环境的创造。

在单体建筑上，苏州建筑呈现出两大特征：一是建筑轻巧灵秀（图5-45）。屋顶的弧度、屋檐和檐角的曲线等，以及墙身封闭感的弱化，给建筑带来轻巧灵秀的感受，这在园林里的亭、廊、榭身上体现得更

图 5-45　清秀灵巧的苏州建筑

图 5-46　精致细腻的苏州建筑

为突出。高高弯起的檐角，一如女子的兰花指，灵动而细长，明显区别于北方建筑屋檐的形态。这种对轻巧灵秀的审美偏好，与流动的水、随处可见的蜿蜒的自然河流以及生活中、餐桌上日日为伴的鱼等有着明显的联系。二是建筑精致，细节多（图 5-46）。这种由外及内的追求精致和细节的特点，作为包括民居在内的建筑的普遍现象，说明这是一种地域人的特质，这种特质其实也反映在其他文化艺术以及生活中的方方面面。这显然跟气候带来的天空的丰富变化以及鲜明的四季与优质的水土共同创造的丰富变化的大地景观分不开，这种自然环境的丰富性和变化性培育着人们对丰富的欣赏和对变化的敏感，也跟在生产与生活中养成的细致和敏锐有关。

在群体建筑上，传统街巷的形态是最让人难以解释的。一条沿街

图 5-47　变化丰富的河道

图 5-48　颐和园苏州街

立面，1～2层的建筑，高度上忽高忽低，开间上忽长忽短，空间上忽进忽退。这从民俗的邻里关系或中华伦理中显然是无法找到答案的。相应的，道路与河道也不是笔直的，总是有忽大忽小的转折和宽窄的变化（图5-47）。这从其交通功能的性质上也是无法找到答案的。更奇妙的是，这一切变化构成的画面是那么的美，那么的富有诗意，在没有建筑师的年代里是如何做到的？其实，建筑师也未必做得到。在北京颐和园中有一条"苏州街"（图5-48），据说是乾隆皇帝因喜爱江南的城市景观而命人设计修建的。设计打破了整齐划一，模仿了各种变化，但其美感和韵味显然差远了。笔者认为，对此的唯一解释是地域人有着普遍的对美的强烈追求和敏锐。这种对美的追求，压倒了邻居家的房子突出来甚至盖了过街楼是否挡了我家阳光或风水，道路与河道的

图 5-49　较少羁绊的私家园林

转折和宽窄是否影响了交通和视线，成为最高的准则；这种对美的敏锐，反映了地域人普遍的藏在血液里的能力和习惯。但这一切，地域人是如何养成的呢？同时，这种具有特点的、在秩序中变化的、富有韵味的诗意的美，地域人是如何养成这种美感，形成这种审美偏好的呢？答案只能在其千万年来生活的特定的自然环境中。这不可能是外来文化，即便有对外来文化的学习，那也是有选择的学习，而选择机制的答案也只能在其千万年来生活的特定的自然环境中。在更少羁绊制约的私家园林里，这种对美的强烈的追求和敏锐以及审美偏好得到了淋漓尽致的释放（图 5-49），也是必然的结果。

5.1.3　小结

在诺伯舒兹的《存在·空间·建筑》（Existence, Space and Architecture）中，把存在空间的诸阶段分为地理、景观、城市、住房和用具，文中描述并分析了由自然环境本身结构及对人的启示，到人为对自然依附和改造的逐步深入，最终形成适宜当地人居住的场所环境。这种分析总体上是基于现象学的哲学观。他强调了自然环境本身的结构和特征对存在其中的人的文化层面的作用，以及自然环境与人造环境精神层面的整体性，揭示了自然环境由此对人们场所位置的选择和环境形式的创造等的深刻影响。这是非常重要的视角，但这只是一个方面。自然环境还提供物质条件，提供生产和生活的物质环境，提供和启示了人们生产和生活的内容和方式，不同的自然环境条件会直接导致生产和生活的不同是一个基本的事实，用马克思从实践出发来解释文化现象的实践观的文化观来解释，那就是实践决定了人的认识。人们在生产与生活的实践中获得的对世界的看法以及对待事物的态度和方式，深刻影响着人们的习惯养成、思维方式和价值观念，从而影响着人们对自身居住环境的创造。

上文从对自然环境的特点分析出发，对苏州地域的地形地貌、气候气象、水土生物的特点以及由此共同构成的人们的生存环境进行了描述和分析，同时，通过对地域传统建筑与聚居环境特点的考察分析，并将其与自然环境的特点联系起来，作为一个整体进行了分析。尽管没有进行非常深入全面的论证，但特定的自然环境与苏州地域文化、地域建筑精神以及地域建筑及其环境的形成和发展的因果关系已是毋庸置疑的。同时，我们也能看到，重新理解自然环境因素与建筑的关系，分析、理解和挖掘这种地域的建筑精神，将有助于我们找回人类与自然的本真联系，有助于我们摆脱现代建筑诞生以来产生的无地域性创作思想和方法，有助于我们在地域性建筑创作时摆脱对传统形式和形象模仿的框框，有助于我们营建有场所感的建筑与空间环境，也有助于我们借鉴前人的智慧探索绿色生态的建筑之路。

客观世界决定了意识形态，而人的意识又反过来影响和改造客观世界，在这种不断相互影响、促进的过程中，随着城市文明的发展，人类意识反作用于客观世界的复杂而更为深层的影响逐渐突显出来。这也是下一节要谈到的内容。

5.2　苏州的文化环境、意义和传统建筑

社会文化环境因素对建筑的影响是广泛和深远的。这种影响当然也包括上文所说的由自然环境培育的文化内容对建筑的影响。这种影响的广泛和深远性可以从建筑是文化的产品来认识。建筑是以与文化相适应的方式参与到人们的生活之中的，并由此成为生活的一部分。文化影响着其文化成员对环境经历的理解和解释环境信息的意义，不

同文化的成员往往会在先入的观念影响下对建筑环境质量和意义作出不同的解释和评价。同样，不同文化的成员在其文化的指引和规约下创造出具有自身特点的建筑及其环境。因此，了解并分析历史上苏州的社会文化环境，考察其与传统建筑之间的关系及其意义，对于我们理解苏州传统建筑精神有着重要的价值。

5.2.1 苏州地域文化发展的总体历程与特点

1. 史前至秦汉六朝

苏州历史悠久，文化源远流长。吴中区三山岛的考古发现揭示了早在 1 万年以前的旧石器时代，先民们就已生活、劳动在这块土地上，也揭开了苏州历史文化发展的帷幕。太湖地区新石器时代文化发展的序列依次为：马家浜文化（约距今 7000 ～ 6000 年）、崧泽文化（约距今 6000 ～ 5000 年）、良渚文化（约距今 5000 ～ 4000 年）。苏州地区发现的草鞋山遗址、张陵山遗址、龙南遗址等，即是典型的新石器时代的文化遗存。草鞋山遗址文化层可以分为 10 层，分属于不同的文化时期。其中，第 8 ～ 10 层为马家浜文化层，第 5 ～ 7 层为崧泽文化层，第 2 ～ 4 层为良渚文化层，直至进入春秋时代的吴国文化层。这个遗址的文化序列几乎跨越了太湖地区与长江下游从早期的新石器时代文化到早期的国家形成发展，呈现了该地区古文化先秦历史的全部编年。

考古证实，在马家浜文化时期，草鞋山的居民过着定居的生活，现存遗迹说明当时已直接在地面上建造房屋。考古发现了粳稻和籼稻的碳化米粒，是我国迄今发现的最早的人工栽培的水稻之一。自 1992 年，中日联合在草鞋山遗址进行中国的首次水田考古学研究，证实草鞋山遗址东西两区所见的小块水田群，是太湖地区马家浜文化时期水田的基本形态。东区是以水井为水源的灌溉系统，由水中、水口、水沟组成，反映了原始的稻作文化的基本面貌。西区是以水塘为水源的灌溉系统，比东区的灌溉系统进步，它既可通过水田灌溉，又可排水。水田的出现是人类征服自然的一种创造。除了原始农业，还有原始手工业，发现的碳化纺织物残片，是我国迄今发现的最早的纺织品实物。为纬线起花的罗纹，花纹为山形和菱形，它不同于普通的平纹粗麻布，显示出令人惊讶的织造工艺水平。从草鞋山遗址发现的新石器时代的稻谷、纺织品、陶器、木构建筑等方面可以充分看出，长江下游太湖地区的先民很早就创造了先进发达的古文化，这一地区同黄河中下游地区一样，是中华古文明的发祥地之一。

考古发现反映了采集和渔猎还是重要手段，饲养家畜已经开始。墓葬反映，当时的社会处于母系氏族公社时期。大约 6000 年以前，苏州地区的氏族部落相继进入父系氏族公社时期，明显看到生产经验的积累提高、生产工具的改进和技术水平的提升。属于崧泽文化的吴江龙南原始村落遗址，村落布局沿一条河道展开，被誉为"江南水乡第一村"。吴江梅埝遗址的出土物表明人们已加强水稻种植的田间管理和中耕除草活动。张陵山遗址的出土物表明农业产量的提高。手工业以制陶业进步最为明显，陶罐器皿已有轮制技术，种类繁多，纹饰趋于复杂。到良渚文化时期，考古证实，农业生产得到了飞速发展，蔬菜的种植、栽培已成为农业生产的一个重要方面。原始居民已掌握了人工灌溉技术，犁耕技术已是普遍的农业手段，生产效率大大提高。此时，石器制造水平明显提高，制作精美并穿孔技术发达。重要的是，手工业从农业中分离出来成为独立的生产部门，陶罐器皿制作具有相当高的工艺水平。各处遗址的考古发现还反映了玉器制作已成为制造业，并达到了令人惊叹的水平。其数量之大、品种之多，说明了生产规模的庞大；制作均非常精致，说明了工艺水平相当高，也说明了地域人耐心细致的工作态度；而产品的美观漂亮，说明了地域人已有很高的艺术鉴赏力和表达能力。更重要的是，玉器不是生产劳动和生活所需的工具，它如此的发达，这至少反映了这样一个事实：物质生活的比较富足和对精神生活有更高的追求（图 5-50）。同时，在社会进步方面，一些大型玉器，反映了权力的象征，就如著名考古学家苏秉琦先生指出的：草鞋山上层的良渚文化玉琮（图 5-51），在《周礼》上就有记载，如果不是阶级社会，那也是阶级社会的前夜，已经踏到了文明时代的门槛了。

在考古发现以前，包括苏州地区的江南地区，其古文化先秦历史均是由神话传说和一些民间故事构成的。而把它们以文字的形式记录下来的是后来进入文明时代中原人，但这种记述也不可避免地带有因视野、政治立场、文化立场以及目的等因素的片面性。江南苏州地区

图 5-50　制作精美的玉器　　　　　图 5-51　草鞋山出土的玉琮

一直被描绘为落后与野蛮的未开化的"南蛮"之地。《史记》中"断发纹身"、"火耕水耨"、"土地卑湿"等，其实更多是生活习惯、生产方式（水稻）和水土特点的不同而已。

　　进入文明时代的重要故事是太伯、仲雍为让王位于季历而奔吴的故事。这个故事是根据先秦典籍和《史记》（其实《史记》也是根据先秦典籍和民间传说编写的）勾勒出来的。但为了使这个故事更动人，体现太伯、仲雍的伟大人格，其实更是想通过这个故事体现周王朝及周礼的伟大正确，他们来到的苏州地区就必须是一个贫穷落后、人民生活在水深火热之中的"蛮夷之邦"之地。于是已达成"共识"的故事是太伯、仲雍"自动让贤，来到了俗称'荆蛮'的江南地区"，"向江南土著居民传授了北方先进的生产技术，领导人民努力生产，使'数年之间，民人殷富'"[1]。其实"北方先进的生产技术"只能是种小米（到西晋后才有小麦），在"卑湿的土地"上种水稻中原人不会。由此"数年之间，民人殷富"显然是想象。至于手工业的生产技术，苏州地区不会比中原差多少（考古的实物已经证实了这一点）。可以推测的是，他们给江南带来了一些中原先进的社会制度和文化，使社会秩序和文化得到了发展，因为当时的中原在这方面确实比江南强。或许也由此推动了经济生产方面的进步。笔者想说的是，当时的苏州地区总体上并没有描述的那么落后，否则与考古所反映的情况无法大致合拍。笔者真正的目的是想说明，苏州地区、江南文化有着自己的文化之根，

---

[1]　王卫平，王建华. 苏州史记（古代）[M]. 苏州：苏州大学出版社，2007：11-12.

养成的对待事物的态度与方式及其文化传统是强大的，后人所说的"诗性气质与审美风度"的种子已生根并发芽。就如记载中所说，这种文化传统的强大，使得太伯企图用周礼文化来改造当地文化遭到了顽强抵抗，以致到仲雍在位期间不得不放弃努力，也开始"断发纹身"，改从当地习俗了。我们先不说玉文化的发达意味着什么，就说当地人不愿改掉的这"断发纹身"的习俗，"断发"应该是地域潮湿和炎热的气候的原因，而"纹身"，其起因我们可以不分析，但至少我们从中读到了地域人被北方文化解读为"缺乏教化"、"缺乏社会制度伦理规约"的对个人存在的自我彰显和个体审美意识的独立的社会文化精神。这种文化基因，使得苏州地区在随后的吸收、改造其他文化的过程中不断进化，在文化创新等文化的演化发展中不断传承，保持并发展着自己的文化个性。

苏州之后的历史大致是这样的：寿梦以前史籍少有线索，寿梦以后，春秋战国，吴王阖闾上台后，积极推行伍子胥所提出的"实仓廪"的主张，鼓励开垦荒地，扩大种植面积，重视兴修水利，使农业生产有很大发展，史书中有"民饱军勇"、"仓廪以具"的记载。经历阖闾改革，春秋战国时期太湖流域稻作文化进入了成熟期。物产丰富、粮库充足，为国家的强盛提供了可靠的物质保证。据《吴越春秋》载，吴王夫差曾一次就借贷给越国稻谷"万石"；而越国后来也一次就还给吴国稻谷"万石"，足见当时水稻生产已达相当的水平。于是，有了伍子胥"相土尝水、象天法地"，建设规模宏大、气势雄伟、城内河道纵横、水陆交通四通八达的阖闾大城。有了征服楚、越争霸中原反映的除军事外的经济和文化上的强盛。常年征战，用兵北方，造成国力和后方兵力空虚，公元前437年吴国被越国占领。之后，公元前307年越被楚灭，到秦统一中国，吴地经历了越、楚入侵，文化得到了交融和发展。自秦汉以降，在汉文化的一统下，吴文化作为汉文化的分支，被融合为一地方性的文化，常被称为吴地文化（对于吴文化这个概念，学术界有不同的观点：一指先秦时期的吴国文化，即狭义的吴文化，主张者多为考古界和博物馆界；二指吴地文化，即广义的吴文化，包括吴国文化的源流及后世吴地文化的发展，主张者多在社会的其他层面。广义的吴文化指吴地自有人类开始，直至现今的各种物质、精神的文化创造。）

到东汉晚期之前，有关苏州地区的史籍记载很少，考古也没有发现可印证经济和文化较为繁荣的证据，苏州地区应该是处于一个低潮期。其原因，按现在分析是秦统一中国后，苏州所在的江南太湖流域已不再独立发展，"太湖流域学术不振于汉王朝，除了政治上复仇，经济上自给自足的原因阻碍学术发展外，太湖学术的原有优势在汉王朝政治生活中不能进入主流也是十分关键的。汉初黄老学术盛行，而黄老学术不产于太湖流域，因而难以参与。武帝时罢黜百家，独尊儒术，而儒术则是齐鲁优势……王朝所崇尚的学术文化是太湖流域原先所缺门类，而太湖流域的本来优势又不得其用，太湖学术在秦汉时期的主流市场上徘徊沉寂就是必然之势了"[1]。但是，这并不意味着地域文化及其精神的消亡，"在《吴越春秋》和《越绝书》中，作者本着反对贬抑、突显自身的意图，对吴越人士的勇敢和兵器的精良作了大肆渲染，以至让人产生一种整体的错觉。吴越人是如何在东晋南朝时期从崇武转为尚文、'从百炼钢化为绕指柔'的，目前还有许多研究者困惑在其中。实际上，两汉时的江南地区文化思想，仍然是以自然诗性为基础的。这是江南学者继承固有传统、批判主流意识形态的基本武器……这些不入主流的'异端'思想的边缘性存在，不仅有着彰显自身文化价值所在的意识，同时也为东晋南朝时期江南地区的思想变迁打下了深厚的基础。从此，学术主体强烈的批判个性，也逐渐成为江南学术的重要特征。"[2]

随着东汉晚期北方的战乱，中原等北方豪族为躲避战火，大举南迁，激活了偏安一方的苏州地区的经济和文化，有了三足鼎立，三分天下的东吴。西晋时代永嘉年间，永嘉之乱（或称永嘉之祸），美丽富饶的江南更是人们争相逃往的乐土。"据谭其骧先生统计，当时南渡人口共约90万之众，约占北方人口的1/8强，南渡人口以侨居今江苏省者为多，约26万左右。"[3] 必须多说几句的是这次"南渡"：一是移民规模很大，远远超过了东汉末年的南迁；二是移民的成分均"高大上"，是"北方士族带领宗族、宾客、部曲，回合民流，聚众南下"[4]；更重要的是，北方中原的魏晋时期是中国历史上文化和意识形态重大变化时期，是两

[1] 田兆元. 秦汉时期太湖与东南地区学术发展趋向研究[J]. 荆州师范学院学报，2003（1）：38.
[2] 刘士林等. 江南文化读本[M]. 沈阳：辽宁人民出版社，2008：306-307.
[3] 李学勤等. 长江文化史[M]. 南昌：江西教育出版社，1995：363.
[4] 李学勤等. 长江文化史[M]. 南昌：江西教育出版社，1995：363.

汉经学的崩溃，门阀士族的世界观和人生观的新观念体系的建立。李泽厚先生用"人的主题（觉醒）和文的自觉"来概括这种"魏晋风度"[1]，鲁迅《而已集·魏晋风度及药与酒的关系》中说："曹丕的时代可说是文学的自觉时代，或如近代所说，是为艺术而艺术的一派。"中华文化从周朝的礼乐文化开始，就把艺术的根绑在了礼仪、伦理上，西汉的文艺思想更是明确的"助人伦，成教化"的功利艺术。这条线索从此以来，直至以后，一直是中国的主体思想。除了魏晋时期，艺术不是为治疗什么的"药"是为自己而喝的"酒"的时代。艺术超越伦理和功利，是个人的存在、心灵的自由、个体审美意识的觉醒和张扬。当这种社会文化精神来到江南，来到历来轻政治伦理、强个体精神的江南社会文化土壤，在四季鲜明变换、风景如诗如画的自然环境中，"一种不同于北方道德愉悦、一种真正属于江南文化的诗性精神，开始露出日后越来越美丽的容颜……它直接开放出中国文化'草长莺飞'的审美春天……尽管和北方与中原一样共同遭受了魏晋南北朝的混乱与蹂躏，但由于它自身天然独特的物质基础与精神条件，因而才从自身创造出一种完全不同于前者的审美精神觉醒。它不仅奠定了南朝文化的精神根基，同时也奠定了江南文化的审美基调。从此，中国民族的审美意识才开始获得了一个坚实的主体基础，使过于政治化的中国文明结构中出现了一种来自非功利的审美精神的制约和均衡。"[2] 也由此，在学习和交流中，苏州的地域文化及其精神不断发展和走向澄明，开始不断结出璀璨的文化果实。

如苏州的绘画艺术，自魏晋南北朝以来，丹青高手人才济济，层出不穷，而且其中不乏在当时中国画坛上称得上凤毛麟角的一代大家。南朝宋、齐年间画家陆探微，被南朝杰出的绘画理论家谢赫所著的中国最早的绘画论著《古画品录》中列为第一品第一人，称其绘画能"穷理尽性、事绝言象、包前孕后、古今独立"。认为绘画有六法，古今画家一般只能做到其中之一，而唯有陆探微能六法完备。南朝梁武帝时的苏州画家张僧繇擅长人物画，创立了佛像绘画及雕刻中的中国风格。这两位画家不仅在魏晋、南北朝时期名震华夏，成为无人超越的一代

[1] 李泽厚. 美的历程 [M]. 北京：文物出版社，1981：85.
[2] 刘士林等. 江南文化读本 [M]. 沈阳：辽宁人民出版社，2008：306-307.

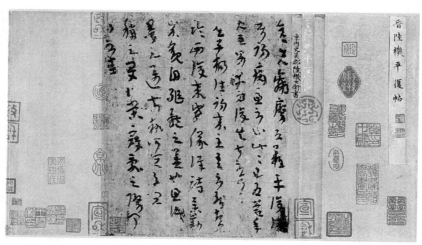

图 5-52　陆机《平复帖》

宗师，而且在中国绘画史上有着不可替代的特殊重要地位。如苏州的书法艺术更是大家辈出。三国有被称为独步书坛的张弘；晋有陆机、陆云、顾荣，号为"三俊"。陆机的《平复帖》（图 5-52）不仅是现今传世最古的知名书法家墨迹，是卓越书艺的稀世真迹；也向世人展示了书法艺术可以达到多高的艺术成就。然而这一切，不只是反映了他们画得多妙或写得多好，更重要的是，少数人达到的极高艺术成就的背后，反映了整个地域人群的性格、能量和追求，反映了整个地域的文化和艺术氛围，以及传递出来的文化和艺术精神。

2. 隋唐宋元

至隋唐，苏州的江南地区在战国时期已有的运河与北方运河的开挖连通，内联江河、外通大海的地理优势，加上得天独厚的土地以及先辈的勤劳和智慧带来的丰富物产，江南地区的粮食物资源源不断运往北方，形成了"南粮北调"之势（1972 年在河南洛阳发掘出隋唐含嘉仓遗址，在这个皇家粮仓里有来自江苏苏州的糙米一万三千余石，约合 2275 万斤。从出土砖铭的记载得知，存仓时期是唐圣历二年二月八日，即公元 699 年。含嘉仓是隋唐时的大型官仓之一，但它只起漕粮转运站的作用，由此可见，苏州在唐代前期已是全国的一个重要产粮区，并在江南地区居领先地位）。当时主政苏州的白居易在《苏州刺史谢上表》中称："况当今国用，多出江南；江南诸州，苏最为大。兵

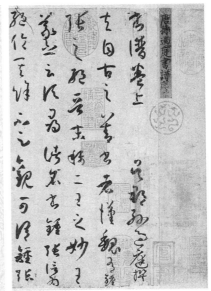

图 5-53　陆柬之《文赋》(局部)　　　图 5-54　孙过庭《书谱》(局部)

数不少，税额至多。"苏州人口和税收双增长，人口从唐初的 1.1 万户增至唐末的 14 万户，成为江南唯一的雄州。

　　在经济得到发展的同时，文化事业依然发扬着自身的特点，再以书画为例，唐代有杨惠之、滕昌祐等著名画家，名震画坛。画家兼雕塑家杨惠之师承张僧繇画风，成为活跃于开元年间与"画圣"吴道子齐名的最著名的雕塑家。唐代在吴门书法史上更是高潮迭起，诞生了陆柬之、孙过庭、张旭、沈传师、陆希声等一批出类拔萃的匡世大家（图 5-53）。尤其初唐孙过庭，擅长书法和书法理论，其书学理论《书谱》"词简意骇，理论精辟，自写成卷"（图 5-54），不仅是当时的巅峰，也是中国书学理论后世发展攀越的高山。后人不但对其理论方面的建树评价极高，且对其《书谱》的书法评价也非同一般，称其"孙过庭书，丹崖绝壑，笔势坚劲"，非一般书法家所能企及。而盛唐的"书圣"张旭，博学多才。书法精通楷书，草书最为出名。其"狂草"（图 5-55）独树一帜，可谓千古绝笔。唐文宗将张旭的草书、李白的诗歌与裴旻剑舞并称"三绝"。其形成的书风引领了中国直至今天的浪漫主义书风，其艺术成就在中国书法史上写下了光辉灿烂的篇章。他们为明代"吴门书派"的形成和发展奠

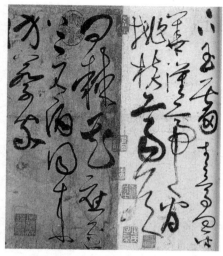

图5-55　张旭《古诗四帖》（局部）

定了基础。文化事业方面还有府学的建立，这是由郡府官方创办的学校。苏州是全国最早创办府学的地区之一，唐代宗宝应年间（公元762～763年），团练观察使李栖筠在府治的南边创建了"学庐"。这是吴地现有记载中最早的由官方创办的学府，至今已有1200多年的历史。其教育质量及其所产生的影响，在中国古代教育史上有着重要的地位。也由此反映了苏州地区业已形成的尚文崇教的风尚。

　　至宋元，据史书记载，宋朝时期苏州进行了数次大规模的农田水利建设，形成大兴农桑之风。宋代著名的田园诗人范成大的《四时田园杂兴》组诗，如："昼出耘田夜绩麻，村庄儿女各当家。童孙未解供耕织，也傍桑阴学种瓜……"吴地农民的生产与生活情状恰似一幅长卷展现在我们面前。土地的进一步开发和种植技术的进一步提高，使得农业产量得到更大的提升。宋代郏亶就有"天下之利，莫大于水田，水田之美，无过于苏州"的赞语。而吴地稻作区成了天下粮仓。同时，"坊市制"的崩溃，大大促进了商品交流与商业经济的繁荣，使得苏州地区本已非常发达的桑蚕业和手工业也得到了前所未有的大发展，苏州开始走向繁华的大都市。宋代，都城开封流传这样一句话："苏杭百事繁度，地上天宫"，后转化为盛传于世的"上有天堂，下有苏杭"的名句。苏州城市市场形成以内城河为枢纽，乐桥大市为市中心的总格局。南宋时期，中国的政治文化中心以及北方大族南移，带来文化的交融，使苏州地区的文化得到了更大的发展。在元代，意大利著名旅行家马可·波罗在其游记中写道："苏州是一座颇为名贵的大城……商业和手工业十分繁荣和兴盛，生产的丝绸还行销其他市场。"苏州就此有了国际影响。

　　此时的吴中，大家辈出。范仲淹、朱长文、范成大、钱良祐以及范纯仁、范纯粹等才情卓著，艺术成就斐然。元代苏州画家黄公望、

图 5-56 黄公望《富春山居图》(局部)

朱德润更是当时画坛上杰出的山水画家，特别是黄公望（图 5-56），开一代画风之先河，与当时属于苏州地区的无锡倪瓒、嘉兴吴镇、湖州王蒙被尊为"元代四大家"。宋代最伟大的科学家沈括，其开放的观念、钻研的精神和务实的思想，既使他成为了伟大的科学家，也促进了吴地及其中国的科技进步。他的《梦溪笔谈》和《苏沈良方》中，有不少内容是在苏州地区了解到的科技见闻，也足见当时吴地科技的水平。

吴地兴学之风始于北宋。宋景佑二年（公元 1035 年），邑人名贤范仲淹回到家乡出任苏州郡守，他将地捐献出来建造了府学，规模十分可观。他延请教育家胡瑗（字安定）当首师席，又聘请名流来讲学，首开东南兴学之风，一时盛况空前，各地纷纷仿效，影响全国，因此赢得了"苏学天下第一"之誉。宋仁宗于庆历四年，接受时任参知政事（相当于副宰相）的范仲淹等人的"天章阁之议"，诏令天下州、县设立学校，于是兴学之风在全国掀起。之后府学添建了六经阁，从此有了图书馆，"诸子百家子史皆在焉"，可见藏书还是相当丰富的。

苏州刺绣历史悠久，春秋战国时，就以刺绣服饰作为礼仪国服，至宋代苏州刺绣就以技艺精细、形象生动而闻名。苏州虎丘云岩寺塔和瑞光寺塔发现的北宋刺绣经袱，是苏绣最早的实物。南宋时缂丝技艺传到南方后，苏州人以其对待事物的精细态度和艺术精神进行了再造，著名的缂丝工艺家沈子蕃的作品（图 5-57）表现了宋代缂丝独创的艺术风格，高雅野逸，让人惊叹不已。苏州人在缂丝上最大的贡献

图 5-57　沈子蕃《梅鹊图》(局部)　　　　图 5-58　童寯《江南园林志》

是使缂丝由实用转向单纯欣赏的独立艺术，使技术与艺术得到完善的结合，达到了精湛绝伦、巧夺天工的境界。而另一种丝织品宋锦，在当时苏州、杭州、湖州等地均有生产，尤以苏州生产的宋锦名声最为显赫。

　　私家园林也进入了兴盛时期，童寯先生在《江南园林志》（图 5-58）中记述的属于苏州地区的园林，在宋时有苏州城南的沧浪亭、城中建于五代的金谷园（到宋时名乐圃，即今环秀山庄）、嘉兴的倦圃、昆山的倚绿园以及范成大晚年建于吴江的园林等，在元时有无锡的清閟阁、云林堂、常熟的曹氏陆庄、苏州城内的狮子林等[1]。为随后的苏州园林大发展并走向艺术的巅峰打下了坚实的基础。

　　3. 明清时期

　　至明清，除了原有的农业生产外，明代成化以后，已成为东南地区贸易的重地。随后，手工业、商业都达到了国内最高水平。它拥有以水稻为主兼有桑棉的精耕细作的农业，有以国内市场主要商品丝绸、

---

[1]　童寯. 江南园林志 [M]. 北京：中国建筑工业出版社，1984：23.

布匹等为加工对象的手工业，有在国内市场占有较大份额的商业，有在许多方面居全国前列的科学技术，还有大步发展的对外贸易，这些都为吴地提供了巨大的社会财富。苏州已成为国内综合实力领先的工商业城市。

至清朝，乾隆年间流传着"东南财富，姑苏最重；东南水利，姑苏最要；东南人士，姑苏最盛"（见《皇朝经世文编》）的话。从当时徐扬所画的《盛世滋生图》（又称《姑苏繁华图》）（图5-59～图5-61）里，即可概见苏州城市繁华、工商业发达的情况。明代，苏州是江南巡抚的常驻地。清代，苏州是江苏巡抚驻地和江苏布政使所在地。雍正年及后，苏州是江苏巡抚、布政使、苏州知府和长、元、吴三县（即省、府、县三级行政机构）同治一城的大城市。

明清时期，"以苏州为中心的江南地区不仅是全国的经济重心，也是全国的文化中心……苏州，人才辈出，文化昌盛，在全国居于极其突出的地位"[1]。

明清时期的苏州，涌现出众多的诗人和文学家。如号称"吴中四杰"的高启、杨基、张羽、徐贲，被誉为"江南四才子"的文徵明、唐寅、祝允明、徐祯卿，通俗文学巨匠冯梦龙，杰出的文学批评家金圣叹、现实主义剧作家李玉等。倘若我们把苏州的外延稍加扩大，张溥、顾炎武、王世贞、归有光、钱谦益、吴伟业等足以为桑梓增色。

高启是明初诗人中创作最丰富、成就最高的作家。清代著名史学家赵翼对高启的评价为"青丘才气超迈，音节响亮，宗法唐人，而自运胸臆。一出笔即有博大昌明气象，亦关有明一代文运，论者推为明初诗人第一，信不虚也。"清代诗人王士祯也推崇他为"明三百年诗人之冠冕"[2]。如冯梦龙，是晚明时期勃兴的通俗文学之巨匠。他一生著述宏富，尤以"三言"（《喻世明言》、《警世通言》、《醒世恒言》）影响最大。他发展了我国通俗小说和戏曲理论，提出了"情真说"的文学观，以及艺术的真实和生活的真实之间的关系。他的思想和作品，冲击了封建礼教的精神桎梏，冲击了作为统治思想的理学规范，传达了追求自由、平等和人格尊严的人的觉醒的新精神以及对被正统思想排斥的商

---

[1] 王卫平，王建华.苏州史记（古代）[M].苏州：苏州大学出版社，2007：165.
[2] 王卫平，王建华.苏州史记（古代）[M].苏州：苏州大学出版社，2007：171.

图 5-59 ~ 图 5-61　徐扬《盛世滋生图》（局部）

人和商业的肯定，在中世纪黑暗中，以他为代表的一批苏州人，成为中国的"文艺复兴"的推动者。金圣叹是我国文学批评的开拓者。他开创了将序、读法、总批、夹批、眉批等方法综合运用的批评新格式，而且通过对作品的分析阐述了小说创作的重要观点和艺术主张，形成了一套比较全面系统而又深刻的小说理论，大大丰富了我国小说理论宝库。由此奠定了他在文学批评史上的崇高地位。李玉以及以他为代表的苏州剧作家群的大量作品，以反映当时中国文坛回避的社会现实为目标，用他们的艺术才华反映了近半个世纪的社会生活的种种矛盾，创作了许多与时代脉搏跳动一致的历史戏剧和时事戏剧，思想性和艺术性并重，极大丰富了昆曲的表现能力和剧目。在李玉之前有"临川派"汤显祖、"吴江派"沈璟；在他之后，有李渔、孔尚任都是中国戏曲史上划时代的人物。

明清时期，苏州的书画艺术发展至鼎盛时期。吴门书派和吴门画派于焉形成。苏州书画家在全国的书画舞台上占据着举足轻重的地位，其流变对此后中国的书画艺术产生了深远的影响。

吴门书派是明代书坛声势最大的书法流派。有"天下法书归吾吴"一说。吴门书法崇尚古风，但更多的是以全新的眼光，对渗透于古法中的书法精神的体悟和把握，从而大大拓展了书法的审美情趣。表现在作品中便是取法多变，新颖独到，自成风格。这一流派的鼻祖宋克，将章草、今草、狂草融合成新风格的综合草体，成为享誉一时的流行书体。祝允明独树一帜，他的楷书、行书、草书堪称"明朝第一"（图5-62）。文徵明不但是位绘画大家，在书法上也是名声显赫的大家（图5-63）。与文、祝齐名的还有王宠、陈淳，号称"吴中四名家"。吴门书派的重要书法家除了

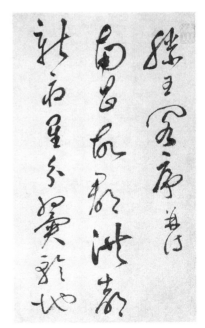

图 5-62　祝允明书《滕王阁序》（局部）

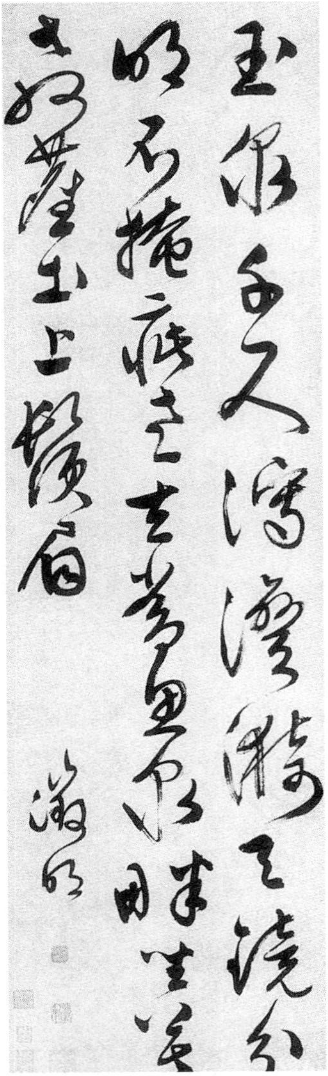

图 5-63 文徵明《草书七绝》

上述五人外还有为吴门书派崛起作出巨大贡献的王鏊、吴宽、沈周、李应祯等，期间和其后还有大批书法家，总之是人才济济，影响广远。其卓越的艺术风貌为世人所惊叹，无怪乎意大利人把当时苏州与意大利佛罗伦萨相提并论。至清代，吴门书法家有强调书法的趣味性的，亦有一反雅逸之风，以硬朗、倔强出现，如归庄、顾炎武等一批人，其作品较前者内涵更深沉，个性更突出，成就更可观。清代吴门书坛虽不如明代那么声名显赫、气势恢宏，但也出现了一批书法大家。

明代诞生了我国绘画史上最具影响的画派——吴门画派。画史将沈周、文徵明、唐寅、仇英并称为"吴门四家"或"明四家"（图 5-64 ～图 5-66），他们在艺术上形成了各自独特的风格。而之所以称为一个画派，是因为，他们的作品传递出中国独有的"文人画"相似的人文精神和诗情画意，从而开创了一代画风，有力地影响了明以后的中国画坛。清代绘画延续了元、明以来的趋势，文人画风靡、山水画勃兴、水墨写意画盛行。娄东画派和虞山画派（图 5-67 ～图 5-69），占据中国画坛的正统地位。主要代表人物有王原祁、王时敏、王鉴、王翚等，称"四王"，与吴历、恽寿平（常州人）又合称"四王吴恽"。"四王"社会地位显赫，其影响极大。至清代中期"四王"画风遍及朝野。四王之后又有"小四王"及"后四王"，总之是人才辈出，影响广泛和深远。

明清时期的苏州，作为我国精湛手工艺的传统之邦，也走向鼎盛。"苏工"成为我国优秀工艺美术的代名词。苏州的能工巧匠用他们的聪

图 5-64　沈周《庐山高图》

图 5-65　文徵明《临溪幽赏图》

图 5-66　唐寅《看泉听风图轴》

图 5-67　王鉴《仿宋元山水册》

图 5-68　王时敏《山水图》

图 5-69　吴历《湖天春色图轴》

图 5-70　沈寿《耶稣像》

图 5-71　《雪宧绣谱》

明智慧和灵巧双手，开创和发展了我国工艺美术精致秀雅的苏州时代。

　　如苏绣和缂丝。苏绣以其"精细雅洁"（王鏊《姑苏志》）而闻名。自明代起苏州设官办刺绣作坊，专为朝廷绣制包括帝王袍服在内的官服图案。清代的技法也更为娴熟，始于宋代的双面绣在清代刺绣业中更是独树一帜。苏绣商品品种繁多，成为大众消费和艺术品收藏的对象。苏绣艺术大师沈寿，受西方运用明暗光影表现物象技法的启发绣制《意大利帝后像》，获意大利世界万国博览会世界至大荣誉最高卓越奖，后又绣《耶稣像》（图 5-70），获巴拿马太平洋国际博览会一等奖。沈寿一生培养了大量的刺绣专业人才，绣制了大量的艺术作品，前期作品为传统绣法精细逼真，后期作品创造性地运用虮针、施针等技法，使艺术更真实，并为日后杨守玉创造乱针法打下基础，是我国刺绣史上的一个重要里程碑。撰写出版的《雪宧绣谱》（图 5-71）是我国刺绣史上一本比较全面论述刺绣技法的理论著作。明代苏州已成为中国缂丝的主要产地，苏州缂丝名家朱良栋、吴圻分别以织造传统的《瑶池献寿图》和沈周绘制的《蟠桃仙图》等为蓝本的缂丝艺术品盛名。清代苏州缂丝作为贡品，为清皇室征用。在苏州的能工巧匠手上，缂丝工艺主要优点得到了充分彰显，被称为"织中之圣"，是高级的工艺欣赏品，也是收藏珍品。清末以后有沈金水、王茂仙等缂丝艺术家闻名全国。全国至今仅苏州一地保存此项需要极高的细心、耐心、技巧和艺术修养的工艺。

雕刻在苏州历史悠久，在前文说到的新石器时代就有了领先的玉雕工艺。苏州雕刻主要有红木雕、石雕、玉雕、黄杨木雕、核雕、微雕、牙雕、竹雕、砖雕、刻砚和印钮等。最脍炙人口的就是《核舟记》中描绘的苏州雕刻艺人在桃核上雕刻的苏东坡游赤壁，堪称美妙绝伦。苏州在明代设有御窑，专门烧制适于砖雕的方砖，清代称为"金砖"。在苏州洞庭东、西山明代民居均有砖雕装饰足见其普遍性。苏州现存砖雕作品主要有康熙年间的汪家门楼、雍正时期的山东会馆门楼、乾隆时的顾宅门楼等，均是国内罕见的珍品。苏州东山镇上的雕花楼，是集砖、石、木雕艺术于一身的优秀作品，全楼梁、桁、柱、檐均做雕饰，且内容丰富、工艺精湛。江南建筑仅此一例，是研究中国近代雕刻艺术的难得佳品。苏州的玉雕工艺以"细、雅、巧"在明代已居全国之首。明代宋应星《天工开物》中记载"良玉虽集京师，工巧则推苏郡"。苏州陆子冈琢玉被称为"吴中绝技"，刘谂则善琢晶玉、玛瑙等器，此外还有如贺四、李文甫、王小溪等很多琢玉高手。苏州琢玉工匠誉满朝野。至清代，苏州玉雕更是闻名遐迩，乾隆年间，宫中数度招苏州工匠雕琢玉器，并传授技艺。清代道光后苏州玉器除了在国内销售外还销往国外。苏州玉雕以细腻雅致、玲珑生动、艺术水准高而闻名于世界。

明清时期的苏州，文化成果的内容太多，可以列举的还有：

高雅绝俗的苏式家具。苏州是我国明式家具的主要发源之地。明代的苏式家具引领我国"明式家具"流派。苏式家具的艺术及工艺成就是世界家具史上的翘楚（图5-72）。

图 5-72　明式家具

柔雅婉转的昆曲。昆剧作为中国最早的戏曲剧种，被称为"百戏奶姆"，对包括"国粹"京剧的众多戏曲品种都产生过深远而直接的影响。昆曲艺术被联合国教科文组织宣布为首批《人类口头遗产和非物质遗产代表作》，对昆曲在人类文化传承中的特殊地位、贡献和价值给予高度认定，是中国人对世界的贡献。

缜密精巧的土木营造。明成祖迁都北京，在故宫建筑群的营建过程中，"香山匠人"蒯祥不仅是总设计师，也是泥、水、土、木、绘各个行当施工的"大营缮"（即施工总指挥），皇帝"每以蒯鲁班呼之"。苏州工匠心灵手巧，木作、水作、砖雕、木雕、石雕、彩绘等均手艺高超，以精细雅致闻名。

诗情画意的苏州园林。在明清，中国造园艺术在苏州走上了艺术的巅峰，苏州园林是诗性精神和高雅意境的代名词。在明代苏州城内现知已有270多处园林，清代更多。苏州还有一批造园家。苏州园林是中国传统文化的结晶，建筑艺术的精华。是我国以及世界文化艺术宝库的一份珍贵遗产。

此外，明清时期的苏州文化繁荣，教育发达。以惠栋为首的"吴派"，是清代汉学的两大流派之一；苏州的书院为国家培养了大批人才而享誉全国；苏州的藏书和刻书事业在全国居于中心地位；苏州还是全国学风最盛的地方，是名副其实的"状元之乡"，在清代苏州府出状元26名之多，占全国状元总数的22.81%，占江苏全省状元总数的53.06%，无论是平均数还是绝对数，均为全国第一。苏州文化保持着特有的风格，领导着全国的潮流。明清时代的苏州，被定义为"全国的文化重心"，"中国文化的苏州时代"。

4. 小结——文化环境的特点

人从最贴近自然的生存状态，开始了其原始智慧，人与环境在时间（经历）的基础上，通过相互反复作用，文化及其精神开始养成。文化是人们心理和精神上的需要和愿望与生活上需要相结合的产物。文化不是天上掉下来的。它来自于与自然环境打交道中的经历，来自于人群社会环境的生活经历。这是一种反复作用的历程，这种反复作用带来对环境意义不断地修正和补充，从而特定人群的文化从一开始就深深烙上了特定自然环境的印记。苏州地域的人们在踏入世界中时，就被赋予了特定的自然环境，特定的地表地貌、气候气象、土壤生物构成的自然环境形态的结构和特征，以及自然环境特定的秩序、气氛和精神气质；就已经被赋予了特定的生产和生活方式，稻作和渔业的生产，"饭稻"和"羹鱼"的生活饮食，成为我们原始先民生产和生活的核心内容。这一切，为地域文化的发生和发展构筑了其基本框架，为文化精神的生长构筑了基础土壤。苏州地域文化由此开始了其发生、发展、嬗变的过程。

上千年的封建帝王制度占据了中国古代文明社会的大副篇章，其所构成的影响在苏州地域上一样是深远而广泛。历代王朝为了巩固政权，从精神上达到永久统治的目的，总是提倡和宣扬有利于稳固自身体系的学说思想，构筑着大一统的中华文化大框架，所带来的影响无时无处不规约着整个社会中人们的思想观念和生存方式。生活在苏州地区的人们也同样被归纳到这样的社会文化环境中。但是，我们同时也看到，在大一统的文化框架下，在区域间文化的交流过程中，包括两次人口南迁（指西晋末年"永嘉之乱"和北宋末年的"靖康之乱"，都造成北方人口大量南迁），在带来人群结构变化的历史进程中，业已形成的文化（被称之为"吴文化"），不但没有被磨蚀以至于消亡，反而是在不断地丰富、发展和壮大。它在大文化框架下总是保持了自己的特点，在文化交流的过程中总是有选择地学习吸收并按照自己的逻辑进行改造和发展。当然这种"自己的逻辑"也是在与其他文化相互反复作用下不断发展的。

苏州地域文化发展的总体历程反映出的该地区社会文化环境的总体特点可以概括为以下几个方面：

1）崇尚和平与文明的政治社会环境

苏州历史上虽然经历过各种战乱，但是相对于中国古代北方地区纷繁的战火而言，地方政治还是比较稳定的，加上优越的自然条件，逐渐发展成为经济富庶的地区。与此同时，人们看到的是战争过处、武力征伐带来的满目疮痍的世间景象，强烈的现实对比和传统的道德伦理观，不断强化着当地人推崇和平与文明而厌弃武力的心理特质。由于江南有着相对稳定的政治环境，逃避战乱的人纷纷聚集在此，历史上两次大规模的中原人口南迁，南北朝时，战乱和政权频繁更替，社会大环境混乱，很多享有崇高清誉的文人士族不仅在政治上显得力不从心，甚至还被卷入政治的漩涡之中，身心俱惫。带着如此心理的大批文人士族南下定居，以及道家以玄学的形式兴起，抨击腐败政治和繁文缛节，追求个性自由和精神解放，由此，隐居和淡泊的风气在江南文士中传播开来。在勤劳聪慧的人们不断提升的经济昌盛、生活富足的环境中，这种风气在随后的岁月里一直延续了下来。形成的崇尚和平与文明的社会文化氛围，风光秀丽的江南，成为随后历朝历代诗意生活的乐土。

2）浓厚的崇文重教环境

关于苏州崇文重教的风尚是从什么时候形成的还是有争议的。但不可否认的是，西晋末年"永嘉南渡"，代表了文化主体的士族，从中原以及政事中退身出来，富庶的江南提供了基本的物质保障，使他们能够潜心在精神层面的学问之中，使江南宗教哲学、文学艺术等方面有了新的局面。本地文人在与外来文人的交流学习中成长以及外来士族的本地化，进而进一步带动了当地崇文的风气和发展着的社会文化气息。他们所营造的学习环境为普通百姓也提供了学习和改变命运的机会，他们兴办学堂，著书立说，不断地为地方社会强化着崇文重教的文化环境。相对稳定的政治环境和对文明、和平环境的推崇，也促进了文化的发展。在现存的宋代《平江图》（图 5-73）中，我们看到唐宋时广袤的南园学府、各书院，以及林立的坊表遍布苏州古城区。园林、民居等建筑空间环境也以各种形式渗透着文化气息，就连街坊的名称都充满了文化和书卷气息。文化的发展反过来又促进了地方经济的发展以及人群收入、地位及仕途的发展，形成了良性循环。在随后的岁月里，苏州这个名词，除了"富裕"和"秀丽"外，还成为"才子"和"佳人"的代名词。

3）亲近自然的人文环境

苏州独特的气候和地理环境使之成为鱼米之乡，为当地人带来丰富的自然资源，从而提供了安定、富庶的生活环境。因此，与那些努力抗争在条件恶劣的自然状况中求生存的人们相比较来说，苏州人对于他们所生存的自然环境的态度，更多的是带着感恩和亲近（图 5-74）。而长期的生活实践也使当地人逐渐深刻地感受到，临近自然生态环境，不仅

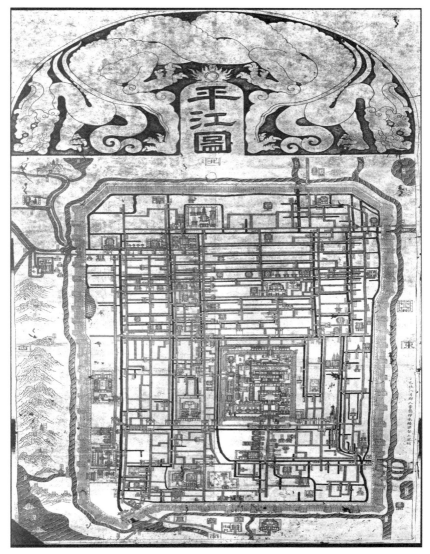

图 5-73 宋代《平江图》

满足生存必需、带来便利，同时还符合人的自然本性，有利于陶冶身心。
从乡村聚落到城镇城市，水系无处不在地穿行在人们的生活空间中，肥
沃的土壤滋养着植物四季的美貌，强化了人工环境的"自然性"。在文人
墨客的带动下，苏州地域形成了具有鲜明特征的亲近自然的人文环境。

图 5-74   退思园，掩映在花木山水中的居住空间

　　当陶渊明描绘的"世外桃源"吸引着无数人神往时，苏州却经过不断的努力建造了一个真实的人间天堂。文人官员、商贾富户们追求"不出城郭，而获山水之怡，身居闹市而有林泉之致"的居住享受（图 5-75）。明代太仓人陆容在《菽园杂记》中，将苏州和杭州作了对比，得出结论认为："江南名郡，苏杭并称。然苏城及各县富家多有亭馆花木之胜，今杭城无之，是杭俗之简朴逾于苏也。"[1] 能够修建亭馆、育植花木，经济原因固然是一方面，但影响这种行为更多的还在于苏州人在长久的生活体验和建筑实践中，形成的亲近自然的人文环境，普遍形成的人们对自然事物强烈的亲近心理和对天然之美的赞赏（图 5-76）。

　　4）开放的社会文化环境

　　苏州地域的社会文化环境相对于我国其他地域的开放性特点是从何而来的，因素是多方面的。或许从太伯、仲雍奔吴便种下了种子，或许春秋战国越灭吴、楚灭越就已奠定了基础。中原人口的两次南迁，京杭大运河的开通和水路交通的四通八达使富裕的苏州地域成为经济中心，以及经济繁荣与文化昌盛的良性循环等，带来了人口和文化的频繁交流等更是重要原因。但思想的开放与自古以来江南地区远离政

[1] 崔晋余 . 苏州香山帮建筑 [M]. 北京：中国建筑工业出版社，2004.

图 5-75 模拟自然环境的理水手法

图 5-76 人造环境对自然事物强烈的亲近心理和对天然之美的赞赏

治中心分不开。"封建时代的明君圣主往往标榜'任人唯贤'、'礼贤下士',但实质上却是言行相悖,原因就在于中国的封建社会是'家天下'的专制独裁,这种政治体制排斥一切他人(包括士人阶层)的独立追求、独立思考"[1]。一方面受这种政治文化的控制相对较少,另一方面与外界的文化交流又极其畅通频繁,这一切应该是核心原因。

无论是两次南迁而来的知识分子,还是"学而优则仕"做官的文人,生活在苏州的代表古代知识分子阶层的士人,他们大多衣食富足,生活充裕。但是昔日对社会的忧患意识在逐渐转化为参政意识后,却又失去自我、不自觉地加入政权的追逐中。身心疲惫以及身与心的矛盾冲突,促使他们转向了对人生、社会的思考。或为了忘却烦恼、超越身心束缚,转而通过文学、艺术等方式表达心绪。远离政治中心的苏州提供了有利环境,使得这种"非主流"的文化形态在这块合适的土壤上不断成长。随着商业经济的发展,资本主义的萌芽也必然地推动了不仅限于知识分子的整个社会文化思想上的变化,宋元以后,尤其到明清,苏州地域文化与艺术精神的开放性、探索性、批判性达到了前所未有的高度。这一切,给苏州带来了文化和艺术的繁荣以及鲜明的个性。

5.2.2 文化环境对传统建筑的意义

正如前文所说的,建筑是文化的产品,建筑是以与文化相适应的方式参与到人们的生活之中的。社会文化环境对建筑的意义是广泛和深远的,在文化环境的指引和规约下,地域的人们创造出具有自身特点的建筑及其环境。苏州的地域文化首先是中华大文化的一部分,中原文化、儒释道思想观念和哲学精神等文化背景潜移默化地影响着苏州的地域文化。但"吴文化"在大文化框架下,在文化交流和融合的过程中,总是保持并发展着"自己的逻辑",形成并发展了具有自身特点的文化环境。相应的,这种文化环境的特点也在人们的建筑环境营造活动中体现出来。从城市的格局与空间结构,到建筑群体的布局与空间形态,到单体形式与形象的塑造,文化环境及其特点,体现在了建筑的方方面面。

1. 文化环境对城市建设层面的影响

今天的苏州古城由伍子胥所建阖闾城而来(图 5-77),城的最初建

---

[1] 易思羽 . 中国符号 [M]. 南京 : 江苏人民出版社,2005.

造主要是出于统治者的政治愿望，是春秋战国的政治文化环境所致，以加强军事防御和战备力量，以便进一步巩固和拓展自己的统治。黄建军在《中国古都选址与规划布局的本土思想研究》中指出，由楚国而来的伍子胥作为都城建造的负责人，借鉴了楚国建城把水系引入城中的经验，成为当时郢城（楚国都城）、阖闾城（吴国都城）区别于其他都城的特

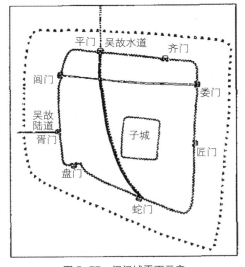

图 5-77　阖闾城平面示意

色之一 [1]。这样的推论应该是成立的。但同样如前文所说，这也是包括苏州地区的江南许多地方业已养成的"择水而居"的居住文化带来的，是水乡聚落的城市版。"相土尝水，象天法地"的选址方法是大文化，"凿斯池，筑斯城"，即在建城的同时开挖河道，是地域文化。《周礼》营国制度的中原文化对阖闾城规划有着重大的影响（但突破规制，不求规整，不按照《周礼》旁三门王城十二门之制而造了八座水陆城门），而城内的河网系统以护城河为枢纽与城外的河道系统（今天的胥江就是伍子胥当时开挖疏浚的由护城河直通太湖的大河）连成体系，这种以水系为中心的建城思路是对地域文化的理解和在城市规划上的发展。在随后的建设中，从宋代的《平江图》上我们看到，苏州城除子城（府治）内部有一偏于东侧的南北轴线外，并未规划以子城为中心，贯穿城市的南北中轴线，"却在子城以西规划建设了一条纵贯全城南北的水陆平行、桥梁栉比、坊表林立、建筑起伏、极富自由活泼、步移景异的南北空间轴线"[2]。轴线的中心是乐桥，以此展开了以东市和西市为主体的城市商业和娱乐中心。唐宋起，苏州经济发展、人口增加、政局稳定、思想开放。大运河改道自城的西、南外围通过，城内的几条直接通水

[1] 黄建军. 中国古都选址与规划布局的本土思想研究 [M]. 厦门：厦门大学出版社，2005.

[2] 俞绳方. 论中国古代苏州的城市规划思想 [J]. 建筑师，1998（6）：21.

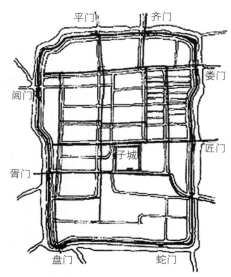

平门　齐门

阊门

娄门

胥门

子城

匠门

盘门　蛇门

图5-78　唐代城市规划图，水网系统十分完善

城门的主要河道向外延伸与大运河连接，形成了河街并列的城外街区，更有七里山塘直通虎丘。城市布局结构的重心向西偏移。在随后的岁月里，苏州城沿着这样的结构不断地充实发展，河流与道路纵横交错的格局，完善的水网结构让河流带着自然气息浸润着城市的每个角落（图5-78），也给植被带来生机。城市充满了诗意的浪漫和生活气息。唐代诗人杜荀鹤著名的诗句"君到姑苏见，人家尽枕河。古宫闲地少，水巷小桥多。夜市卖菱藕，春船载绮罗。"既反映了苏州的城市面貌特色，也反映了苏州人口稠密、生活富裕和商品经济的发达。后两句更是反映了唐朝的坊市制在苏州的崩溃（按照唐朝的坊市制，夜市是不被允许的，并且必须是在城内规定设置的东、西两市，而此时的苏州已有很多处市场，杜荀鹤的另外一首《送友游吴越》反映了连乡村也有夜市）以及苏州人的生活状态和生活文化（菱藕是零食，绮罗是有花纹的丝织品）。

我们看到，苏州古城的规划建设显然是受到《周礼》营国制度和礼制思想的影响，但更多的是结合地域传统和文化的创造，是不拘于礼制、随势而为、崇尚自然的地域精神的体现。城市的布局和城市空间形态在一定程度上体现礼制严正和规则的同时，呈现出开放、自然、灵活、自由的诗性浪漫的色彩。地域的社会文化环境造就了苏州城独特的气质。

2. 文化环境对建筑环境营造层面的影响

建筑与空间环境规划设计，与古城规划建设的思路和特质一脉相承。从子城府衙、官署、寺庙、府学、宾馆等，到最大量的民居，在严正规则的主体建筑按轴线推进的同时，必有自由活泼的园林穿插进来，即便是小户人家，也要在其院子里"师法"一下自然（图5-79）。当然，这种宅（也包括官府、寺庙等）和园的结合并不是苏州人的首创，上升到

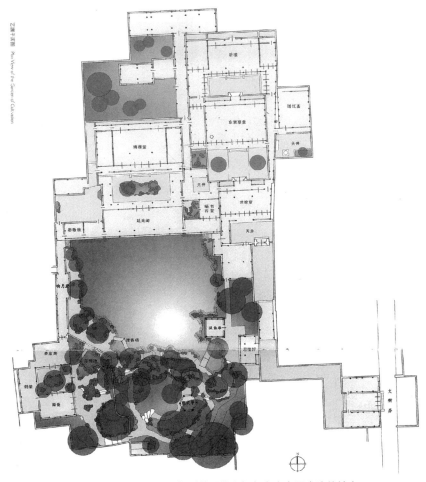

图 5-79　艺圃，严正规则的居住空间与自由布局庭院的结合

高度的话，可追溯至中国人哲学和文化中的思想，是儒家伦理和道家自然的碰撞。

　　在传统封建社会里，王权和神权的紧密结合，使得对天人关系的探究问题，一开始就成为了哲学和文化的焦点之一。"天人合一"的精神到先秦儒家、道家进一步展开，经过汉代董仲舒的发展，到宋明理学则形成了精致的体系，最终使之成为传统文化的根本精神和最高境界 [1]。伴随古代历史长河的进程，天人合一的含义也逐渐具有

---

[1]　袁忠 . 中国古典建筑的意象化生存 [M]. 武汉：湖北教育出版社，2005.

了多元性，包括生活价值、道德、政治意义等，并继而形成了以此为基础的追求天人同质同构、和谐统一的观念。对苏州文化有着重要影响的当地文人氏族，有着对自由精神文化的推崇和对社会依赖的双重性格，由南北朝兴起后就一直在苏州延续。他们一边是心系"家事"、"国事"、"天下事"，身居闹市之中；另一边却又怀着对政治权力纷争的无奈和企图摆脱、达到身心自由的心态。因而苏州文人的生存方式是在这相互矛盾的两者间寻找平衡点。儒家思想和封建制度使苏州的传统建筑环境仍然是符合礼仪的建筑形制，而老庄提倡潜行于自然山水的自由行径也感染着他们。这些综合因素深入影响了苏州地域建筑空间环境的营造。

儒家认为"自然人化"是为了寻求建立秩序的依据；道家强调"人的自然化"，为了追求理想人格的个性解放；禅宗强调的自然，意在达到完全忘我。在苏州的建筑空间环境中，这些精神均得到了体现。但是，在苏州地域，建筑空间环境展现出苏州人对自然的追求更强烈、对人性的解放更向往、对生活的诗性更热衷的精神特质。当然，这一切同样也是其他地域的人内心所向往追求的，但是，由于苏州地域特定的自然环境及其特定的社会历史和文化环境，吴地文化使得苏州地域的人在这条道路上走得更远、更高，并形成了自己的特色。

平缓的水面形成娴静的氛围，水的流动性使河岸呈现出弯曲的柔和边线，建筑或道路或"节点"空间与水埠码头随之"自然地"被布置，小桥流水间，红杏出墙、垂柳拂水。而交替的四季，带来变换着的面貌。在小尺度的城市环境中，是浪漫、亲切、细致宜人的人居环境（图5-80）。"如官署，严肃规整的厅堂与叠山理水、花卉佳木的庭院相结合；寺庙，庄重肃穆的殿堂与高俊的塔和水木明瑟、曲榭回廊的庭院相结合；民居，规正对称的正落与自由曲折的边落花厅、书房和自然情趣的庭院、宅院相结合等"[1]（图5-81）。诗人于坚曾写道："整个苏州城，都迷漫着园林的气氛，伟大的园林是少数，但它有一个普遍的基础，苏州城里那些寻常百姓家里，也藏着大大小小的园林，哪怕是一盆假山，一丛修竹。那些伟大的园林是在苏州的文化气氛和日常生活习俗里长出来的，而不是为附庸风雅进行移植的结果。"苏州人在生活空间的营建中，竭力

[1]　俞绳方. 论中国古代苏州的城市规划思想 [J]. 建筑师，1998（6）：22.

图 5-80　小尺度的城市环境中，是浪漫、亲切、细致宜人的人居环境

引入、贴近自然元素或是模拟自然环境，创造出了舒适的生存空间和
诗意、优雅、文艺的生活环境。

3. 文化环境对建筑艺术层面的影响

社会文化环境对建筑艺术的意义也是广泛和深远的。早期诗文呈
现的"魏晋风骨"、"六朝清淡"都符合苏州士人的审美。"魏晋风骨"，
柔和中带刚健，意为称颂人在精神方面的充实而又有生机，艺术作品
则是指具有强烈的感染力，同时文辞上表现精当挺拔。"六朝清淡"则
表达超然物外的清心寡欲、远离纷争、淡定闲然。而苏州水乡的生存
方式和自然景观恰好与这种清新、柔和、淡远的艺术风格相契合，从
而共同奠定了这一地域的审美基调（图 5-82）。"绚烂之极趋于平淡"，
苏州对美的表达已经不止停留在强调声色的渲染，没有形式的激昂，
但求给人深层的共鸣和悠久意味。排斥浮浅华丽的矫揉造作，俨然是
为了防止掩盖事物的原本质地和精神内在。早期的文人氏族是怀着寻
求精神解脱、向往无限自由空间的思想而进行文学艺术的探究。自然
他们高远的情操也成为审美的核心依据。

图 5-81　阔阶头巷李宅（其园为网师园）

图 5-82　粉墙黛瓦的民居

恰如那最美的、未经人工修饰的自然山水，让庄子发出"天地有大美而不言"的感慨，苏州人在长久以来的生活中养成的对自然的亲近态度，使得道家的审美精神在这块合适的土壤上、在吴地文化中茁壮成长。孔子也觉得"质胜文则野，文胜质则史。文质彬彬，然后君子"（《论语·雍也》）[1]，赞美的是既朴实又文雅的人。苏州人对"文"的重视，决定了他们喜欢富有文采的事物，并不反对刻意修饰，只是要求技艺高超的手法实现格调高雅的美，这也就可以理解苏州产生的是情感细腻、意蕴深长的昆曲，而不是高亢的秦腔或直爽的河北梆子。

深入整个苏州地域的审美观，在这样的观念下，这里的传统建筑环境对文化艺术的追求成为风尚。最终形成了清新、淡远的苏式风格和苏州园林中幽雅的意境。"白壁为绘"，建筑的粉墙淡瓦，是对四季轮回多彩的植物景观的回应，白墙是最不耐脏的，但苏州人从来不怕麻烦，只怕生活中没能够彰显自然和诗意。陈从周先生在《谈谈色彩》中说："江南的粉墙淡瓦就是适应软风柔波垂柳的小桥流水……江南民居、园林的那种雅洁的外观予人明快的感觉。"建筑空间环境营造出远离政治和人间纷扰、独有一方自然天地的空间，建筑的布置方式和构件选择

[1]　敏泽. 中国美学思想史：第一卷 [M]. 济南：齐鲁书社，1978.

图 5-83　细腻文雅的墙面装饰

图 5-84　富有深意的题字、对联

成为反复斟酌的对象；建筑的外部装饰如挂落、墙面、脊饰、栏杆等追求细腻而又文雅（图 5-83），建筑的内部装饰如纱槅、罩等被大量运用并讲求文化含义，以及装饰富有深意的题字、对联（图 5-84），追求着"室雅何须大"的境界；一方天井、小院少许布置着有象征意义的或竹子或芭蕉或一缸荷花或两支石笋（图 5-85、图 5-86），表达着"花香不在多"的文雅。而窗户（图 5-87），那就像人的眼睛对应心灵一样重要，不再只是采光通风的用途，作为视觉频繁触及的地方，自然也是表达艺术情趣和意义的地方；作为与外部自然联系的媒介，与室外

图 5-86 墙角的芭蕉

图 5-85 院中的石笋　　　　　图 5-87 窗户作为与外部自然的媒介

景观相配合，是为视线提供美妙图框的地方；还要使窗户成为艺术家、思想家，让它以光影绘制我们画不出来的图画。

　　对自然的爱，对高雅格调和文化艺术氛围的追求，以及情感细腻、意蕴深长的表达方式，这一切使得苏州地域的建筑艺术达到一种独有的境界。

5.2.3　小结

　　苏州地域的社会文化发展的历程与特点，造就了地域特定的社会文化环境，也反映出在中华大文化框架下，吴文化形成并发展了具有自身特点的文化性格。这一切决定了地域人的思想观念，并体现到人们的生活方式、社会文化以及艺术形态等方方面面。在人们意识指导下的长期建筑实践活动中，产生了相应的传统建筑空间环境，这一切又反过来强化或影响人们的生存方式和价值观，形成中华大文化与吴文化、地域人与地域建筑之间相互反复作用的复杂联系。通过这些因素及其相互联系的整体把握和分析，可以发现苏州传统建筑作为一种建筑现象，向我们揭示地域营造者们的世界观、人生观、处世心态及文化形态、审美情趣等，它所具有的文化价值、历史价值及审美价值，有助于我们解读和体察历代苏州地域人的智慧、心态、情感及苏州历史社会经济文化的实态，使我们通过这些遗产正视历史、探寻文化源流，寻找地域文化在今天的生命力和流淌在地域人血液里的地域精神，从而为历史文化的继承和发扬奠定基础。

5.3　苏州的地域精神与建筑精神

苏州地处长江三角洲太湖平原，是历史形成的吴文化中心，凭借太湖流域富庶的经济条件、良好的人文环境，吴文化已发展成为一个传播广泛、影响深远的区域文化。这些光彩夺目的文化成果，既是苏州对吴文化的发展做出的历史性、代表性贡献，也是苏州对中华文化做出的独特而卓越的贡献。有人把苏州地域文化的精髓和本质特征归纳为六个方面：

（1）鲜明的水乡文化特色。这里有十分明显的水乡风貌，水域面积占苏州市的 42.5%。"绿浪东西南北水，红栏三百九十桥。"在生产方面，苏州一带是中国种植水稻最早的地区之一，与水密切相关的渔业、蚕桑、丝绸、航运、商贸，使苏州在明清时期成为中国资本主义萌芽最早的地区。在生活方面，衣、食、住、行都离不开水："君到姑苏见，人家尽枕河"，菱藕、鱼虾螃蟹、船菜，前街后河，出门就乘船。在审美方面，这里的人感情细腻，偏爱淡雅、玲珑、舒缓和清丽秀美，与吴地山温水软有直接关系。

（2）浓郁的市民文化特色。相对于国内其他地区而言，由于商品经济发展较早，吴地较早地形成了市民阶层。大多数吴地艺术家，如《三言》作者冯梦龙，明代吴门画派的代表人物沈周、文徵明、唐寅、仇英，都注意接近市民大众，作品也充分表现了大量的市民形象。著名的苏州评弹、昆曲也都产生于市民之中，深受百姓喜爱。

（3）外柔内刚的文化品格。远古的吴地居民崇尚武勇，自南北朝以来，在文化的滋润之下，此地民风渐趋柔和。喜欢温文尔雅，才子佳人甚多。富足的生活使他们舍不得轻易离开家乡。但这里也出过范仲淹、顾炎武等许多以天下为己任的志士，以及明末反抗阉党的好汉。故他们的柔不是纯柔，实为外柔内刚。

（4）重文重教的文化理念。苏州的府学、书院以及藏书、刻书等尤其到明清都是领先的。苏州还是全国出状元最多的地区。民风重文重教，人民的文化素质普遍较高，这可以从很多出身"低贱"的贫民后来成为画家、戏剧家、雕刻家、建筑家、工艺家等反映出来。

（5）精巧细腻的文化品位。宋应星在《天工开物》中说："良玉虽集京师，工巧则推苏郡。"明代曾流行"破虽破，苏州货"的说法。苏州著名的工艺美术品种类繁多，如苏绣、苏扇、桃花坞木刻年画、玉雕、缂丝、剧装戏具、民族乐器等。

（6）博采众长的文化个性。在悠久的历史上，五彩缤纷的外部文化对吴文化输入了各种新鲜内容。吴文化在保留自己特色的同时，博采众长，不断丰富。在苏州园林沧浪亭的"五百名贤祠"内，铭刻了历代594位先贤的头像和简介，其中80%以上的外来人，这充分体现了吴文化的包容性。

也有人把以苏州为中心的吴文化归纳为四个基本特征：

①稻渔并重、船桥相望：景观独特的水乡文化；

②吴歌、昆曲、吴语小说：土语十足的吴语文化；

③尚武与重文：由刚及柔的民风习性；

④融摄与更新：适时顺变的开放功能 [1]。

我们的古人留给了我们一笔丰富宝贵的文化遗产，但是，这一类归纳，总的来说流于文化现象和文化内容的表面，没能深入触及文化的深层，对于我们对苏州地域文化本质的理解帮助不大。同样，想探索地域文化的发展、创新，探索在新时代建筑的地域化之路，目光停留在传统的建筑的形式、内容乃至思想上也是行不通的。地域的自然环境和社会文化环境塑造了地域精神，是地域建筑的精神土壤。只有深入到文化的深层，探索地域文化的内在精神，才可能找到在今天依然应该或可以传承发展的地域建筑的精神线索。

然而，在展开这一探索之前，我们还要确认我们所说的苏州地域文化是否真的存在。尽管我们前面一直在说江南文化、吴地文化，但是，

[1] 文化苏州信息网 www.WHSZ.GOV.CN.

它们是否只是在中华大文化下某些时期呈现的文化面貌，即在本质上，是否并不具有文化的独立性。这个问题对于我们要展开的研究非常重要。因为，我们知道，一种文化只有具有独立性，才有独立的文化精神，这种独立性使得它在学习吸收外来文化和文化创新时也同样是在其文化的指引和规约下完成的，从而使文化的发展有着自身的独立性。只有这样，才有可以传承和发展的独特性的文化精神。如果我们研究的这种所谓地域文化真的不具有独立性，那么，我们分析得到的所谓地域文化的精神线索就不具备地域特性，尽管我们是从地域中分析得来的。由此，我们分析得到的看似独特的东西就并不能成为启发今天地域建筑创作有价值的线索，以此也创作不出真正具有地域特征的建筑环境。

因此，本章涉及三个层面的问题：一是如何来理解和定位苏州所处地域的江南文化；二是苏州地域文化总体精神特质有哪些方面；三是苏州地域建筑精神是哪些以及对今天的意义。文章打算就这三个方面依次进行梳理并展开相应的讨论。

5.3.1 对江南文化的理解和定位

1. 江南文化的定位

江南这个词是历代文人墨客反复描绘的对象，江南文化，是近现代以来从文化学者、历史学家到考古专家反复研究讨论的话题。对中华文化的介绍，我们常看到类似"发端于黄河流域的华夏文明是中国自古以来的主体文化"的描述。这种描述暗示着中华文明发端于黄河流域的结论，但是中华文明是否真的仅发端于黄河流域，其实考古的发现早就对此提出了质疑。结合文化发生学的研究，中华文明的起源是否是以黄河为中心的"一元论"还是包括其他地区的"多元论"，其实有着很多不同的观点。笔者通过阅读和学习了解到的，至少有两大集团说、大小中心说、满天星斗说、接触地带说和辽河流域文化中心说等。在此笔者不作展开介绍了。但笔者接受李学勤先生的观点，那就是作为常识化说的"黄河中心说"，即以黄河中心由此向外传播扩散的观点，其最大的问题是"忽视了中国最大的河流——长江"。李学勤先生等人通过分析论证指出了位于长江中下游的长江文明是独立于黄河文明存在的，并列举五条证据："第一，证明了自史前时代，长江地区已有相

当高度的文化。例如浙江
的河姆渡文化（图5-88），
年代不晚于仰韶文化，而
且有着很多自身的特点，
其发达程度已使很多人感
到惊奇。第二，显示出
夏、商、周三代的中原文
化，不少因素实源于长江
流域的文化。比如说三代

图5-88　河姆渡文化

最流行的器物纹饰的饕餮纹，便很可能系自江浙一带良渚文化玉器上
的花纹蜕变而成。第三，从上古到三代，南北之间的文化交往实未间
断。以前人们总是过分低估了古人的活动能力，以致长江流域一系列
考古发现都出于人们意料之外。第四，中原王朝在很多方面，其实是
依赖于南方地区。一个例子是，商周时期十分繁荣的青铜器工艺，其
原料已证实多来自南方。第五，南方还存在通向异国的通道。已有一
些科学证据告诉我们，早在商代便有物品从东南亚来到殷墟，同时商
文化的影响也伸展至遥远的南方。"[1] 刘士林先生在《江南文化读本》一
书中用"二水分流"（即黄河与长江）定位中华文明的起源，认为，尽
管不能说两种大河文化泾渭分明、毫不相干，但至少可以用"二水分流"
来描述二者的关系。指出"神话学家的研究表明，在原始崇拜这一最
初的精神萌芽中，就已出现了'北方文化英雄多为男神，南方文化英
雄多为女神'的区别。这个发现的重要性在于，它不仅为贯穿于中国
文化史的一系列二元对立——如中国哲学的儒与道、中国诗学的'言志'
与'缘情'、中国散文的古文与小品、中国词学的豪放派与婉约派等，
同时也为我们提出了'江南审美——诗性'与北方政治——伦理'的
文化类型找到了最初的根源……也可以说，江南诗性文化与北方伦理
文化的二元对立，并不是后天的经验的产物，而是一种近乎先天的东西，
是这个民族与生俱来而又永远不会泯灭的天性。中国民族的审美机能
与诗性精神……是一开始就有自己独特的自然、社会与文化背景，是
它自身在时间长河中不断发展、生长和走向澄明的结果。""晚近几十

[1] 李学勤等．长江文化史[M]．南昌：江西教育出版社，1995：7-8.

年来的考古学发现与研究，也充分证明了长江文化不是黄河文化传播的产物，两者之间是一种更为深刻的'本是同根生'关系……当代考古学大量的新发现，似乎都是为了颠覆'黄河中心论'而出土的。"[1] 因此，可以肯定地说，作为长江文明的一个重要分支的江南文化，有着"自己独立存在的物质与文化根据"[2]。

由此可见，江南文化的起源的本质不是外来文化，有着"自己独立存在的物质与文化根据"的原生性，笔者在前面章节的一些分析和内容也可以与此结论相联系印证。这样的观点和结论可能我们过去对此没有很好地关注过，但明确这样的认识对我们接下来的讨论是十分必要的。因为，这涉及作为江南文化重要组成部分的苏州地域文化的根是否具有相当的独立性。这也就涉及地域文化在与外来文化不断地相互交流学习、吸收和创新等文化的演化发展中，其自身究竟承担着怎样的角色的问题。

2. 江南文化的独立性和独特性

什么时候有"江南"这个词，笔者一直没看到有考证。记忆中汉代乐府有个名为《江南》的篇章，说是江南乡间采莲时唱的歌谣。江南的范围《辞海》上说："江南：地区名。泛指长江以南，但各时期的含义有所不同……"严耀中先生的说法是："历史上所说的江南有大体上范围指长江中下游或长江下游的两种说法，后来还有仅指苏南及杭嘉湖平原的。而前一种说法多从政治上着眼，后一种说法则往往仅注目于经济……从纵观约二千年的历史着眼，并兼顾政治、经济、文化等各个方面，故近世学者常取其中间之说，即以长江下游为江南者居多。"[3] 其实去划分江南的边界是不可能的，也是没有必要的。江南文化是实实在在在那儿的。甚至我们一说江南这个词，脑海里出现的就是江南文化的独特意象。

在"地域精神及其建筑"一章及本章的上文中，笔者谈到地域自然环境与地域精神的整体关系，地域自然环境对地域人及其文化的形成和塑造起着决定性作用。地域自然环境从自然环境的形态结构与特

---

[1] 刘士林等. 江南文化读本 [M]. 沈阳：辽宁人民出版社，2008：3.
[2] 刘士林等. 江南文化读本 [M]. 沈阳：辽宁人民出版社，2008：5.
[3] 严耀中. 江南佛教史 [M]. 上海：上海人民出版社，2000：2.

征和自然环境的经济地理环境因素两方面塑造了地域人。自然环境地表地貌、气候气象、土壤生物的差异性，及由此构成的天与地及其间的动植物状况的差异性，形成了不同地域的自然环境形态的结构和特征，这种结构和特征赋予了自然环境特定的秩序、气氛和精神气质。这是形成一种地域文化的重要因素。秦腔的高亢和昆曲的委婉，至少可以联系到旷野牧羊和水中采莲，甚至更原始的生活环境气氛，这种曲调特色不是某个人的创造，是地域的自然环境带来的。同时，不同的自然环境条件会直接导致生产和生活方式的不同。对此，笔者在上文已做了较深入的分析。有的人类学家把文化定义为"一群人所共享的一种模式化的生活方式"[1]，这样来定义文化至少准确地说明了不同的生活方式意味着不同的文化。实践决定人的认识，人们在生产与生活的实践中获得对世界的看法以及对待事物的态度和方式，养成生活习惯、思维方式和价值观念。

　　自然环境对文化的形成和塑造起着决定性作用是无疑的。因此，我们要确认的是两点：一是江南地区作为一个地理单元是否与中原这"中华文化的发祥地"有着明显的自然环境的差异性。关于这一点已无需分析论证。二是在文明初起时，江南地区有没有大量人群定居于此。这当然也是毫无疑问的，同时考古的发现至少还证明了这里的文明与中原文明是同一个时期的。由此，我们应该不难得出，江南，有着自己独立的文化的根，有着独立的文化传统。当然，在此基础上，我们还应该确认一点，那就是在历史进程中这种文化传统是否保存了下来（历史上也存在原生的文化消失的案例）。答案也是肯定的。而且不但得到了保存，还得到了发展，发展成了中华文化中诗性文化的支柱，而成为中华文化重要内容和精神。从原始先民在水中采红菱（苏州唯亭镇新石器时期的草鞋山文化遗址中已发现作为食物的菱的果实[2]）的哼调，到古代人传唱的采红菱歌谣，到昆曲的"水磨腔"（图5-89）。一种文化及其精神，在江南，在苏州，既从未间断，又更新发扬。

　　显然，江南文化是具有独立性的。中华文化以黄河流域为中心向外传播扩散的"黄河中心论"，之所以长期以来被认为是正确的，是因为，

[1] S.Nanda.Cultral Anthropology : Belmont[M].CA:Wadsworth,1987 : 68.
[2] 钱公麟，徐亦鹏 . 苏州考古 [M]. 苏州 : 苏州大学出版社，2007 : 20-23.

图5-89　昆剧表演

一是来自历史和政治的原因，"中国文化向来有'重北轻南'的传统，北方往往是政治、军事与意识形态的中心，而江南文化一般扮演的只是一个附属角色"[1]，因此，这也影响了学术性的历史记述，虽然不像陆文夫调侃的那样"虽说古书上多有记载，但古代人写的书也不能全信，某些地方也和现代人写历史小说差不多"[2]，但在先入的观念影响下留下的历史文化记载和思想观点，也影响了现代人；二是早期的考古发现似乎也佐证了这种观点。

江南文化还有其独特性。其实，在分析江南文化的独立性时也揭示了其具有的独特性。就像前面说的，江南特定的自然环境造就了地域人对世界的看法以及对待事物的态度和方式，养成了生活习惯、思维方式和价值观念，形成了江南的文化精神和传统。同时，在期间与随后的与其他文化相互交流学习中，在吸收、改造其他文化的过程中，在文化创新等文化的演化发展中，江南业已形成的文化精神和传统在特定自然环境及其精神氛围的作用下起着指引和规约的作用，使江南文化在文化交流形成的中华大文化中放射出独特的光芒。这种独特性的特质，不仅仅是有雄厚的经济基础的独特，中华大地各地区经济发展此起彼伏并发展着自己的文化；也不仅仅是文人荟萃的独特，中原和齐鲁大地都有文人层出并有着强大的文化精神传统。就如刘士林先生说的："江南之所以成为一个民族魂牵梦绕的对象，恰是因为它比'财赋'与'文人'要多一些东西……与自然经济条件同等优越的因而衣食无忧、饱食终日的地区相比，它多出来的则是比充实仓廪更令人仰慕的诗书氛围；与文人积淀同样深厚悠久、'讽诵之声不绝'的礼乐之邦相比，它还多出了几分'越名教而任自然'、代表着生命最高的自由理想的审美气质。……使之与其他区域文化真正拉开距离的，恰是在

[1]　刘士林等.江南文化读本[M].沈阳：辽宁人民出版社，2008：5-6.
[2]　陆文夫.老苏州：水乡寻梦[M].南京：江苏美术出版社，2000：24.

它的人文世界中有一种最大限度地超越了文化实用主义的诗性气质与审美风度。也正是在这个诗性与审美的环节上，江南文化才显示出它对儒家人文观念的一种重要超越。儒家最关心的问题是在吃饱喝足以后'驱之向善'，而对于已经'有物'、'有则'之后的生命'向何处去'，则基本上没有接触到。超越实用性的物质文明与精神文明的审美创造与诗性气质，是江南文化在中国区域文化中最独特的内容。由于诗性和审美内涵直接代表着个体生命在更高层次上的自我实现的需要，所以说，人文精神发生最早、积淀最深厚的中国文化，是在江南文化中才实现了它在逻辑上的最高环节，并在现实中获得了较为全面的发展。"[1] 江南文化的独特性以及在中华文化中的独特作用也佐证了其独立性。

5.3.2　苏州及其吴地文化在江南文化中的角色

　　前面一直在说江南文化，但江南文化是一个大概念，要探讨苏州的地域精神，吴地文化（或称吴文化）在江南文化中的角色认定也是非常重要的。关于这一点，相关的研究并不多，一方面，就连"吴地文化"是什么时候"有"的其实也很难弄清楚，而文化所在的地域范围边界又总是一个灰色的概念；另一方面，就像"吴地文化"和"吴文化"是否是一个意思还是有着不同的内涵还有人在争论一样，要厘清江南文化与吴地文化的关系其实非常困难也可能真没多大必要。但是，自西晋末年"永嘉南渡"之后，吴地文化开始逐渐放射出自己的光芒是一个基本事实。到唐代，根据唐代的规则，苏州（所辖区域）被评为江南唯一的"雄州"。至宋元，经济和文化进一步发展，一直引领着江南，有了"上有天堂，下有苏杭"之说。到了明清，在文化领域吴地文化的独特性及其达到的成就，使得苏州成为中国文化的重心，被称为"中国文化的苏州时代"[2]。在很多非学术的文章中，苏州地域的文化（吴地文化）模糊成了江南文化的代名词。"吴地文化"无论是概念还是内涵肯定是不能代替"江南文化"的，但确实很难厘清楚，笔者也没有这个能力。但至少我们可以得出这样的结论：吴地文化作为江南文化的一部分一直是江南文化的重要内容，上文述及的江南文化及其独特性，

---

[1]　刘士林等 . 江南文化读本 [M]. 沈阳：辽宁人民出版社，2008：6-7.
[2]　王卫平，王建华 . 苏州史记（古代）[M] . 苏州：苏州大学出版社，2007：166.

在苏州地域得到了深刻的、最高的体现，被人们理解的吴地文化或苏州地域文化，长久以来一直以代表江南文化的主要乃至核心精神的面貌出现的。这就是苏州及其吴地文化在江南文化中承担的角色。

5.3.3 苏州的地域精神

苏州地域文化经历了发生、发展、嬗变的漫长过程，在自身长期不间断的文化积淀和发展过程中，创造了为世人所景仰和瞩目的文化成果。但是，在这些文化成果的背后，潜藏着那些地域的独特精神呢？笔者认为，通过上文对苏州地域特定的自然环境和特定的社会文化环境及其意义的分析及其对江南吴地文化的认识，我们已可以有一个大致的轮廓。再结合文化间的对比，笔者认为苏州的地域精神可以从以下几个方面来认识：

1. 审美主义

如上文述及的，江南文化"超越实用性的物质文明与精神文明的审美创造"，使得苏州地域与北方地域在文化态度上拉开了距离。苏州的地域精神具有一种不同于北方道德愉悦的属于江南文化的审美主义精神，并且在苏州地域上，这种审美主义精神结出了具有代表性的、全面、丰硕的成果。江南文化"它的精神结构中充溢的是一种不同于北方政治伦理精神的诗性审美气质，尽管北方与中原一样共同遭受了魏晋南北朝的混乱与蹂躏，但由于它自身天然独特的物质基础与精神条件，因而才从自身创造出一种完全不同于前者的审美精神觉醒。它不仅奠定了南朝文化的精神根基，同时也奠定了江南文化的审美基调"[1]。这种审美主义精神，借用李泽厚先生的话是"人的主题与文的自觉"[2]。体现在文化产品中，那就是对中华文艺思想讲求"助人伦，成教化"的功利艺术的背叛，借用鲁迅先生的话是"为艺术而艺术的一派"。或者至少说，在"成教化，助人伦"与"为艺术而艺术"之间，在苏州地域更彰显后者。艺术超越了伦理和功利，是个人的存在，心灵的自由，个体审美意识的觉醒和张扬。

无论是诗歌、文学、书画、戏曲无一不体现了这一精神，这里似乎已不再需要详解。高度发达的手工业也是一个明证，手工业的发达反映的是人们对生活品质的追求，更鲜明的是苏州地域的手工业产品

---

[1] 刘士林等. 江南文化读本 [M]. 沈阳：辽宁人民出版社，2008：15.
[2] 李泽厚. 美的历程 [M]. 北京：文物出版社，1981：85.

不只是实用的特征，更是以工艺美术的艺术性名扬天下的。其实，被当今世界推崇备至的高度艺术性的苏式家具，被大家熟知的缂丝、宋锦、苏绣，玉雕、砖雕、石雕等，只是一些代表，苏州地域人们生活中涉及的几乎一切，大到一座建筑，小到一块手帕，都是追求着艺术化。中央电视台拍的《舌尖上的中国》把苏州的船点（坐船游玩时吃的东西）作为苏州的饮食代表确实是具有慧眼，这种瞬间消失的东西（一口就下肚的食物）还要弄得如此艺术化，称之为超越实用和功利的审美主义精神应该一点也不为过的。这种精神不仅体现在有钱人的"奢侈"中，也体现在平民百姓的生活中，《菜根谭》中说："贫家净扫地，贫女净梳头，景色虽不艳丽，气度自是风雅。士君子一当穷愁寥落，奈何辄自废弛哉！"无论贫穷，家要干净、头发要梳净，衣服虽旧也要弄整洁别朵白兰花，手帕虽不是丝绸也要找些彩线绣上些什么，饮食也一样，大鱼买不起，小鱼也可以弄出花样。凡此种种，总之有精神品味的生活态度是不能丢的。这是一种集体的精神"奢侈"。

就像刘士林先生在《江南文化精神与江南生活方式》一文中所指出的"从根本上讲，南北文化之差异是一种审美主义与实用主义生活方式的对立，具体说来，北方文化的人生价值观主要来自墨子，他的最高理念是'先质而后文'，或者说，'食必常饱，然后求美；衣必常暖，然后求丽；居必常安，然后求乐'"。"生活不同于艺术。这句话本身当然是不错的，但具体到中国南北文化的不同语境中，却往往必然要导致两种完全相反的结果。在'先质而后文'的北方意识中，往往是把生活和艺术完全对立起来，甚至尽量压低一切非实用的艺术性开支，以便使有限的生活资料获得最大的利用价值。这种极端化的解读和阐释，在江南生活中则得到一定的克服。与之相对，尽管江南人也懂得生活和艺术的不同，但由于在他们的心目中生活应该向艺术看齐，因而不是为了生活而牺牲艺术需要，相反却是尽量创造条件使生活艺术化，这才是一个江南人最重要的人生理想和奋斗目标……在杏花雨潇潇和杨柳风习习的江南日常生活中，本来极其矛盾甚至互不相容的实用和艺术之间，仿佛商量过一样走向了一种有机的平衡和良性循环。"[1]苏州地域的这种审美主义精神是一种文化特点，也是一种地域人的"集体无意识"。

---

[1] 刘士林.江南文化的诗性阐释[M].上海：上海音乐学院出版社，2003：153.

2. 浪漫主义

也如上文述及的，江南文化的"诗性气质"表现出鲜明的浪漫主义精神。苏州地域的浪漫主义的"根"是由其特定的自然环境和远离中国的政治中心扎下的。苏州地域肥沃的土地和鲜明的四季，给这里的人民带来了富足的生活和丰富变化、美丽如画的自然景观，苏州人对于自然环境的态度更多的是带着向往和亲近。同时，苏州地域由于远离中国的政治和文化中心，在文化上一直有着相对的独立性，并常常以怀疑和批判的眼光看待中国的政治文化及其儒学、理学等正统思想。中国古典浪漫主义的思想，可追溯至道家尤其是庄子的"自然而然"的思想，至魏晋追求个性自由、尊崇感性人生的精神和南唐文化的浪漫诗性气质，至明起的以精神和感官享受为主的市民化浪漫潮流，到清代至近代以怀疑批判为主的人文主义思潮。在早期直至南唐，这种浪漫主义精神更多的是来自于在北方文化中形成的"异类"精神的南移，在这种思想精神遇到了江南这合适生长的精神土壤后，由此扎下了根，并得到了蓬勃的发展。至宋元明清，这种浪漫主义逐渐成为江南文化的一种区别南北文化的标志之一，成为构成中华文化的重要内容。苏州地域的浪漫主义精神成为影响广远的文化精神。

在苏州地域，一直有着这样的一条线索：自然是美好的，那么出自自然的人生该又是如何的呢？于是，一种对自然人生的追求，一种对社会文化的质问，伴随着他们，这一切构成了地域文化的浪漫主义精神特质。于是，基于这种情怀，在苏州地域，有了大量歌颂自然和生活的诗歌，有了高度发展的山水文人画，有了师法自然的苏州园林，有了讲浪漫和精神"出轨"故事的昆剧，有了人文主义色彩的文学和文学批评……有了地域人共同营造的"诗意的栖居"的古代城镇环境，以及从"讲究生活"中透射出来的人生观构筑的市民文化氛围的。

这一切，要剖开来说，是说不完的，略举与建筑相关的苏州园林为例：童寯先生对园林有个形象的比喻，他把"園"字拆而解之，"'囗'者围墙也。'土'者形似屋宇平面，可代表亭榭。'口'字居中为池。'农'在前似石似树。"[1]这说的是构成园林的要件，但如果我们只是以这些墙、亭、池、石、树以及它们之间的组织的艺术性来理解园林的话，我们

---

[1] 童寯.江南园林志[M].北京：中国建筑工业出版社，1984：7.

是不能真正理解园林的精神的。就如居阅时先生在《园道——苏州园林的文化含义》一书的引言中所说："苏州园林绝非仅供休憩漫步的简单的私家庭院。因主人身份……他们人生的进退得失、荣辱喜悲，使生活充满了无奈、郁闷、失落和彷徨，积聚在内心的冲突与不安宁往往自觉或不自觉地通过园林各种建筑符号曲折表现出来，园林因素成为园主自我宣泄、平衡、粉饰或向往，甚至祈祷的形式。如果我们能深刻认识这一点，那么应该花番大力气，用无奈、文化解释的眼光去重新认识池水、山石、房屋、树木，甚至门窗、墙面、石料上留下的纹样，匾额上的题名（与楹联上的内容），树木种类及其位置，以及建筑的布局等。那些园主人赋闲在家，有充足的时间去修饰园林，借此慰藉寂寞的心灵。一座经几代文化人经营的园林就是一部中国传统文化史、思想史，当然也是一部建筑史。"[1] 苏州园林反映的既是歌颂自然、寄情自然，也是对人生和人性的寄托和向往，要总结的话，那就是一种具有反叛精神的浪漫主义情怀。

更为重要的是，"苏州是个园林的城"[2]，正如上文引用过的于坚的话："整个苏州城，都迷漫着园林的气氛，伟大的园林是少数，但它有一个普遍的基础，苏州城里那些寻常百姓家里，也藏着大大小小的园林，哪怕是一盆假山，一丛修竹。那些伟大的园林是在苏州的文化气氛和日常生活习俗里长出来的，而不是为附庸风雅进行移植的结果。"苏州地域的这种浪漫主义精神是一种文化特点，也是一种地域人集体的人生理念。

3. 精致主义

把追求精致称为"主义"，是基于地域人看不得马虎、粗糙，对任何事物都追求认真、准确、精细、极致的态度，也是基于与其他地域比较中反映出来的总体精神特质。这是一种"土生土长"的几乎没有外来文化影响因素的地域精神，这种精神的养成，一方面可溯源至自然环境提供和启发的生产生活方式，另一方面可溯源至自然环境提供的环境面貌特质。"江南之俗，火耕水耨，食渔与稻（谷）。"（详见《隋书·地理志》），前文已多次提到，千万年来"饭稻羹鱼"的意义，即

[1] 居阅时.园道——苏州园林的文化含义 [M].上海：上海人民出版社，2012：1.
[2] 纪庸.记苏州的园林 [J].雨花，1957：10.

种植水稻是一件精心的工作，先民们在农耕生活中，长期以来形成了一套有水乡特色农事技术，从选种育种、翻地整田，播种插秧，灌水排涝，罱淤沤肥，除草灭虫，收割扬场，圈囤堆藏等一系列生产过程。每一个环节都不能马虎，从育种到过程管理到水利建设，都必须认真对待，并紧扣时节及气候变化。故而有了古人所谓"吴人精于农事"，"吴中农事，专事人力"的说法。而吃鱼更是一件必须精心对待的事情。认真细心和准确敏锐的对待事物的态度和性格就是这样养成的。同时，肥沃的水土和四季鲜明的气候提供了自然景观和水土物产的丰富和季节变换，这也培养了人们对事物及其规律的敏锐和敏感以及细腻的性格。

在历史的经历中，从农业产量的不断提升到手工业产品不断地被认可，地域人不断地从自身的这种"特长"中得到益处，获得肯定，从而不断地强化这种"特长"。从早期的良渚文化的手工艺到吴戈、干将、莫邪剑等无不反映了这种精神，缂丝技术是北方人发明的，但这种纺织技术和织物产品来到了苏州地域后，很快被提升为精致的艺术品，到今天中国，只有苏州还传承着这项需要极高的细心、耐心和艺术感的手工艺。同类的如苏州的宋锦、刺绣等也是以精致见长。其实，无论是人们熟知的玉雕、砖雕、核雕、苏扇等"小件"手工艺或家具、建筑、园林等"大件"，还是那些并不引人注目的东西，几乎所有的手工艺产品，精致就是苏州货的代名词。苏州的昆曲、评弹也是以精致、细腻见长，唐代杜荀鹤的诗句："君到姑苏见，人家尽枕河。古宫闲地少，水巷小桥多。夜市卖菱藕，春船载绮罗。"白居易的诗句："黄鹂巷口莺欲语，乌鹊河头冰欲销，绿浪东西南北水，红栏三百九十桥。"都从侧面反映了唐代苏州精致的城市面貌和精致的城市生活。就说这桥，在唐代苏州是木制的，因木质易于腐烂，到宋代都改成了"工奇致密"的石桥，从宋《平江图》上能看到共计有 359 座桥，南宋龚明之的《中吴纪闻》上记载有桥名的有 360 座，经计算平均每平方公里约有桥 18 座之多，(以水城著称的意大利的威尼斯，每平方公里仅有桥梁 0.66 座)，更为重要的是这些桥，极少是一模一样的，并且大都有着或记录历史或表达意境等雅致的名称（图 5-90）。这不能不说是苏州的这种精致主义所致。反映在社会生活中，今天还能经常见到的一些令北方同事不解的事，如："老苏州人买菜，横挑竖拣后，冬瓜只买一薄片，猪肉只

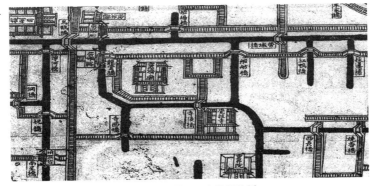

图 5-90　平江图中苏州的桥

买一小块，没钱吗？"其实他们不理解，老苏州人会天天去菜场横挑竖拣，他们从来不怕麻烦，怕的是食材不新鲜，饮食不精致。苏州人的这种"挑剔"，其实这也是精致主义的另一个侧面。苏州地域的这种精致主义精神是一种血液里的文化精神。

苏州地域的地域精神最突出的笔者认为主要是这三个方面，是可以用来区别于其他地域的重要特点。当然苏州地域的地域精神特点其实还有很多，但不少特点是可以被这三个方面涵盖的。还有一些也可以作为地域精神次一层级的特点，为避免重复，笔者结合下一节"苏州的传统地域建筑精神"的内容叙述。

5.3.4　苏州的传统地域建筑精神

建筑是文化的产品，是地域文化之树上的果实之一。地域建筑精神是地域文化精神的反映，是地域精神具化到建筑的结果。同时，地域的建筑精神及其贡献也是构成地域文化精神的内容。苏州的地域精神反映在建筑上，或者说，苏州的建筑所体现和贡献的地域精神，大致可总结如下：

1. 追求精致

苏州地域人们对精致的追求来源于他们对生活的理解之中。他们用细腻的情感、精细的态度营造着自己的生活环境，反映在建筑上，一方面，在建筑环境的整体面貌上，体现出尺度小巧精致的建筑空间环境特质。我国有两幅反映古代城市面貌的长卷《清明上河图》与《盛

图 5-91、图 5-92 《盛世滋生图》中的苏州对比《清明上河图》中的汴梁，建筑空间尺度明显小巧精致

世滋生图》（又称《姑苏繁华图》）（图 5-91、图 5-92），对比两图，我们能清楚地看到，苏州地域河、街、巷构成的传统城市建筑空间尺度明显小巧精致，看不到宏大的倾向。同时，构成城市环境的每个部分，先不说建筑，如桥梁、牌坊、河道驳岸等，都是精心所为，一座"万年桥"（图 5-93）桥的两头先由精致的亭廊做引，接着是上桥处题着儒雅诗意的楹联的充满精致雕饰的牌坊，石砌的桥身桥座、角柱、顶梁等显然也是精心设计施工的，更别说桥的栏杆的精细了。与北方比是这样，如果与也受吴文化影响的邻近的徽派建筑（图 5-94）比，我们也可以发现苏州传统建筑及其空间尺度与之也有着显著的差别。徽派建筑的尺度大，形象中常会出现类似高耸屏障般的立面，而苏州传统

图 5-93　《盛世滋生图》中的
万年桥

图 5-94　徽派建筑尺度较大

图 5-95　苏州传统建筑较为精巧

建筑则显得小而精巧（图 5-95）。在苏州，人们总是刻意创造小尺度的
空间，并且不遗余力地精心营造：院落无论大小，都会得到极细致的
布置；大墙上即使不开漏窗，也会种植花木，以避免尺度太大，显得
粗陋；建筑入口的精致小景观、小巧的入户院门、细致铺贴的小青砖
铺地，狭小的天井也是不会马虎的，总要装点一下。具有代表性的苏
州园林，其小巧、精致就更不必再说了。另一方面，在建筑的构成细
节上，体现出对精细之美的讲究。门窗是需要有富有寓意的木雕装饰的，
对精心制作烧制的细砖再进行细磨，用来装贴门楼等，在发现的苏州
洞庭东、西山明代民居中普遍地用御窑"金砖"雕刻精细的砖雕来装
饰建筑，足见人们对建筑精致性的追求。对建筑室内的装饰也求精心
细致，一片墙，一片隔断，还有梁和柱等，根据自己的财力总是尽可
能地装点，这里不再赘述了。

需要说明的是，一方面，苏州人认为"大则拙，小则巧"。因此苏州人喜欢化大为小，通过各种手段化解大尺度的形象。另一方面，所谓"精致"，可解为"精心"和"细致"。苏州地域人们对建筑"精心"追求的总体特征一是精细，二是"精到"，即不是追求繁复的奢华感，而是对恰到好处的处理的精心追求。而"细致"是对细腻又有意味的形式的细致、不马虎的追求，是一种真正的"精致"。

2. 追求丰富

苏州地域人们对丰富感的偏好应该是来自其所处的自然环境的丰富与变换性。建筑所构筑的空间总是有限的，但是，苏州人又想使有限的空间表达无限的意蕴，于是，透气通风用的窗户发展出了"漏窗"，被大量使用，采光变成了"采景"；天井、庭院发展出了园林，只要有腾挪余地的人家，空间不论大小，好似张岱诗云："千顷一湖光，缩为杯子大"，努力使有限成为无限。于是，叠山求脉、理水藏源，虚实变化、借景藏景，动观静观、移步换景，以有限的面积，造无限的空间[1]。空间的丰富性使得人在有限的空间中获得"无限"的空间感知信息，并通过有意味的组景、装点，配合匾额、楹联点题，创造丰富的遐想空间。

除了苏州传统建筑与园林内部，城市空间的丰富性也可以在《清明上河图》与《盛世滋生图》的对比中鲜明地体现出来。走在苏州地区的传统街巷中，我们总会频繁地看到巷道空间总是被有意无意地时而放大、时而缩小、时而断开、时而连续、时而曲折（图5-96），

图5-96　苏州变化丰富的巷道空间

[1]　陈从周.园林谈丛：说园[M].上海：上海文化出版社，1980：2-6.

图 5-97、图 5-98　道路的交汇、转折处经特殊处理的建筑

而在道路的交汇和转折处，常常出现有着区别周边环境、经过特殊处理的建筑，强调着空间的变化。它们或是有着显著的山墙，或是与众不同的屋面形态，特别的地段为这类建筑带来多维面的显示机会，略显夸张的形式却有着令人印象深刻的魅力（图 5-97、图 5-98）。沿着街巷展开的建筑立面，时高时低，时进时退，并且等高且没有变化的建筑立面长度最多也不会超过四五个开间。道路的交汇往往伴随着河道与桥梁，河道总是不宽的，但为了通行较大的船，桥梁大多高高拱起，且形态各异，由此成为空间中又一变化的焦点。桥与街巷的连接处，往往也是街巷空间的变化之处，承担了空间的收放变化。河岸虽然都是人工石砌驳岸，但却不是笔直的，结合不时出现的河埠、码头，也总是被处理成具有进退、曲折的变化。而河埠、码头与街道发生联系的场所，又形成了另一种空间变化。

城市环境丰富变化的建筑空间、建筑形体形象，虽然因与园林的功能不同而呈现出不同的面貌，但是在丰富变化的四季气象与植物的配合下也达到了地域人偏爱的步移景异的效果。很难从科学理性的角度去全面解释苏州地域的这种城市空间生成的逻辑，地域人偏爱丰富性的"任性"必须是重要原因。

3. 追求柔美

苏州地域人们对柔美的偏好应该是来自其所处的"柔情似水"的水环境，这是苏州地域人们的审美特征。苏州人总是喜欢对建筑及其空间环境乃至他们的各种构成细节进行柔化处理，似乎是一种"强迫症"。上面谈到的对城市空间丰富性的追求，其实很大程度上也是对柔美的追求，从街巷空间形态到一条河道驳岸，"僵直"、"生硬"是

图 5-99 《盛世滋生图》中的拱桥

必须避免的。街巷中一方节点空间即便真是方的，也要弄得看上去不方；一块山墙总是"生硬"，不能听之任之，至少要在其前面种点花木，柔化一下；桥梁的形式也是以拱桥为佳，桥面形成流畅的曲线（图 5-99）。建筑物的轮廓也追求曲线，屋角是要起翘的，在平面上和剖面上都应该是曲线的，尽管这几乎是中国建筑屋顶的规则，但在苏州地域它变得像女人的"兰花指"那样夸张，使建筑全然没有了北方建筑的沉重之感。我们也能在我国的其他地方看到夸张的屋角起翘，如四川青城山的道观建筑，但在细微的差别中，后者传递出的是"道风仙骨"（图 5-100），苏州的"兰花指"则追求着优雅的柔美（图 5-101）。说柔美，当然不能少了苏州园林，苏州人清著名学者俞樾，为其屋前小园就起名"曲园"。苏州人造园，廊道必须曲折，园路必须蜿蜒，小桥必须"九曲"，场地和水池的边界必须柔化处理。对于不可避免的高大硬直的院墙，苏州人也有着一套柔化和虚化处理的方法，或种树或堆假山，或用高低起伏的廊和亭、榭来处理，廊不能是跟着墙直直地走的，必须是时而离开墙、时而靠近或贴着墙，在廊和墙之间种植树木、布置小景。

对柔美的追求还反映在传统建筑中建筑空间通透的形式，以及空

图 5-100、图 5-101 青城山道教建筑（左）与苏州艺圃（右）建筑起翘的差别

间组织带来视觉上的虚实变化使人们形成对延伸空间产生若有若无的感受。表现出或景观上相互渗透，或光影的流变，塑造出轻盈剔透的感觉，并以此为人们留下了更多的想象余地，形成了富于变换的柔性空间。这种空间形式不仅丰富了建筑自身的形态，而且从全方面塑造出建筑及其空间整体的柔美感觉。

4. 追求自然

"自然"这个词可以有两种意思，一种是如庄子的"自然而然"的意思，另一种是指自然环境。体现在苏州地域建筑及其空间环境营造上，前者一方面是"顺应自然"的规划设计，另一方面是"师法自然"，追求自然的形态和表现方式；后者体现为把人工环境和自然环境融为一体的追求，是"融合自然"。两者是"同根生"的关系。

苏州古城就是"顺应自然"、"师法自然"和"融合自然"的范例，苏州古城从城市空间到建筑空间形态，从枕河民居到深宅大院，无不体现了这一精神。这些在上文中已有多处述及，不再细说。传统的建筑环境为自然提供了更多表现空间，河道使自然之水浸透到城市的每一个角落，四季分明带来的交替变幻景象，于是成为苏州自然画作的主题，姹紫嫣红中，黑白色彩的建筑，在凸显了它的素雅和淡定的同时映衬着更为丰富的自然环境（图5-102）。符合秩序的建筑本身及其围合的空间维度在自然环境的映衬下，程式化的人工迹象被柔化，与自然也更为和谐。从《盛世滋生图》中我们更能清楚地看到这种景象：城市总是人工环境，但在苏州古城似乎少了些人造环境应有的规则、秩序及条理，建筑摆放似乎有点"凌乱"，城市及其街巷空间构筑似乎太过"随意"，但这就是苏州人对自然的形态和表现方式的审美偏爱。同时，庙观、府衙、民居、商铺、城墙无不"依傍流水旁、掩隐花木中"，表现出与自然环境相融的态度。

对自然环境之美是如此偏好，以至于在苏州，人们在可能的地方都会"亲近自然"。如苏州民居大量的递进式的院落布局，每一进由一座厅堂和天井组成（图5-103）。"每一进厅堂的天井必植树……即使是厅堂之后的蟹眼天井（极小的天井，如图。笔者注。）和备弄边狭小的天井也要引入自然，种几棵芭蕉、一丛竹子或爬藤植物，点几块湖石，使小小空间生趣盎然。总之，苏州古民居……绝不浪费一点点空

图 5-102　素雅的苏州传统建筑映衬着更
　　　　　为丰富的自然环境

图 5-103　蟹眼天井

间和土地，而都是植树栽花，极尽引入自然、创造自然空间，为我所用，妙笔生花地成为生气勃勃的绿色环境。"[1] 至于民居中的庭院（一般是指在住宅"边落"的"花厅"、"书房"前的由围墙围合的空间，如我们熟知的网师园李宅的殿春簃、艺圃的芹庐等）就更不必说，那是主人的跳出"中落"儒家规矩的精神自由的天地，更要好好装点一番自然。至于苏州古典园林就不多说了，就说其理解和对待自然的态度，可以比较的与之同源的日本园艺，它在受禅宗影响的过程中，形成的是一种源自"寂灭才能达到永恒"感悟的令人瞬间沉寂的静态氛围（图5-104）。但同样受到佛教禅宗影响的苏州人，由于对人生经历的另一种领悟，表现出了对自然美的强烈情感，正如有的学者所说："……在禅宗公案中，用以比喻、暗示、寓意的种种自然事物及其情感内蕴……经常倒是花开草长、鸢飞鱼跃、活泼而富有生命的对象。它所诉诸人们的感受似乎是：'你看那大自然！生命之树常青啊，不要去干扰破坏它！'"[2] 在苏州人看来永恒的不是寂灭而是不断地轮回。因而在苏州，空间环境的整体塑造总是竭力模拟着自然山水状态（图5-105），即使在有限的空间范围内，也要用花木植被去表达富有生机的生命本色。

5. 追求意境

苏州传统建筑空间环境营造追求表达深层的意境是地域建筑精神的又一特点。在上文"苏州地域社会文化环境"一节总结的地域浓厚的崇文重教环境、亲近自然的人文环境和开放的社会文化环境等特点，使得苏州一方面，社会整体文化水平很高，从而也导致优秀文人辈出，

[1]　俞绳方. 苏州古城保护及其历史文化价值 [M]. 西安：陕西人民教育出版社，2007：217-218.
[2]　李泽厚. 中国古代思想史论 [M]. 天津：天津社会科学院出版社，2003.

图 5-104　日本冈山县后乐园

图 5-105　模拟自然的苏州园林

以至于出现了一条街出了几个状元，一户人家出了三代状元的现象；另一方面，苏州地域优质的文化环境吸引着大量文人汇聚吴地。同时，尤其到明清两代，苏州地域文人气质的山水画（称为文人画）成为中国山水画的中心，构成这一事实的，一方面是杰出文人画家辈出，另一方面是在苏州地域吟诗作画似乎是谁都会来两下的东西。在这样的文化氛围中，要让苏州人不"玩高雅"，也是很难的了。

　　说追求意境或营造意境，那么"意境"究竟是个什么东西呢？结合各种解释，笔者的归纳或表述是："意境"是一种精神产品，顾名思义就是"意想中的境界"。"意境"依托于物质形态，但超越了物质形态，"意指造诣程度或作品所达到的情景界限"[1]。它不受客观主体的束缚，既不是形态属性的展现也不仅是情绪的流露，而是通过物传达给人的精神思考。

那么，苏州人在建筑及其空间环境营造上追求意境，是如何做的呢？其一是与诗文结合。因为诗文直接能引发人的精神思考。如在民居中，厅堂室屋往往均有名，大厅正堂如"玉涵堂"、"乐知堂"、"礼耕堂"、"桂荫堂"等，根据主人的情操、追求、家族文化、人生经历或感悟等，引用典故、诗词、自我经历等来题名。其他室屋，以阔家头巷李宅（其园为网师园）为例正厅为"万卷堂"，后面的女厅为"撷秀楼"，再后面有"五峰书屋"、"集虚斋"、"梯云室"等凡屋均有名（图5-81），再配楹联点题。就连一些边门，如沈寿"渔庄"大厅侧门，砖额是"耕读"，楹联为"卷帘唯白水，隐几亦青山"，意境深远。至于园林里的亭廊榭，更是不能少了这些东西，因为意境大多是由此营造或点题的。这里不再细说。其二是与景观结合。因为自然景观总能激发人的想象。在住宅中天井里，植物种植是有讲究的，不同的树有不同的寓意，树木也要有形有态，推门开窗，意境自然而来。文人山水画的盛行，进一步影响到了苏州传统建筑空间环境的塑造，特别是园林中的效仿山水空间的营造，在实现主人"可行、可望、可居、可游"的对自然的精神向往之外，通过建筑布置、筑山理水、花木配置，乃至细节装饰如漏窗、铺地、栏杆的图案纹样等的刻意组织，表达着深层的精神内容，通过人的切身空间体验，加强了精神空间的延伸（图5-106）。其三是通过特定的建筑形象和空间形式的塑造来为人们营造思想驰骋的空间。一是建筑形象上的塑造，如退思园中的"闹红一舸"（图5-107）通体木作漆成红色，形似船，伸向绿树环绕的水面，如拙政园的"小飞虹"（图5-108）是小巧的廊桥，红色的栏杆，轻盈地飞跨水面，凡此种种，都给人以丰富的遐想空间；二是空间形式上的塑造，通过空间的"漏"、"透"以及"虚空间"的塑造，使建筑与外部空间环境之间，形成光影渗透流变和景物若隐若现的效果（图5-109），在"有"与"无"之间使精神也得以自由驰骋，思想延伸到了更为无限的广阔空间。

---

[1] 王国维.人间词话[M].上海：上海古籍出版社，2004.

图 5-106 令人思绪深远的空间环境

图 5-107 退思园"闹红一舸"

图 5-108 拙政园"小飞虹"

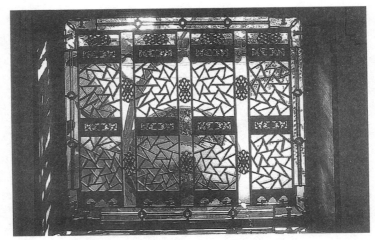

图 5-109　苏州传统建筑中"虚空间"的塑造

以上述三种手段为主，相互结合，苏州地域的人们营造着充满意境的人居环境，使实体的建筑与周围物质环境构筑出了超出这些物质本身的精神空间，或者说是使物质空间具有了精神意义。

6. 追求雅致

对雅致的追求也是苏州地域人们的审美偏好，这跟地域文人荟萃的文化环境和文化形态的特点同构的。苏州地域没有大开大合的崇山峻岭，没有神秘莫测的奇峰深涧，没有波涛汹涌的大河，没有"飞流直下三千尺"的大山大水，有的是像黄公望笔下《富春山居图》（图 5-110）般形态舒缓的山丘和缓缓流淌的水面。生活在苏州，相伴的是一种节奏舒缓的水乡风情，崇文尚艺的苏州人由此走向了对宁静、雅致的美的格外偏好。

"雅致"的反义词是"粗俗"，当然从美学的角度上讲，"粗俗"也可以是美的，比如说粗犷、敦实、直白、热闹、通俗、乡土等，苏州地域的人们普遍排斥这种美，或者说是认为这些不是美的表现。"雅致"其实是基于人的一种感觉，更多的是心理体验。那么，苏州人是如何通过建筑及其空间环境来营造这种"雅致"的呢？首先，上面说到的"精致"和"柔美"感及其表现，就是营造"雅致"的一个方面，因为只有"精致"和"柔美"才能抵抗"粗俗"。其次，上面说到的"自然"和"意境"感及其表现，也是营造"雅致"的一个方面，因为只有"自

图 5-110　黄公望《富春山居图》(局部)

然"和"意境"才能引起"雅致",这些不再赘述了。但是,以上这四个方面并不能直接带来"雅致",必须要做好以下两个方面:一是对"度"的把握;二是表达方式含蓄、委婉。对"度"的把握就像上文说"精致"时说的其中的"精到"的精神,"雅致"来自于对建筑形式、建筑装饰以及环境装点营造的度的把握,"雅致"意味着不能显得简单、单调以及简陋和过于朴素,同时,"雅致"也意味着建筑形式不能过于张扬,建筑装饰不能过于繁缛,环境装点不能过于喧闹,主要体现一种"室雅何须大,花香不在多"的精神;对于园林空间主要体现是建筑、植物、假山、水池不是越多越好,而是围绕着"意境",围绕着"诗情"和"画意"进行精心的恰到好处的处理。至于在建筑及其空间环境中传递各种概念、精神或意义的表达方式,不是用直白、通俗的方式,而是用含蓄、委婉的方式,这跟"意境"的营造方式类似。

　　苏州人对"雅致"的追求,是方方面面的,如建筑色彩,我们都知道是白、灰、黑,但如果我们仔细观察,他的色彩是很丰富的,门窗是栗色,厅堂的柱子多为黑色,屋面的"小青瓦"其实是黛色(深灰色),铺地、台阶、墙基多用金山石是偏暖色的灰。而在室内色彩,门窗是栗色,内墙台度和铺地用砖是青灰色的,梁柱多为栗色,装饰木构与家具通常也以栗色为主调,根据材质有细微的变化。这一切构成了含蓄的丰富,营造出"雅致"的环境氛围。漫步在古城苏州,视觉中植被绿化柔化着刚性的人造空间界面;听觉中鸟鸣水吟,书场戏台时而飘出苏州评弹的婉转曲调和昆曲的绵长音韵,建筑在温润的气候和自然绿植的配合下，传递出柔和雅致的气息。"雅致"是苏州人不懈的追求。

5.3.5 小结

苏州的地域精神与建筑精神是在中华大文化下，以江南文化为根基的吴文化的精神，是在地域自然环境和社会文化环境的培育下，在文化间相互学习交流的过程中不断更新、发展和创新中形成的，并由此形成了自己鲜明的特色。尽管苏州的地域精神与建筑精神是否完全如笔者所总结的那样，或有偏差、有疏漏，但这类精神特点显然是存在的，清晰的。在论述的过程中也反映了一些笔者认为非常重要的事实：其一，文化必然是一个发展的过程，无论是中华大文化、江南文化还是吴文化的苏州地域精神都是一个发展的概念；其二，文化也必须是不断更新、发展和创新的过程，只有这样，地域的文化精神和建筑精神才能在这一过程中不断被打造、提升，才能不被淘汰并由此发展自己的特色；其三，地域特色是通过地域的文化精神在其包括建筑在内的文化产品中呈现出来的，因此，也可以这样说，是体现地域的文化精神的地域的建筑精神塑造了地域的建筑特色。文章中关于苏州的地域精神与建筑精神的分析和总结应该会有偏颇，也望大家批评、修正和完善，但是，与地域的建筑特色之间的关系或者说逻辑笔者认为是得到正确反映的，通过研究地域文化和地域建筑精神来探索地域建筑特色是一条正确的途径。

5.4　思考与展望——苏州传统地域建筑精神对今天的意义

上文从介绍苏州地域自然环境和社会文化环境出发，分析了它们与建筑及其空间环境营造的关系，考察了地域文化的发展轨迹，并通过分析地域文化的特点，分析梳理了苏州地域的文化精神以及传统建筑及其空间环境营造内在的建筑精神。环境与建筑、文化与建筑、环境与文化等相互之间的复杂联系和互动，以及由此形成的文化特点与地域精神，形成的文化发展和地域建筑精神的线索，笔者认为，对我们今天的建筑创作从思想到思路有着多方面的意义。

5.4.1 传统地域建筑精神在今天依然存在

今天的古城以外的苏州现代城市面貌，确实已没有了古代城市鲜明的个性特色，为什么说传统地域建筑精神在今天依然存在呢？笔者认为可以从以下几方面来看：

（1）从理论逻辑上分析，苏州的地域文化精神不可能消失。不可否认，当今世界文化相互影响的强度是空前的，并且只会越来越强，同时苏州的人口结构中，"新苏州人"已近半壁江山，但这并不意味着一种地域文化必然消失或已近消失，为什么这么说呢，首先，从文化理论上讲，一种强大的文化及其传统有其历史存在的根源并有着更新发展的生命力。文化从过去走到今天走向未来是一个不断的文化的传承和扬弃、创新和发展的连续性过程，不发生极端的情况是不可能说消失就消失的。苏州地域的文化发展历程，如作为大一统的中华文化的规约、两次大规模的中原人口南迁以及到明清时期作为中国文化重心的开放交流等，并没有使从特定的自然环境和"断发纹身"、"饭稻羹鱼"中长出来的原始文化精神消失，反而不断地迎来"草长莺飞"的文化发展的春天，足以证明这一点。今天的新移民之所以在苏州安家落户，很大程度上就是因为他们感到苏州地域文化及其精神与他们的性情或追求合拍，新移民、新文化的到来带来的更多的是促进地域文化及其精神的更新发展。其次，自改革开放后世界文化交流之门打开，就建筑领域讲，外来文化的影响，首先是20世纪80年代的以人文主义价值观为核心的强调文化历史传承的后现代主义，其后，建筑符号学、建筑类型学、建筑现象学等理论进入中国，时至今日，批判的地域主义、新地域主义等探索当代建筑如何体现地域精神、城市设计如何营造具有归属感的环境等话题依然是相关主流话题。因此世界文化交流至少不是对地域文化及其建筑文化的发展起到破坏或促退作用。文化发展的过程反映出的是一种连续性过程，它有着基于文化发展规律的生命力，因此苏州地域文化及其精神不可能消失。

（2）从现实中看，苏州的地域文化精神并没有消失。苏州在新的时代更新发展着自己的地域精神，从苏州地域的人们看待事物的价值观念、对待事物的态度和方式及其审美偏好等方面，我们依然看到传统的地域精神的根，社会文化的规约作用依然在检验着、指引着社会对外来文化的吸收和融合。时代的发展过程中在不断地创造着各种文化形态和文化内容，但文化精神在"文化积累"和"文化发展"中的传承依然清晰可见。以城市建筑及其空间环境为例，尽管，包括笔者在内的建筑师们，由于对建筑本质的认识普遍肤浅，对地域文化精神的认识普遍浅薄，对现代主义建筑的盲目崇拜，对自己的社会责任感普遍较低，以至于我们参与规划设计的建筑与城市空间环境的文化品质比没有建筑师的古人营造的建筑与城市空间环境差得太多，但是，我们还能看到一些地域文化精神有意或无意的流露。如：在苏州，超大尺度的建筑和城市空间环境几乎没有，表达粗犷美的建筑几乎没有，给人以沉重感的建筑几乎没有，城市建筑的总体色彩以淡雅明快为主调，"简约"在苏州并不流行，大体量的建筑被习惯性的分解成小体量，不大的建筑依然还在追求丰富的变化和细节，建筑群体组合依然还在追求形体和空间的变化和丰富性，避免着过于规则和"呆板"……很显然，地域的建筑精神没有死，尽管，这一切很大程度上并不是建筑师们的刻意所为。这也明确地告诉我们，地域文化这只无形的手在规约着我们，社会的审美价值判断在指引着我们。

本章几乎都在讨论苏州过去的地域和建筑精神，而此章的标题是"地域环境与苏州的建筑精神"，笔者之所以没有在"苏州建筑精神"的前面加上"传统"二字，就是因为这种苏州传统的建筑精神在今天确实依然存在着、传承着。尽管，它已很不鲜明了。

5.4.2 地域特色在今天褪色的根本原因

苏州传统的地域建筑特色在今天已很不鲜明了，这是必须面对的事实。但要重新建立地域建筑特色，我们必须先要弄清楚建筑地域特征褪色的根本原因是什么。

至少有相当一部分人认为建筑地域特色消失的主要原因（或者部分原因）是世界大同的现代建筑材料。这种观点笔者认为是错误的，哪怕是部分原因也站不住脚。首先，传统的地域建筑事实上采用的也是世界大同的建筑材料，无非就是砖瓦木石，同时，其材料的丰富性还比我们今天差，如果建筑材料是一种理由的话，那么传统建筑只能比现代建筑的同质性更强。这种观点的错误的本质是把建筑的地域特征理解为了一种静态的东西，理解为了过去的建筑（与今天相比的）的形象特征。我们可以看到，在古代中国，除了西藏、新疆等局部地区，不仅是建筑材料几乎是同样的，还有着几乎同样的木结构框架、构造技术，同样的建筑矩形平面和坡屋顶，乃至同样的院落式平面铺开的空间架构等，但是这一切却没有消灭掉建筑的地域特征，反而形成了各地域鲜明的建筑特色。因此，建筑的地域特征并不来自于建筑材料。

至少有相当一部分人认为建筑地域特色消失的主要原因（或者部分原因）是建筑模式化的生产。这种观点笔者认为也是错误的，同样哪怕是部分原因也站不住脚。建筑模式化的生产其实不是现代工业化生产或现代建筑发明的，当我们把目光停留在传统建筑诸如教堂、宫殿或城堡，这跟我们今天城市的一些标志性建筑一样，其实都不是模式化的生产的结果，但如果我们把目光转向大量性的、构成城市或城镇和村落主体的民居建筑时，我们可以清晰地看到传统建筑从空间到形式到细节以及建造方式方法的模式化。在中国，不仅是民居，还包括了官署、学府、寺庙、祠堂等几乎一切建筑，几乎都是一个模式的。在没有职业建筑师和规划师的过去，人们就是以此建造出了满足功能需要的充满生机的具有地域差异性的建筑和城市空间环境。因此，现代建筑地域特征消失的原因也与此无关。

建筑的地域特色产生的根本原因，是来自于地域人对特定地域自然环境的生活应对和对特定地域自然环境精神感悟，来自于地域文化及其精神。就像上文所揭示的苏州为什么会发展出如此的传统建筑及其城市空间环境特色那样，不同地域有着不同的自然环境和社会文化环境，由此形成差异化的地域文化，塑造出不同的地域建筑精神。反过来，地域建筑也由此反映着、揭示着地域的文化精神。

但是，对于今天建筑地域特征的褪色以及是否还能得以重新建立起来，有非常多的人是持悲观的看法的。看看我国今天的现实，这种悲观确实是有充分理由的。然而，这种悲观的看法或者说把建筑地域特征的褪色归因于全球化（认为必然带来全球文化大同）的看法，笔者认为是错误的。文化层面的全球化之所以形成，是因为其中的现代性的先进性的东西使之具有了扩张性，使世界各国民族地区自觉接受。"作为'现代性'事件的全球化也必须接受各种文明类型和文化传统的思想检验……即由于'现代性'首先源自西方先行的现代化国家和地区，它不可避免地带有其西方先见和视阈，因而对于非西方世界来说，其观念扩张必定具有强势话语的特性，而由它所支撑的全球化社会运动及其普遍化也必须接受异质的或至少是与之不同的文明或文化的批评与检审。"[1] 因此，对外来文化的学习、吸收是在地域文化的规约下完成的，通过这种学习和吸收带来的是地域文化的更新和发展，就像古代苏州地域文化的发展历程所展示的那样。建筑中的全球化带来了早期现代主义建筑把建筑中的共同性和科学性的方面无限放大并由此抹去地域文化的思想，但也带来了上面说到的大量现代建筑地域化的思想。建筑的现代性与地域性其实并不是矛盾的对立面，不是有你无我、有我无你的关系。我们的建筑和城市，之所以变成"千城一面"，是因为我们在追求现代性的同时丢掉了地域性，甚至用现代性去否定地域性造成的。

对于今天建筑地域特征的褪色，其实我们没有那么多所谓的理由，根本原因在我们自己身上，我们做得不对且不够。

5.4.3 发展地域建筑精神是塑造地域特色的关键

我们做得不对，是因为我们的认识有偏差。这种认识偏差，一种是来自整个社会对自身文化的普遍的自我迷失。这种自我迷失使我们的文化自觉和文化自信大打折扣，形成了一种传统文化和现代文化（西方文化）对位以"落后"和"先进"的认识，自己把地域文化抛弃了。另一种是我们将传统文化概念化、脸谱化。反映在建筑创作上，就是对传统建筑简单模仿或符号化，使建筑没有很好地体现"与时俱进"的现代生命力，从而也加深了对"地域特色"还能否保存的怀疑。其实，所谓现代文化及其现代性在建筑中可以理解为对科学性和时代精神的追求，如果我们把地域性简单地理解为地域的传统建筑形式，这显然会产生不可调和的矛盾，但如果用地域精神或地域的建筑精神来理解地域性就并不矛盾。一方面，我们能清楚地看到，就如我上文所分析的苏州传统地域建筑精神，它们跟现代建筑科学与技术、当代生活方式与时代文化精神几乎不存在冲突的地方；另一方面，地域精神或地

---

[1] 万俊人.现代性的伦理话语[M].哈尔滨：黑龙江人民出版社，2002：342-343.

域的建筑精神同时也是一个开放的、发展的概念，指的是地域自身历史发展而来的当下的地域的精神。因此，总结一下笔者想说的意思就是：其一，传统地域文化精神或地域建筑精神并不会无缘无故地在时代发展中消失；其二，文化的具体存在总是时代性的，因此建筑的地域特色所依托的地域文化及其精神总是时代的；其三，今天的城市、建筑是为今天的人服务的，建筑及其城市空间环境的地域特色也就应该主要是通过地域建筑精神的继承和发展来实现，通过适应时代的创新来实现的。

我们做得不够，这是说我们对自身文化的认识、理解和挖掘不够，传统文化精神与现代文化精神的对话与对接没有做好，这是造成今天这样的局面的本质原因。一方面，由于在知识上和生活上越来越远离真切的传统文化，我们对传统文化的无知、曲解越来越严重。作为建筑与城市环境营造的设计师，我们总体来说是辜负了这一称号。我们对自身的文化缺乏研究，我们对地域的文化精神缺乏了解，我们对地域的建筑精神缺乏探究，我们做了一些工作，但更多的是将地域特色推向概念化、脸谱化。"所谓'地域性'，虽然也常常会反映在建筑的外在形式上，但更多地并且首先还应当表现在文化的价值取向上。而地域建筑文化中的那些使自身区别于其他文化的有特色的东西，是那个特定地域和文化中的人们依据其生活方式、文化背景和自然条件在建设自己的生活家园时自然得出的自己特殊的解决方式。"[1] 在这过程中，发展出的地域建筑精神绝大部分与现代生活和现代文化不但不矛盾，而且可以是现代文化的先进内容，不但不应该忽视，还应该发扬和发展。我们在重新认识传统文化及其精神在当代的作用、意义和使命上做得不够，我们在探索如何让传统文化及其精神参与到现代化的进程中来上做得不够，我们没能让优秀的地域建筑文化精神在新时代实现较好的更新和发展。

很显然，发展地域建筑精神是塑造地域特色的关键。我们不必担心传统建筑的形式或形象是否不鲜明了，一个时代总是有自己的形象，也必然要求新的建筑与城市形象。但同时，这"新"并不意味着世界大同，就像古代苏州在中国，在同样的建筑材料、同样的建筑技术、同样的建筑功能、同样的城市内容乃至同样中华大文化观念下，苏州地域展

[1] 徐千里. 全球化与地域性———个"现代性"问题 [J]. 建筑师，2004(3)：70.

现出，并不断更新发展着自己的地域特色一样，就像今天苏州，上文谈到的隐约可见的地域建筑精神所揭示的，地域文化、地域建筑精神是能够在新时代体现出来的，并形成时代性的真正意义上的地域特色。同时，地域文化、地域建筑精神也应该在新时代体现出来，正如万俊人先生所说："民族的文化传统和精神价值理念的现代转化，不仅仅是一个时间与空间维度上的'现代性'转型问题，更根本的是一个如何实现这一目的的方式或道路的问题。文化首先是而且在大多数情况下总是地方性、民族性的，任何跨文化传统的价值目标和价值认同都必须基于这一前提，它关系到一个民族和国家的生存理由和命运，除非人类世界不再存在民族和国家的界限；因此，当我们仍然在一种国际政治多极化和民族文化多元论的权利诉求（甚至包括经济模式多样化的诉求）非但不减反而日益强烈的情形下，来思考全球化中的中国和中国文化时，就不可能放弃对自己国家和民族的政治责任和文化责任。在全球化的'世界体系'和世界实践中，这种责任承诺同时也具有权利申认的意义，它是保持和维护民族独立与国家发展的基石。"[1] 为了这种责任，我们要努力。

本章图片来源（除以下列出外均为作者自绘或自摄）

图 5-1　中国广播网 xj.cnr.cn.

图 5-2　中国华夏遗产网 www.cchfound.cn.

图 5-3、图 5-4　新浪网 citylife.house.sina.com.cn.

图 5-6　苏州历史文化名城保护规划。

图 5-7　百度地图 image.baidu.com.

图 5-8　国图空间 www.nlc.gov.cn.

图 5-11、图 5-12　季松，王海宁.城镇空间解析：太湖流域古镇空间结构与形态 [M].北京：中国建筑工业出版社，2002.

图 5-13、图 5-73　苏州古城地图集 [M].苏州：古吴轩出版社，2004.

图 5-24　姑苏晚报.2013-12-18，A 第 04 版。

图 5-25　木渎景范路传奇 [N] 苏州日报。

图 5-26　中国水产网 www.shuichan.cc.

---

[1] 万俊人.现代性的伦理话语 [M].哈尔滨：黑龙江人民出版社，2002：357.

图 5-28 搜狗百科 baike.sogou.com.

图 5-27、图 5-37、图 5-39、图 5-45、图 5-74、图 5-79、图 5-81、图 5-84、图 5-86、图 5-107～图 5-109 苏州园林设计院. 苏州园林 [M]. 北京：中国建筑工业出版社，1999.

图 5-48 昵图网 www.nipic.com.

图 5-50、图 5-51 国学图库 image.guoxue.com.

图 5-52 百度百科 baike.baidu.com.

图 5-53～图 5-56、图 5-62～图 5-69 薛亦然. 水墨苏州 [M]. 沈阳：辽宁人民出版社，2006.

图 5-57 株洲新闻网 www.zznews.gov.cn.

图 5-58 童寯. 江南园林志 [M]. 北京：中国工业出版社，1963：书籍封面.

图 5-59～图 5-61，图 5-92、图 5-93、图 5-96、图 5-99 （清）徐扬. 姑苏繁华图 [M]. 北京：文物出版社，1999.

图 5-70 百度百科 baike.baidu.com.

图 5-71 沈寿，张謇. 雪宧绣谱 [M]. 重庆：重庆出版社，2010：书籍封面.

图 5-72 百度百科 baike.baidu.com.

图 5-77 曹子芳，吴奈夫. 苏州 [M]. 北京：中国建筑工业出版社，1986.

图 5-78 陈泳. 城市空间：形态、类型与意义. 苏州古城结构形态演化研究 [M]. 东南大学出版社，2006.

图 5-87 四川广播电视台网 news.sctv.com

图 5-88 美术报网 zjdaily.zjol.com.cn

图 5-89 苏州大学官网 www.suda.edu.cn

图 5-90 苏州古城地图集

图 5-91 李弘. 中国古代绘画精品集：（明）仇英. 清明上河图 [M]. 北京：中国书店，2013.

图 5-94 楼庆西. 中国传统建筑 [M]. 北京：五洲传播出版社，2001.

图 5-104 维基百科 zh.wikipedia.org.

图 5-110 人民网 history.people.com.cn.

本章参考文献

[1] 陈华文. 文化学概论 [M]. 上海：上海文艺出版社，2001.

[2] 拉普普. 住屋形式与文化 [M]. 张玫玫译. 台北：境与象出版社，1979.

[3] 钱公麟，徐亦鹏. 苏州考古 [M]. 苏州：苏州大学出版社，2007.

[4] 邓先瑞，邹尚辉. 长江文化生态 [M]. 武汉：湖北教育出版社，2005.

[5] 王卫平，王建华. 苏州史记（古代）[M]. 苏州：苏州大学出版社，1999.

[6] 刘士林等. 江南文化读本 [M]. 沈阳：辽宁人民出版社，2008.

[7] 李学勤等. 长江文化史 [M]. 南昌：江西教育出版社，1995.

[8] 李泽厚. 美的历程 [M]. 北京：文物出版社，1981.

[9] 童寯. 江南园林志 [M]. 北京：中国建筑工业出版社，1984.

[10] 崔晋余. 苏州香山帮建筑 [M]. 北京：中国建筑工业出版社，2004.

[11] 易思羽. 中国符号 [M]. 南京：江苏人民出版社，2005.

[12] 黄建军. 中国古都选址与规划布局的本土思想研究 [M]. 厦门：厦门大学出版社，2005.

[13] 袁忠. 中国古典建筑的意象化生存 [M]. 武汉：湖北教育出版社，2005.

[14] 敏泽. 中国美学思想史：第一卷 [M]. 济南：齐鲁书社，1978.

[15] 严耀中. 江南佛教史 [M]. 上海：上海人民出版社，2000.

[16] S. Nanda. Cultural Anthropology：Belmont [M]. CA: Wadsworth，1987.

[17] 陆文夫. 老苏州：水乡寻梦 [M]. 南京：江苏美术出版社，2000.

[18] 刘士林. 江南文化的诗性阐释 [M]. 上海：上海音乐学院出版社，2003.

[19] 居阅时. 园道——苏州园林的文化含义 [M]. 上海：上海人民出版社，2012.

[20] 陈从周. 园林谈丛——说园 [M]. 上海：上海文化出版社，1980.

[21] 俞绳方. 苏州古城保护及其历史文化价值 [M]. 西安:陕西人民教育出版社，2007.

[22] 李泽厚. 中国古代思想史论 [M]. 天津：天津社会科学院出版社，2003.

[23] 王国维. 人间词话 [M]. 上海：上海古籍出版社，2004.

[24] 万俊人. 现代性的伦理话语 [M]. 哈尔滨：黑龙江人民出版社，2002.

[25] 廖志豪等. 苏州史话 [M]. 南京：江苏人民出版社，1980.

[26] 石琪. 吴文化与苏州 [M]. 上海：同济大学出版社，1992.

[27] 文化部文物事业管理局. 中国书画 [M]. 上海：上海古籍出版社，1990.

[28] 王文清. 江苏史纲：古代卷 [M]. 南京：江苏古籍出版社，1993.

[29] 陈开俊等. 马可·波罗游记 [M]. 福州：福建科学技术出版社，1982.

[30] 吴志达. 明清文学史：明代卷 [M]. 武汉：武汉大学出版社，1991.

[31] 康富龄. 明清文学史：清代卷 [M]. 武汉：武汉大学出版社，1991.

[32] 段本洛，张圻福. 苏州手工业史 [M]. 南京：江苏古籍出版社，1986.

[33] 刘敦桢. 苏州古典园林 [M]. 北京：中国建筑工业出版社，1979.

[34] 曹林娣. 苏州园林匾额楹联鉴赏 [M]. 北京：华夏出版社，1991.

[35] 宗白华. 美学散步 [M]. 山海：上海人民出版社，1981.

[36] 冯友兰. 中国国哲学简史 [M]. 北京：新世界出版社，2004.

[37] 李伯重. 多视角看江南经济史 [M]. 北京：生活·读书·新知三联书店，2003.

[38] 钱杭等. 十七世纪江南社会生活 [M]. 杭州：浙江人民出版社，1996.

[39] 葛兆光. 中国思想史：第二卷 [M]. 上海：复旦大学出版社，2000.

[40] 苏州园林设计院. 苏州园林 [M]. 北京：中国建筑工业出版社，1999.

[41] 曹林娣. 中国园林文化 [M]. 北京：中国建筑工业出版社，2005.

[42] 王鲁民. 中国古代建筑思想史纲 [M]. 武汉：湖北教育出版社，2002.

[43] 王振复. 中华建筑的文化历程 [M]. 上海：上海人民出版社，2006.

[44] （唐）陆广微. 吴地记 [M]. 南京：江苏古籍出版社，1986：37.

[45] 王稼句. 苏州旧闻 [M]. 苏州：古吴轩出版社，2003.

[46] 张怡，潘文明. 苏州市志 [M]. 南京：江苏人民出版社，1995.

[47] 杨保军. 人间天堂的迷失与回归——城市何去？规划何为？[J]. 城市规划学刊，2007,6（172）：13-21.

[48] 余亮茹，陈琳. 基于规划视角的城市文化特色思考 [J]. 城市规划学刊，2008(z1)：112-115.

[49] 汪德华. 试论水文化与城市规划的关系 [J]. 城市规划汇刊，2000(3)：29-36.

[50] 田兆元. 秦汉时期太湖与东南地区学术发展趋向研究 [J]. 荆州师范学院学报，2003(1).

[51] 江苏吴县张陵山遗址 [J]. 文物，1986(1).

[52] 陈淳. 太湖地区远古文化探源 [J]. 上海大学学报, 1987(3).

[53] 俞绳方. 论中国古代苏州的城市规划思想 [J]. 建筑师, 1998(6).

[54] 纪庸. 记苏州的园林 [J]. 雨花, 1957.

[55] 徐千里. 全球化与地域性——一个"现代性"问题 [J]. 建筑师, 2004(3).

[56] 李华. 从徐扬《盛世滋生图》看清代前期苏州工商业的繁荣 [J]. 文物, 1960(1).

[57] 陈学文. 明清时期的苏州商业 [J]. 苏州大学学报, 1988(2).

[58] 苏州博物馆, 吴江县文物管理委员会. 江苏省吴江龙南新石器时代村落遗址第一、二次发掘简报 [J]. 文物, 1990(7).

[59] 朱逸宁. 晚唐五代的诗性文化 [J]. 江苏大学学报: 哲学科学版, 2004(1).

[60] 陈泳. 古代苏州城市形态演化研究 [J]. 城市规划汇刊, 2002(5).

[61] 曹林娣. 苏州园林与生存智慧 [J]. 苏州大学学报: 哲学社会科学版, 2004(5).

[62] 葛昕. 尊重并超越从苏州新建筑的演变看传统与现代的融合 [J]. 时代建筑, 2009(1).

[63] 卢波, 贡恩东, 郭雅洁, 朱锋. 全球化语境下的苏州建筑实践思考 [J]. 新建筑, 2010(2).

[64] 苏简亚. 苏州文化的人文精神 [N]. 苏州日报, 2006, 10.

[65] 沈福熙. 精神的物化（一） 室雅何须大, 须知书户孕江山——中国古代建筑空间新论 [J]. 室内设计与装修, 1999（1）.

[66] 王牧原. 苏州传统建筑空间精神研究 [D]. 苏州: 苏州科技学院, 2008.

[67] [EB/OL] http:// www.WHSZ.GOV.CN.

6 贝聿铭的探索——阅读苏州博物馆新馆的几点体会[1]

关于苏州博物馆新馆（以下简称苏博新馆）的评论文章有很多。笔者借生活在苏州及职业之便，对发生在家门口的这一建筑事件进行过全程的关注，现在博物馆又免费开放，走过路过从不错过，每次均有新的体会感想，情不自禁，也来凑个热闹。贝聿铭先生说苏博新馆是他设计生涯中最大的挑战[2]，笔者想这是真心话。如何在这特定的地点培植属于这块土壤的现代建筑（即如何"中而新，苏而新"[3]），如何处理与古城、与基地周围环境尤其是忠王府与拙政园的关系（即如何"不高不大、不突出"[4]），并在此前提下，设计出有创新性的和标志性的建筑，是"世界级"的难题，也是我们研读苏博新馆的价值所在。借此文就以下几个方面谈谈笔者阅读苏博新馆的个人体会。

6.1 关于布局

从对特定环境的分析开始，结合各种因素，寻找既具有说服力又有表现力的答案，是贝先生在布局中反映出的一贯思想。就苏博新馆而言，个人认为有以下两点是值得我们分析和思考的。

一是南北向空间布局背后的思想。苏博新馆的基地，东南西北四个方位，北是拙政园西园，东是忠王府（苏州博物馆老馆），南是传统街道的东北街及东北街河，西为城市道路齐门路（图6-1）。就基地条件而言，苏博新馆的出入口放在西侧还是南侧（即东西布局还是南北布局）是可

[1] 曾发表于《苏州科技学院学报》（工程技术版）2008年04期。
[2] 徐宁，倪晓英.贝聿铭与苏州博物馆[M].苏州：古吴轩出版社，2007：30.
[3] 这是贝先生在多种场合介绍自己设计思想时所说。据报道"中而新、苏而新"是在第一次对苏博新馆项目设计进行论证时，罗哲文先生首先给贝先生提出的（见姑苏晚报2006年10月7日A2版"这是一种新老建筑的对话"一文）
[4] 这是贝先生在多种场合介绍自己设计思想时所说。据报道"中而新、苏而新"是在第一次对苏博新馆项目设计进行论证时，罗哲文先生首先给贝先生提出的（见姑苏晚报2006年10月7日A2版"这是一种新老建筑的对话"一文）

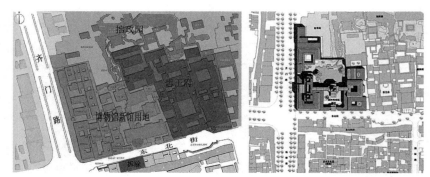

图 6-1　基地环境　　　　　　　　　　图 6-2　总平面

选择的。但事实上东西布局存在着明显的优点。由于出入口在城市道路齐门路上，并有较宽的展开面，其优点一是便于设置广场，比南北布局更易组织车流和人流及解决停车问题；二是由于有较为舒展的广场，建筑形象更易处理；三是可避免与去忠王府、拙政园的游客人流交杂、混行；四是作为一个新建筑可回避南北布局带来的建筑出入口与忠王府出入口紧邻并置易产生的形象冲突。而南北布局相比之下唯一可以成为优点的是与传统的营建模式相一致。从中我们看到，在贝先生的思想中把建筑与其所处的物质与文化环境的关系放在了最高的位置，其他因素均应为之让路，而南北布局的缺陷可以通过自己的"妙手"来克服。

贝先生的设计（图 6-2）一方面是大门朝南开，前临街、河，后筑园林，这种与苏州典型传统建筑布局一致的做法，楔入了地域的建筑文化。另一方面是中轴线南端与东北街河锚固，北端指向拙政园。主庭园与拙政园西园隔墙呼应，水脉相通，既有文化之源延续之意，又弥补了原水系冗长且无结尾的缺陷（可惜的是，这一构思在实际中并没有表达出来），使得苏博新馆妥帖地楔入了环境脉络中。贝先生为博物馆设计了前院，由此形成了围墙与大门的传统形式，并以此保证了东北街传统街道空间的形式和尺度。同时前院把人流引入，减少了对东北街的影响。把东北街改为步行街后，车流问题也可以说是解决了。

二是东低西高建筑布置中的构思。好的构思必然是在建筑的外在要求与内在要求之中寻找答案。苏博新馆的外在要求就是"不高不大、不突出"，内在要求就是自身的内容与功能要求及建筑形象的塑造与展现。面对这两方面的要求，仅从"不高不大、不突出"为立足点，除了地下一层外，建筑地面全部一层在用地上是放得下的（东展区现代艺术展厅是在贝先生要求下加出来的，如果把它改为特展区，庭院空间都不需缩小），但贝先生似乎从没这样考虑过。因为从第一轮方案、中间的多次调整到最终的实施设计（图6-3），这局部二层的构思从未变过。贝先生的思路中，在满足与周围空间、尺度等的协调及尽量避免对忠王府、拙政园的视觉影响的前提下，建筑依然是需要有一定高度的。这对高度的坚持，除了有建筑轮廓线的理由外，笔者认为显然来自于贝先生对建筑标志性的追求（见"关于造型"一节）。那么剩下的就是这局部二层做多大，放在何处及放什么展品最合适（因为这局部二层在人的心理上是有特殊性的）的问题。做多大？当然是尽量小。放在何处？贝先生的结论是放在西侧，对此我们立刻想到的是避开对忠王府与拙政园的视觉影响。而事实上由于西侧临城市道路齐门路，也是贝先生追求标志性的最佳位置。这种一举两得是贝先生在方案的多次调整中从未改变的原因。那么放什么展品呢？贝先生在此安排了苏州"明代四大家"（唐伯虎、文徵明、沈周、仇英）的书画展厅。这显然是最合适的安排。一方面一些巨幅中堂挂轴需要相当的空间高度，独立设在二层可不受其他空间的高度牵制；另一方面，它们是苏博新馆内容相对丰富、又最具地域人文价值的藏品。

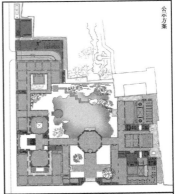
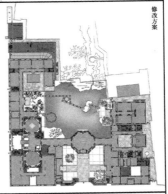
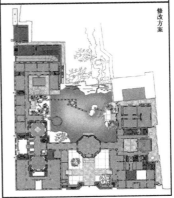

图6-3 建筑方案的变迁（红线部分为高体量）

6.2 关于空间

　　空间与功能、空间与内容、空间与光及空间中人的移动，这些均是贝先生空间设计的心得。而在苏博新馆中贝先生试图把这一切与吴文化的建筑空间精神统一起来，使得苏博新馆的空间与他以往的建筑有了本质的不同，笔者体会较深的有以下几个方面。

　　一是"园林式"的空间组织。园林式的空间组织是以建筑平面铺开、廊道串联为基础，室内外空间作为整体，视线设计作为核心的一套设计手法。贝先生所设计的博物馆，早期的如华盛顿国家美术馆东馆，近期如德国国家历史博物馆扩建等，均有一个相当体量、空间变化丰富的共享空间作为博物馆的空间标志与交通枢纽，并以此为中心展开对展厅空间的组织。在苏博新馆中，贝先生放弃了他驾轻就熟的手法，试图探索一条地域化的空间路线。参观者进大门过前院，首先进入中央大厅，大厅南北东西四个方位，往南看是入口方向，博物馆的门楼框出一幅苏州老街河巷的画面，往北看是与拙政园一墙之隔的主庭园及对围墙后面的想象，东西两个方位是平面对称的长廊，视觉的终点东面是室外的"紫藤院"西面是室内的"荷花落水庭"。通过长廊空间的不同处理及长廊终点视觉内容的差异巧妙地明确了流线的主次。沿着视线往前走，空间或收或放，视线或通或阻，引导着你继续向前。有节制的窗景往往出现在视觉通道上，散落着的小院与自然光影时而出现，强化着我们熟悉的空间感受。面对以展品、展览空间为主角的博物馆，就像当年创造性地把波特曼的"共享空间"移植到东馆一样，贝先生大胆地把"园林式"的空间移植到苏博新馆中，形成了一种全新的博物馆空间形态。与东馆不同的是，前者为人们提供了博物馆新的空间感受，而后者则实现了与地域文化的对接。凡来博物馆看展览的观众均添了一份逛园林的心境。

　　二是各类空间中的匠心。各类空间如前已提及的中央大厅，贝先生有意控制着它适当的尺寸，四面通透，八方玲珑（大厅为八边形，小边开菱形景窗），加上收缩升起的采光顶，使得大厅糅合了传统与现代，现代感的造型中透着明显的地域建筑的空间精神。又如配合茶室设置的静态特征的紫藤院休息空间、结合竖向交通构筑的动态特征的

图 6-4　文物类展厅

图 6-5　展厅的几何形体空间

荷花落水庭等各类空间，也都透射出贝先生的匠心。此外，个人认为，展厅和走廊是苏博新馆设计中值得一提的。

　　展厅设计的难点在于对空间与展品的关系的把握。如何保证展品成为空间的主角，但又不失去空间的自我，贝先生的策略是从展品中寻找空间的自我。在苏博新馆中，展厅空间的尺度与性格是配合展品的大小和内容对应地设计的，上文的"明代四大家"书画厅便是一例。而对于大部分的展厅，贝先生认为："苏州博物馆的收藏以小件工艺品为特色……建筑比例应该与陈列物品相称。"[1] 在建筑快竣工时他又把最大的展厅（200m²）一分为三，分别展出文房四宝、工艺品和竹木牙雕，使展厅区别于我们熟悉的大尺度空间，显得亲切小巧。两坡顶、钢结构暴露隐喻传统木屋架形式及色彩的地方化处理，文物类展厅使人犹置身私家宅院，具有"像在家里观赏古玩"[2] 般的亲切与轻松（图 6-4）。而针对展品的内容、价值，在展厅的位置及空间的性格上也进行了相应的处理。对于苏州博物馆的两件镇馆之宝——虎丘塔和瑞光塔塔心室发现的五代越窑青瓷莲花碗与北宋真珠舍利宝幢，贝先生为此设计了"塔形"（八边形）平面的永久性展厅，展厅位于最显眼且人流必经之处，展品置于"塔心"。对于博物馆的现代艺术展厅，由于其内容的不同，展厅空间则呈现出现代感的几何形体空间（图 6-5）。

　　通过廊道来组织空间，并刻意强调了廊道空间，显然是贝先生对建

[1] 林兵.贝聿铭的中国情怀[M]//（德）波姆.贝聿铭谈贝聿铭.上海：文汇出版社，2004：169.

[2] 徐宁，倪晓英.贝聿铭与苏州博物馆[M].苏州：古吴轩出版社，2007：84.

图 6-6　苏博新馆与日本美秀博物馆的对比

筑空间地域性的追求。在苏州园林或民居中,走廊一侧(或两侧)是开敞的,敞向园林或庭院。开敞性是廊的基本属性。但是博物馆中,尤其是展区组织展厅的走廊,这样设计显然是不合适的。设计上沿着走廊一侧排列开来的展厅敞向走廊,廊的另一侧几乎是封闭的墙。这样做符合博物馆的主题,规定了人们的视线。但仅仅如此,廊就只是使用功能上的交通道而失去了自我,贝先生巧妙地把廊敞向天空,既使廊获得了一定的开敞感,配合顶部两坡形式的木色遮光条,又让人获得了似曾相识又新颖独特的空间感受。木色遮光条传达着传统的信息,控制着光照的进入量,并形成了变动的光影。找回自我的廊,显现出一条清晰的交通道,其功能性也更加突出了。有人说木色遮光条的运用重复了日本美秀博物馆的手法,但如果我们仔细观察地话,可以看到贝先生二者的追求及实际取得的效果是不同的,借助空间形态与构成要素的不同,苏博新馆的空间有着明显区别于美秀博物馆的地域精神(图 6-6)。

6.3　关于造型

关于苏博新馆的造型贝先生试图想让我们看到的是传统的精神而非传统的形式,在传统与现代中寻找着第三条路线。有不少有关苏博新馆文章均论及造型，笔者谈一点从局部造型中体会到的贝先生的片断思想。

一是屋顶形体中的构思。在传统建筑中，屋顶是建筑造型的重要内容。贝先生在苏博新馆设计中抓住并强调了这一特征。几何形体组织起来的深灰色坡顶，跨在传统与现代之间，形成了苏博新馆鲜明的个性。屋面别出心裁地采用了在传统建筑中出现在照壁等墙面上的方砖 45°拼贴的手法，这种借用改变了传统屋面的形象却又有与传统的联系，同时与苏博新馆室内的铺地形成了呼应。

苏博新馆屋顶主要有两种形式，一是屋脊错落形成采光高窗的双坡顶，构成苏博新馆屋顶的基本形态。通过这些屋顶形成了与古城建筑肌理尺度相协调的总基调。二是两层高的中央大厅与"明四家"书画厅的屋顶。与传统建筑强调整体（群体）面貌而不突出单体个性不同，贝先生在形成建筑整体面貌的同时，试图强调建筑的标志性，而屋顶形体是贝先生借助的主要手段。从这组两层高的屋顶形体上，我们看到他以下几个方面的想法：一是要有一定的高度，二是体量不能太大，三是形象要有个性。因而设计中，中央大厅与书画厅的高度一度达到16.9m 和 16.5m（后被分别调整为 15.3m 和 16m）。而造型上贝先生没有沿用一层屋顶仿传统坡顶的思路，设计了几何形体切割升起的造型，从而减小体量并形成形象个性。由于主入口不在城市道路上，贝先生显然很希望在城市道路上有一个标志性的形象。因此，对书画厅的一对屋顶（靠近城市道路齐门路）有意识地进行了拔高强调。当然贝先生对这组屋顶形体还有更深一层的构思，那就是把中央大厅的造型刻意地"重复"书画厅的造型，以此强调这一标志性形象。当人们进入博物馆大门时，人们由远观而获得的苏博新馆的意象，再次获得了"确认"与强调，像序曲与主题的关系一样成为苏博新馆视觉上的第一乐章（图6-7）。

二是墙体设计里的思想。深灰色花岗岩色带划分、勾勒白色墙面是苏博新馆墙体的形象特征。东方和西方艺术上的差异，前者强调对"线"的审美，后者突出对"体"的表现，无论是书法（西方没有）、绘画还是雕塑，东方艺术无不表现出这种"线"的审美特征，李泽厚先生称之为"线的艺术"。建筑也一样，单体的檐、脊、柱、架（木屋架）

图 6-7　苏博新馆鸟瞰

图 6-8　线与体的造型

和群体平面铺开的线型串联组织,均强调了"线"而不是"体"这一特征。贝先生没受缚于传统的建筑型制,而是抓住了这一艺术精神。对墙体的如此处理,我们可以把它理解为贝先生是在像传统绘画那样进行白描和勾勒,或者干脆就是在白纸上横竖撇捺。尽管在传统建筑中我们很难找到类似的形象,但我们对此没有陌生感(图 6-8)。同时这种对墙面的划分又不是随意的。对大墙面的划分起到了减少建筑体量感的效果;墙上部的再划分完成了墙面与屋顶的过渡;对洞口的勾勒突出了洞口的画框感;而对墙转角延伸至屋顶的勾勒,则是强调了墙与顶的连续性。

苏博新馆的造型有鲜明的形体特征和富有表现力的建筑形象，但这些是怎么得来的呢？除了上文所述，笔者认为在建筑造型"线"的特征的背后还有一个明晰的"体"的特征。贝先生没有放弃自己的特长和爱好，依然把建筑作为体块来处理，或者说是把"体"与"线"结合了起来。如果把中国传统建筑墙体与屋顶的关系看成是加法（叠加的关系）的话，贝先生的形体处理是减法，是把建筑看作一个体块进行切割，这是贝先生常用的手法，但以往这样的切割通常是二维的（如东馆等），而在苏博新馆是三维的。因而墙面与屋面乃至升起的顶部造型是整体的、连续的、具有体积感的。贝先生在苏州接受《纽约时报》记者采访时，说了这样一番话："我不想要一个完全苏式的灰瓦飞檐，我需要一些新的东西来替代，发展建筑的体量……我就让墙爬上了屋顶。"[1]这番话让笔者悟到了很多东西。贝先生的建筑中，墙与顶不是相互独立的而是一个整体，而"线"除了自我表现外，在这里扮演着"穿针引线"的角色。

6.4 关于庭园

庭院往往是苏州传统建筑的要件，园林则是指旺族家宅或重要建筑的一部分，它们整体构成了苏州建筑文化的特征。因而贝先生心目中的苏博新馆是不能没有庭园的。在西方，建筑与园林在精神上往往是分离的，而在中国它们是一个整体。对这"中式"现象的现代解释通常是建筑与环境的融合，"图"与"底"的相互转换，室内外空间的相互渗透等，但事实上古人就没有想过要区分所谓的建筑与所谓的环境，它们从来就是相互依存的整体。如此来看苏博新馆，如果说香山饭店的设计在思维上是"中西合璧"的话[2]，那么在苏博新馆的设计上，贝先生的思路可以说是较全面地切换到了"中式思维"。由此庭与园作为苏博新馆整体的一部分，也就扮演着不可或缺的角色。因而，苏博新馆就有了园林（主园）、有了入口前院、紫藤院、宋画斋院、荷花落水庭，以及分

[1] 苏州日报倪晓英提供。
[2] 贝先生在接受《纽约时报》记者采访时所说："我想要改进，（香山饭店的设计）庭院虽有传统园林味，但建筑本身没有多少园林味。"在苏博新馆的设计中"希望保留中国真正的庭院传统，并注重思考建筑在其中应有的风格"。

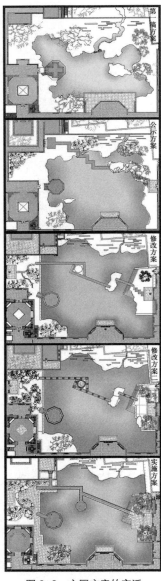

图6-9　主园方案的变迁

布在各处的"无名"小院。尽管对这些庭院自身的设计有一些不同的评价，但我们应该看到贝先生深刻的思想和取得的整体效果。

苏博新馆是必须要有主园的，因为它是贝先生另一种形式的"共享空间"。谈主园可能要先看一下贝先生的创作过程。在我们见到的第一轮方案至最终的实施方案，苏博新馆的建筑均是一些不大的调整，而主园的变化非常之大（图6-9）。从中我们能从侧面看到一点贝先生的思考与探索过程，看到从朦胧的构想到逐渐清晰的创作思路。贝先生给自己的任务是设计一个现代的但又是苏州的园林，但如何现代又如何苏州，显然困扰着贝先生很长一段时间。最终贝先生找到了自己的答案：保留传统园林的构成要件及要件的组合方式，对各要件自身的形式进行创新。对于构成苏州园林的要件，童寯先生有个形象的比喻，他把"園"字拆而解之："'囗'者围墙也；'土'者形似屋宇平面，可代表亭榭；'口'字居中为池；'人'在前似石似树。"[1] 墙、亭、池、石、树这些要件在贝先生最终的实施方案上一个不少地被用上了，而对于要件的组织方式如流线、视线、对景等的组织，动与静、虚与实、大与小等对比呼应的手法，均认真进行了运用。限于篇幅，在此不作详解了，但无论如何，笔者眼中的主园，如果没有对苏州园林进行深入的研究及缺乏很高的自身修养是做不到的。如果这样的描述不够形象的话，我们来对比着

[1] 童寯. 江南园林志 [M]. 北京：中国建筑工业出版社，1984：7.

看一下"网师园"（图 6-10），我们应该能从中悟到对园的组织思路异曲同工之处。贝先生试图把握住苏州园林的内在精神，使得他在对园林各要件进行创新以使主园呈现出时代的面貌时，不会失去它的灵魂。

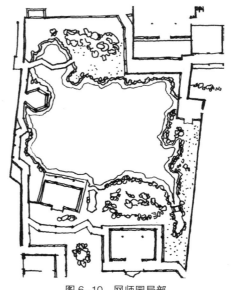

图 6-10　网师园局部

对于园林各要件的创新，假山是园林中重要且最难处理的部分，既不能仿古（没有新意），又不能做成现代雕塑（没有古味），贝先生机智地求助于古代山水画，给了我们一个以白墙为纸的"贝氏假山"。水池在造园中其池岸形态和池岸处理是关键，贝先生对此很清楚。因而他犹豫了很久，但最终放弃了传统的形态和做法，彻底地采用了直线硬接，呈现了现代感的明快、简洁。植物放弃了传统园林追求的层次性和丰富性，突出了单株的观赏，具有了不同于传统园林的现代感。亭的形象脱胎于传统，而进行了换骨，钢骨架的支撑体系加上玻璃顶，使亭有了新的形象和空间效果。而横贯水面的桥，观察其演化过程我们能从中看到贝先生的思路逐步成熟及对设计的推敲与完善的过程。先是放弃了传统的"九曲"[1]，后是不断地加长并简化，以突显增加景观层次的作用，并表达造园所追求的"人在景中，景在人中"的思想。而桥的最后改变，表面上看是桥的简化和观景台的独立，并且在形式上似乎没有改变前好看，但其背后的思想与效果一是把造园讲究的"动观与静观"[2]，即桥的动观与台的静观，明确地区分了出来；二是以此进一步突出了景观的主题——以白壁为纸，以假山为绘。

从一开始对传统园林摹拟中的求变求新，到抓住灵魂后的大胆创

---

[1]　传统中对园林中较长的桥均要几度转折，俗称九曲桥。

[2]　陈从周．说园[M]．上海：同济大学出版社，1984.

新，主园的设计展示了贝先生的悟性和智慧。我们不能说主园的设计是完美的，也不能把它直接与苏州古典园林作比较，然而正如方振宁先生在他的博客上所说："苏州有那么多园林……可是到了现代，苏州没有一座新园……苏州博物馆新馆，就是现代苏州唯一的新园。"这可能就是它的最大的价值，也是巨大的贡献了。

6.5 结语

对于苏博新馆的选址曾引起过争议，但委托贝先生来设计苏博新馆没有人提出过异议。其主要原因笔者认为不只是贝先生的中国或苏州背景，而更是他一贯的尊重环境的创作思想。贝先生专注于在特定的环境中寻找令人意想不到、富于表现力且又非常合理的答案，并且总能够成功。这种"情理之中意料之外"的中国人所推崇的最高境界，在贝先生的设计中多次出现，因而大家自然地以这样的期盼，投入到了苏博新馆上。这种期望值使得对苏博新馆建筑出现了或失望或惊喜的不同议论。这些议论大多集中在造型、庭园及一些细节上，笔者才疏学浅，无力作什么论断，但另外还有一种议论可能更重要，就是在苏州这样的历史古城中，形式的创新的尺度到底可以有多大？像苏博新馆这样的设计，应该作为个例，还是具有普遍的意义？这虽不涉及苏博新馆本身，却是一个方向性问题，不该只是议论。

平心而论，作为一个建筑群，在这样一个特殊地点，其"外观"是很难甚至没有必要给人"惊喜"的。但总体上讲，贝先生给了我们一个"惊喜"的"内观"。可以说贝先生是深刻分析了苏州传统建筑的环境脉络、空间精髓和建筑与园林文化的精神内核，并把它们作为设计苏博新馆这一现代建筑的精神土壤，献给了我们一个跨越历史的时代建筑。

* 感谢苏博新馆设计中方合作单位苏州市建筑设计院有限公司提供相关资料，感谢苏州日报社提供相关照片。文中图片为作者根据相关资料加工而成。

本章参考文献

[1] 徐宁，倪晓英．贝聿铭与苏州博物馆 [M]．苏州：古吴轩出版社，2007．

[2] 林兵．贝聿铭的中国情怀 [M]//（德）波姆．贝聿铭谈贝聿铭．上海：文汇出版社，2004．

[3] 童寯．江南园林志 [M]．北京：中国建筑工业出版社，1984．

[4] 陈从周．说园 [M]．上海：同济大学出版社，1984．

第二部分 关于吴地建筑地域特色的创作

7 住在园林里——"润园"住区的设计探索[1]

7.1 引言

　　"润园"[2]住区项目地块，原为一厂区，根据城市总体规划，厂区搬迁后改为居住用地。由于此地块位于苏州古城中，东与世界文化遗产拙政园一街之隔，南与平江历史街区相邻（图7-1），地理位置非常特殊，因而"建设项目规划要点"对建筑造型（传统风格）、建筑高度（屋脊高小于10m）、容积率（小于0.35）均提出了严格的控制要求。在综合分析多方面客观因素和条件以及苏州人传承至今的生活观念和居住理想后，我们提出"住在园林里"的规划设计目标，以求在满足规划要求、配合古城风貌建设的同时，探索体现苏州地域居住文化精神的规划思路与设计方法。

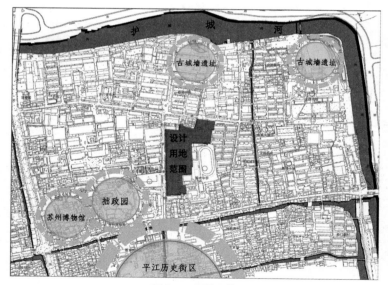

图7-1　项目区位

[1] 曾发表于《现代城市研究》2014年02期。

[2] 润园（曾用名：拙政东园）园林住区设计获江苏省第十二届优秀工程设计二等奖。主要设计人员：勇坚、丁伟、程方、殷新。设计合作单位：苏州市园林建筑设计院有限公司。

7.2　规划设计理念

"住在园林里"是今天的苏州人依然割舍不掉的情结，规划设计的核心是如何把苏州的园林文化和居住文化在现代小区中进行完整意义上的表达。落实到具体的规划设计理念上，我们认为应体现在以下三个方面：

（1）住区环境园林化。园林化不是简单地把住区的公共场所和节点空间进行园林化设计，而是体现园林文化的住区环境整体意义上的园林化，是园林之魂渗透进住区环境精神的园林化。它的直观体现应该是——进入小区就如进入了园林。

（2）居住空间庭院化。庭院化不是简单地筑个围墙、造个院。苏州传统民居中穿插庭院与天井的形式特征，其背后是一种地域的居住文化，居住空间的庭院化应体现的是这种居住精神。它的直观体现应该是——进入居住空间就让人感受到一种生活方式和生活态度。

（3）建筑形象地域化。地域化不是简单地仿古，虽在"规划要点"上建筑形象已明确要求"传统风格"，但由现代住宅的居住功能带来的建筑空间的组合方式和建筑的比例尺度，必然使建筑形象的设计不可能就"传统"生搬硬套，设计必须结合居住功能和现代审美进行地域化探索。它的直观体现应该是——属于传统苏州的今天的建筑。

7.3　问题解析

在规划设计理念落实到具体的规划设计的过程中，我们发现要实现"住在园林里"这一目标还有很多的问题有待解决。

首先从规划层面看，我们发现无法按设计园林的思路来规划小区。园林的尺度是人，小区的尺度是车；构筑园林空间形态的主导依据是景观，构筑小区空间形态的主导依据是日照间距。我们同时发现，目前我们能见到的类似的小区规划设计大都采用这样一种模式：现代小区规划常规模式＋建筑形象上保持传统风格（或把传统建筑元素作为符号嵌入）＋将园林景观引入小区环境设计。这种以日照、绿地、汽车交通为前提的规划理念及由此产生的设计手法能自然地解决好现代住区功能问题，但难以构筑具有文化传承特征的场所，传递来自于古典园林的空间精神，这种将苏州传统人文精神的载体（传统建筑形象与园林景观）仅仅以符号的形式嵌入的方法及其所取得的效果与我们"住在园林里"的理想目标相去甚远。我们也尝试借鉴传统，但它无法提供与"住在园林里"具有适应性的理念或方法。传统的户的单位是由私家园林与住宅两部分组成，我们试图对其进行改造并以此为基本单位构筑小区，但其结果是必然形成类似街坊的平面与空间形态，先不论这种形态本身与设计目标不一致，更大的问题是在完成小区公共空间环境的构筑及道路交通的组织后，我们看到的却是以行列式为基本形态的现代小区规划平面与空间形态。

其次从建筑层面看，虽然寻找联系传统与现代的各种建筑探索和工程实例有很多，但很难直接借用，因为对照我们的设计条件与设计目标在不同方面均有距离。"住在园林里"不是把住宅放入园中就完成了，建筑与园林在空间上的关系，建筑自身的平面与空间的形态等均是问题的核心。而这一切的本质实际上又是如何实现"诗意的生活"的问题。目前常见的中式住宅大多是在现代通行的独立式住宅的外观附上传统建筑形象元素（再配一个院子），这种模式具有对现代生活的适应性，但作为思想背景的现代主义功能理念，本质上所能表达的是功能布局紧凑和建筑内部流线组织便捷高效的"科学的生活"，渗透其中的西方建筑精神缺乏庭院概念，传递出的往往是环境与建筑分离的理念特点。传统的园林式住宅（通常是"宅＋园"的模式）（图7-2）也无法直接借用，虽然它具有"诗意的生活"的特征，但它存在三个方面的问题，一是苏州传统私家园林是居住空间的附属，在空间上与居住空间往往并不是一个整体，这种宅与园总体上相互分离的形式不是我们所要追求的；二是居住空间是以"院落"为单位的平面串联形式，如不做本质上的改变，无法很好地满足现代生活观念及使用要求；三是一个完整的私家园林再加上居住空间须具备足够的用地面积，这也显然远离了本项目的设计背景和客观条件。

此外，建筑形象的塑造在本案也不能借鉴一些设计作品所探索的"现代中式"的创造思路，因为"规划要点"已对此提出了明确的仿古要求。而传统建筑是有营造法式和法则的，建筑的体型体量、比例尺度和组合方式一旦与传统建筑出现明显的差异，生硬地仿古就很可能会失去传统建筑的神韵以及美感。

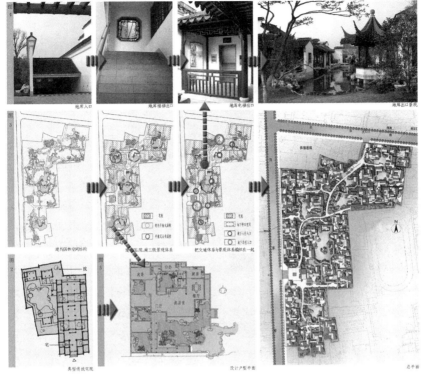

图 7-2　相关分析图

7.4　规划设计策略

从规划设计理念出发，通过对问题的分析，我们逐渐清楚地认识到摆在我们面前的是：现代住区如何构筑源自传统的园林空间、现代住宅如何表达庭院生活的居住精神以及设计如何使古典园林审美与现代人的审美的对接。我们必须寻找新的规划设计思路和策略。

7.4.1　规划策略

1. 建立"园"、"院"、"庭"三级景观空间体系（图 7-3）。

"园"即为小区，把小区理解为一个大园林，首先把园林景观的空间组织结构替代居住小区的空间组织结构，当然这种替代必须考虑相互间的适应性。其次园林中的各景观节点空间作为小区核心空间及各组团

图 7-3　组团公共空间 1

的公共空间，通过园林手法，各节点空间之间获得或视觉廊道上的，或景观流线引导上的联系（图 7-4）。

"院"即为宅院，我们把宅院理解为宅与"园"间的一个过渡空间，一个次一级的迷你园林。它属于宅，但又与"园"在空间上形成整体关系。这就要求"院"既有一定的封闭感又有一定的开敞性，由此获得了一个空间层次。建成后的事实证明，这一空间层次的建立（相对于全封闭和全开敞）对小区园林景观的塑造和园林氛围的营造起到了极其重要的作用（图 7-5）。

"庭"即为庭院，我们把庭院理解为生活空间的一部分。在这里没有作为居住空间的"室内"和作为庭院的"室外"之间的区分，它们一起构成了生活空间这一整体。我们认为，这是庭院式生活的核心，是"诗意的生活"的起点（图 7-6）。

图 7-4　公共空间（左）与组团公共空间 2（右）

图 7-5　一住宅的院　　　　　图 7-6　一住宅的庭

图7-7　小区道路

  "园"、"院"、"庭"三级景观空间体系，构筑了"住在园林里"的基本框架。使公共的"园"与私有的"院"互为借景，形成"园中有宅，宅中有园"的宅园交融的景观。通过这种对传统宅和园空间关系的重构来实现传统园林精神在现代住区中的表达。

  2. 建立"诗意"的立体交通体系（图7-2）

  放弃独立式住宅通常自带车库的模式，借鉴多、高层住宅区常用的"人车分流、汽车集中停放地下"的手段，将车行交通及停车位全部移入地下，其出入口结合小区两个入口布置，以使地面完全交还给步行而获得园林尺度（地面的景观道路满足消防及住户搬家等临时性要求）（图7-7）。早些的构思是地下车库与住宅地下室连通以保证居住者出行的方便，后来我们放弃了这个思路，代之以一个"诗意"的方案。"诗意"之一是来自于小区主入口的设计和地库步行出口的设置，小区主入口设置照壁，以求"犹抱琵琶半遮面"，地库步行出口则按组团（即景观节点空间）来设置，使交通体系与景观体系获得对接，由此，开车回小区的过程是从入口到地下再到地面，完成了一个起承转合和先抑后扬的过程，来到地面即来到了豁然开朗的园林景观中；"诗意"之二是来自于地库步行出口至每户住宅之间，通过设计安排，使之成为在亭廊里穿行、从景观中回家的过程（图7-8）。

  立体交通使小区空间获得了园林尺度，"诗意"的手法使功能性的交通演化为园林式生活的内容。"诗意"的立体交通与"住在园林里"

图 7-8　回家的路

获得了对接，在交通便捷的"理性"与园林生活"诗意"间达到一种平衡。

3. 景观优先布局建筑（图 7-2）

把小区作为大园林的园林景观的空间结构为布局的先导依据，建筑间的日照间距及安全、卫生等距离作为后继的调整。以景观为先导来进行建筑布局，一是在布置时尽力避免对各景观节点空间之间的视觉廊道的遮挡，遇到矛盾时，或退让，或结合住宅的"院"形成对景，从而完成景观性的空间过渡；二是建筑布局配合景观空间的塑造，这种配合一方面是要使景观空间在建筑的配合下增色，另一方面要使建筑即住宅在配合下获得景观的共享；三是建筑及建筑间的空间形态强调园林感，同时使住宅与园林建筑（亭、廊、榭等）在平面和空间的形态上相呼应，形成整体性。

景观优先布局建筑保证了小区作为大园林的整体性和园林感，避免了行列式等非园林感的平面与空间形态的产生，也使住宅最大化地获得共享景观。

7.4.2　建筑策略

1. 强调室内外空间的整体性（图 7-2）

受西方建筑思想的影响，我们常把建筑的室内与室外假定为相互独立的两个方面，并在此前提下把传统建筑结合庭院的空间形式或解释为建筑与环境的融合，或解释为"图"与"底"的相互转换，或称之为室内外空间的流通与渗透。但事实上古人可能就没有想过要区分室内与室外、建筑与环境，它们本来就是一个整体。在分析和认识苏州传统建筑的空间形式的基础上，我们把建筑的室内与室外作为一个整体来设计，认真推敲建筑与"园"、"院"、"庭"在空间上的关系，学习与借鉴传统建筑的空间观念和空间处理手法，构筑具有地域特征的建筑平面与空间的形态。

2. 阐释建筑结合庭院空间的内涵（图 7-2）

苏州传统民居中，从院、庭至天井，在功能上起着分隔房间的用途、解决采光与通风等作用，庭院还常常是宅主人修身养性或与至亲好友品茗吟诗、闲谈对酌之处。而苏州人显然并不满足于此，总要把这些空间与室内空间相结合进行诗情和画意上的提升，在精神上成为追求心灵安顿和性情陶冶的重要场所，这种文化基因依然遗传在今天的苏州人中。在具体的设计上，我们的策略：一是把传统的园林式住宅"宅＋园"的模式变异为"把宅放到园中"的思路，园宅合一，以此在有限的用地内实现园林和庭院与住宅空间的有机结合，通过这种对传统宅和园空间关系的重构来实现传统园林精神在现代住宅中的表达。二是根据庭院生活的内容和方式组织平面功能。即一方面注重相关功能空间（包括室内与室外）的整合以保证作为现代建筑在使用方便意义上的科学合理性；另一方面不同功能区之间适当增加流线距离以便组织庭院，并将过去消极的交通空间与庭院空间结合，把室内功能与室外功能、室内空间与室外空间、建筑结合庭院空间进行整合，以此体现建筑结合庭院空间的从物质功能到精神功能、从生活内容到生活观念的全部内涵。三是在室内外空间的关系上重视视觉景观的组织，充分发挥宅中庭院的景观效果，借鉴传统园林框景、对景、景物因借等手法及传统平面中流线结合庭院景观组织的特点组织视觉景观。

3. 塑造地域特征的建筑形象（图7-9）

建筑在本案可分为两部分：一是以园林景观面貌出现的小品建筑，这里既包括真正意义上的园林景观建筑，也包括被理解为园林景观的

图7-9 建筑形象

建筑（在满足使用功能的前提下，设计尽可能地使建筑或园林景观化）。对于这部分的建筑采用完全的仿古设计。二是明确受功能制约的居住建筑或其他部分，设计采用"折中主义"的手法。建筑理论中的"折中主义"是一种已"过时"的褒贬不一的设计思想和方法，作为建筑创作，不是一个理想的选择，但就本案来说，在"仿古"的要求下，却可能是没有第二种选择的选择。我们同时也认为，针对此现实课题，折中路线是实现与外部环境协调、文脉传承并整体上满足现代生活观念与生活方式要求的有效的途径。

7.4.3　景观策略（图7-2）

景观策略的核心是配合规划总体思想，在景观设计层面落实设计构思。一是处理好"园"与"院"的景观关系。在"园"、"院"、"庭"三级景观空间体系中，"园"与"院"的景观关系对小区空间环境起着关键的作用。我们对"院"的边界采用了适度开放的形式（宅院围墙适度打开），这是兼顾中国传统中人们对于住宅领域感的心理需求和现代小区追求的景观开放与共享的选择。适度的开放可以使宅在获得"院"的同时又获得"园"，又可以使"园"获得"院"的景观和层次，在这里景观策略就是在适当的地方设置"院"和在恰当的位置打开院墙，以获得最佳的空间关系和景观效益。视线走廊、空间关系、景观层次、视觉对景等成为我们设计的关键词。二是最大化的发掘景观水系价值。水作为造园的核心要素之一是我们景观构成的必然之选，但作为一个小区，我们认为对水的运用不能停留在普通意义上的景观构成元素。在这里我们的景观策略一方面是使水系贯穿全"园"，使之成为串联各组团空间（即景观节点）、塑造小区作为"园"的景观整体感和体系化的重要手段之一；另一方面把水作为"园"与"院"的边界，水系在宅院围墙的打开处经过，使之承担起在领域意义上分隔、空间景观意义上联系"园"与"院"的双重作用，水面在此适当扩大并结合造景设计，成为既是"园"的景观又是"院"的景观的又一级景观节点（图7-10）。

此外，我们对小区的各类公共空间（即景观节点）进行了重点设计，一方面认真运用传统园林的景观要素，学习与模仿传统造园手法；另一方面我们在景观尺度上进行了适度放大，在景观设计上进行了适度

图 7-10　园与院的节点

图 7-11　园林景观

简化，植物不求丰富与层次，以简洁的配置为主，山石不做堆山，以
孤赏为主。以此试图在不失传统园林精神的同时融合现代理念中的积
极因素（图 7-11）。

7.5　结语

　　在规划要求"传统风格"的指引下，从苏州人历史传承的生活观
念、生活方式和审美倾向着手，我们把"住在园林里"作为创作目标。
由此带出了解决这一课题的核心问题——住区在空间形态和平面形式
上，建筑与环境应建立怎样的关系，进一步说就是建筑与环境即"家"
与"园林"应如何建立一个具有地域空间特质和文化精神的整体关系。
为此我们一方面对现代小区规划模式在传统园林与庭院式建筑的空间
形态中重构的可能进行了探索，另一方面对传统庭院式居住空间的现
代表达方式和表达策略进行了探索。在这过程中现代住区的功能和交
通带来的与传统园林在景观及空间尺度等方面的矛盾、现代住宅的功

能带来的与传统庭院空间以及"仿古"建筑形象塑造的矛盾、生活观念和方式以及审美方面对传统的尊重与对现代的关照的矛盾始终困扰着我们，促使我们探索一系列化解矛盾的思路和手段，并采用一些"折中"的手法来调和矛盾，试图以此跨越传统与现代，在继承传统精神内涵的同时营造符合现代生活观念与方式的居住环境。我们知道规划设计中存在着顾此失彼及许多修养与能力所不及的地方，渴望指正。

本章参考文献

[1] （美）阿摩斯·拉普卜特. 建成环境的意义 [M]. 黄兰谷等译. 北京：中国建筑工业出版社，2003.

[2] 陈从周. 园林谈丛 [M]. 上海：上海文化出版社，1982.

[3] 张家骥. 中国造园论 [M]. 太原：山西人民出版社，2003.

8　从环境中来到环境中去——南京旅馆管理干部学院规划设计探索[1]

　　除了内在的功能要求，外在的物质形态环境与人文环境是规划设计的根本线索。南京旅馆管理干部学院新校区建设用地，位于南京市江宁教育园区一处基地内外的环境条件具有自身特点的地块，自接受邀请参与竞标，我们就把环境线索作为校园生成的依据，开始了从环境中寻求设计答案的探索。如何理解基地内外环境的结构及其意义，如何配合人文线索，生成具有环境精神的校园，成为了规划设计的努力方向。本文拟就此主题介绍我们不成熟的探索。

8.1　环境的解读——规划的起点

　　基地是一块由龙眠大道、丽泽路、学三路围合而成的三角形地块（用地面积：27.02hm²），从基地的外部环境看，东北面的龙眠大道为城市主干道，交通流量较大，对其的解读，一是这是城市的一个重要界面，二是对校园内部环境会造成一定的影响。基地东侧与南侧为城市绿地，对其的解读，一是基地有切入绿地之势，二是基地的南侧有优越的外部自然环境。基地南面为大学城公共配套服务区，一条水面正对着基地，对其的解读，一是基地可理解为公共配套服务区所形成的一条空间走廊的终点，二是考虑到基地内部有一片较大的水塘，有必要将水塘与外部的水面作为重要的环境关系联系起来考虑。

　　从基地的内部环境看，地势东高西低，海拔最高 31.6m，最低18m，高差较大，属丘陵地貌。东部地势较高，高差变化大，基地中部偏西为一水塘，对这一特殊的地形条件的解读，一是无论从建设的经济性还是从对自然环境的尊重的角度，规划设计均应充分结合自然环境条件，二是在上述前提下，基地内适宜建设的用地相当有限。

---

[1]　曾发表于《华中建筑》2010 年 10 期。

图 8-1　项目区位分析　　　　　图 8-2　项目文脉分析

　　任何情况下，对环境的解读均应是规划的起点，但这一点在本项目中我们认为尤为重要。一方面，校园位于整个园区的一个节点部位，规划设计应使这一节点妥帖地融入园区环境网络中，同时还应力求对园区空间环境结构的补充和完善作出贡献；另一方面，基地内特殊的地貌要求我们合理巧妙地利用环境条件，同时体会自然环境的结构和意义、发掘原有地貌的审美潜质并使之与校园环境的塑造相融合，这些也是摆在我们面前的课题。

　　此外，从人文环境的角度来考察，地域环境为江南，区位环境为高教园区，自身是旅游旅馆类学校，因此，反映在校园环境气质和建筑风格上，对文化，尤其是地域文化的表达应该是对人文环境的一种解读（图 8-1、图 8-2）。

8.2　基于环境的规划——从环境中寻找答案

8.2.1　空间结构的环境答案

　　结合外部环境看，如果把基地东南角作为绿地，我们发现园区就形成了一条东西贯通的生态"绿脉"；如果把基地内部的水塘与外部的水面在空间上取得呼应，我们就得到了一条南北向的"水脉"。校园则是这"两脉"的交点。

　　从基地内自身环境看，地形的起伏启示着其利用方式和空间形态，

图8-3 基地现状分析图

水塘的潜在意义是它必然是视觉的聚焦点。自然环境的结构暗示着校园的空间结构（图8-3）。

由此，规划形成了"一心一轴四组团"的空间结构（图8-4）。

基地东南侧贡献给"绿脉"留作校园休闲绿地。主入口设置在南面，主入口空间沿南北向纵深展开，中间通过树列、雕塑、水景、平台等景观要素构成校园主轴，以水塘作为终点，与园区公共配套服务区所形成的空间走廊及水体在空间上呼应，形成"水脉"（图8-5）。

校园的各功能区围绕水塘布置，形成以水塘为中心的核心空间。核心空间内构筑休闲步行景观空间，各功能区内构筑内院式子空间，核心空间与各级子空间通过广场、绿地、步道等获得彼此呼应、相互渗透的关系，使整个校园形成系统的空间层次和景观序列（图8-6）。

图8-4 总平面图

沿城市主干道龙眠大道保留起伏的绿地和原生的林木形成校区与城市的软界面，功能上作校园绿地之用，并以此减少城市主干道对校园的干扰。

8.2.2 功能布局的环境答案

校园的功能布局有其内在的要求，即各功能区相互之间的关系及其与校园外部的功能上的关系等（图8-7）。此校园的功能区大致可分为教学区、实训区、生活区和体育活动区。内部的功能关系上，一方面是相互间便利的联系；另一方面是闹静分区避免如体育活动对教学、实训活动的干扰。外部的关系上，一方面是生活区如学生宿舍、食堂等需要有与外部便捷的关系，另一方面实训区是各专业学生各类酒店服务的实习实践的场所，兼具直接对外服务实践的功能，因此需要与外部直接的联系。但是，校园的功能布局在满足功能组织内在要求的基础上，同时还应遵循环境原则，校园内外的环境条件是其外在要求。在分析了校园内外环境构成及形态、特征后，配合校园空间结构的构想，我们得出如下的结论：

实训区布置在校区西北侧地块。理由是龙眠大道为城市主干道，出入口设在丽泽路靠

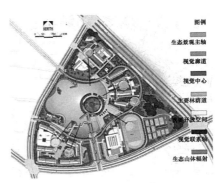

图8-5 开放空间分析图

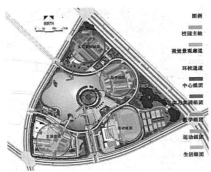

图8-6 空间架构分析图

图8-7 功能分析图

近龙眠大道一侧，可以很好地配合直接对外服务实践需要的便捷的交通条件。

教学区与外部联系需要最弱，安排在校区中部，是受外部干扰最少的地方，又能获得与其他功能区便利的联系。同时此块用地等高线变化小，与龙眠大道有宽阔的防护绿带相隔，既照顾到龙眠大道的沿街景观，又保证了教学区的安静。

图书馆作为学校的标志性建筑，置于校园核心位置，以此完成对贯穿学校内外的空间轴线的控制，并通过步道、广场、绿地等景观元素将各功能区联系起来，形成以图书馆为核心的校园空间格局。同时将图书馆置于水面之上，一方面获得了宁静和景观，另一方面结合造型设计而成为景观的一部分（图8-8）。

生活区位于西南丽泽路与学三路侧。相对于实训区，同样是内外联系便捷，但此地块避开了城市主干道。更为重要的是此用地南为城市"绿脉"之生态公园，北为校园之核心景观空间，具备理想居住生活用地的环境。

体育活动区结合校园绿地布置在基地东南侧，一方面是为了配合城市"绿脉"的构想，为城市生态环境作贡献，另一方面它是校园的闹区，需要相对远离校园核心区的区位。另外，相对于生活区它对外部的环境要求低（其南侧是园区的教师公寓区，东北侧为城市主干道）。

图8-8　图书馆南视角

8.2.3　交通组织的环境答案（图8-9）

1. 车行交通

机动车道规划的内在要求，一是简洁高效地解决各功能区对车行交通的功能要求；二是避开人流密集区，尽量避免人车混行，满足交通安全。而从环境的要求来说，一是要配合校园的空间架构，不破坏观景与景观空间，二是要尽量减少对用地的占有。起初的方案，规划设置一条环绕中

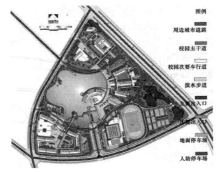

图8-9　道路交通分析图

心水塘的机动车主干道串联各功能区块。从表面上看这似乎是一个经济高效的方案，但若要满足消防要求，教学区还要建环路。调整后的方案将环路绕过教学区布置，使人行与车行交通分离开来，并保证了核心空间的完整性和共享性。核心空间成为步行空间，步行道兼作为消防车道。从而总体上满足了从环境景观、交通功能到安全性、经济性等一系列要求。

2. 步行交通

学生人流是学校量最大最集中的人流。由于学校规模小，不存在非机动车交通，步行成为学生各功能区之间唯一的交通行为。因而在满足步行交通方便与安全的前提下，把它与校园景观相互主动配合具有重大的意义。于是在设计中步行空间就不仅只是解决交通问题，一方面让步行交通穿越、串联景观区，使之起到组织景观的作用，另一方面把步行空间配合景观整体设计，形成一系列广场、平台、漫步道、步行桥等，使之成为景观的一部分。生活区与教学区、图书馆、实训区之间的联系人流最频繁、使用率最高，设计将这部分通道与核心景观区融合在一起，把学生的室外交通活动置于景观之中。学生通过设置于水面之上的长廊来往于生活区和教学区、图书馆之间，通过亲水平台步道抵达实训区，既实现了步行交通的方便与安全，同时也实现了步行环境的观赏性，创造出与绿化水景紧密相融的步行空间，并以此形成多层次、多功能的休闲交往和情感交流的场所。

8.3 校园环境的营造——地域气质的表达（图8-9～图8-14）

基地内外的物质形态环境为规划的总体结构提供了答案，如何营建校园环境即从非物质形态环境的角度思考校园环境精神，成为我们探索的另一重点。作为一所旅游旅馆类学校，地处江南地域文化圈，位于高等教育园区中，因此，人文、地域、学校的性质等成为我们思索的关键词。沿着这一线索，我们认为，首先要突出校园"园"的特征，其次校园应具有地域特征的环境气质。因此在设计中我们主要有以下探索：

图 8-10 体育馆

图 8-11 宿舍楼

图 8-12 教学楼

图 8-13 图书馆北视角

图 8-14 沿龙眠大道透视

　　其一是在设计中追求建筑与环境的景观一体性。在西方，建筑与环境景观在精神上往往是分离的，而在中国它们是一个整体。对"中式"现象的现代解释通常是建筑与环境的融合，"图"与"底"的相互转换，室内外空间的相互渗透等，但事实上古人就没有想过要区分所谓的建筑与所谓的环境，它们从来就是相互依存的整体。这种无主体、多中心的特性，使人在把握空间时有不断探索的欲望，探索的过程带来的时间性和动态性，也是江南地域建筑文化的关键特性之一。在本设计中我们试图沿着这一思路前行，多中心、动态性、层次性、视线设计等成为了设计的关键词。同时空间组织上，各个建筑单体通过连廊、庭院来组织，运用漏空、穿插、渗透、围合等手法与环境相融合，以塑造校园建筑空间与环境景观的形象特色与环境气质。

　　其二设计上尝试现代景观设计理念与江南园林造园思想的结合。一方面追求随意中取理，动静中定势的境界。借鉴江南古典园林的造园手法，认真分析和组织流线、视线、对景等，尝试运用古典园林的造景元素构筑动与静、虚与实、对比与呼应等，以营造园林意趣。如廊桥的方案，除了解决交通便捷性，更是想表达造园所追求的"人在景中，景在人中"的思想，同时以此增加景观的层次性和趣味性。考虑到廊桥的长度而设置的停留节点与廊桥相脱离而形成观景亭，其思想是把造园讲究的"动观与静观"，即桥的动观与亭的静观明确地区分了出来，构筑视觉趣味和意境。一切的努力就是想使廊桥成为师生终生难忘的校园意象。另一方面与现代设计手法结合，中心湖面的滨水岸线采用流畅的曲线，边界以坡面向水面的草坡为主，点石为辅，与建筑物或道路相邻的驳岸，以亲水平台和木栈道为主，使水面成为有处可憩、有景可赏、有水可亲的特殊的景观区域。

　　其三在建筑设计上，一方面是尽可能地使建筑顺应地势布置，因山就势，有机展开，以使建筑与环境有较好的融合；另一方面我们认为"轻、素、柔"是地域审美取向和建筑特征。因而在设计上，我们力求弱化建筑的体积感和重量感，放弃建筑体块组合穿插的手法，在平面形式上代之以独立体块的线形串联，在立体形象上代之以"线"的审美特征。辅以素净的色彩、屋面的弧线等，以求获得轻快、素净、柔和的形象特征，从而在整体上传达出地域文化气息。

8.4　结语

　　将对基地的解读作为规划设计的起点，我们一方面把校园置于高教园区的环境网络中去考察，努力使校园与外部环境建立相互配合因借的关系；另一方面努力从校园内部基地自身的环境结构和特征中寻找校园环境的形态。在此基础上，结合对人文线索的把握，努力塑造校园的环境精神。由于能力所限，理想与方案成果之间总有距离。目前项目已进入实施阶段，我们把设计中的一些探索与同行们交流，以求得到指导和帮助。

9　和谐之筑——苏州市相城区行政中心办公楼群规划设计探索[1]

　　人们评价建筑从来不是纯抽象的形式美的审美活动。建筑，作为一种文化现象，不能脱离人类社会精神而存在，人们对建筑的理解和认识直接受其价值观念的指引。因而，建筑的根本目的在于其意义的表达，在满足建筑物质功能的前提下，建筑设计不仅仅是形式美层次上的追求，而应寻求深层次的社会和文化观念上的表达。政府行政办公建筑不同于一般的办公建筑，人们往往把建筑的形象与政府的为政形象联系起来。因此，针对苏州相城区部局办公楼群这一特定课题，其形象定位和办公区整体机能模式的确立成为规划设计开始之初的首要任务。苏州相城区行政中心部局办公楼群以怎样的面貌示人呢？传统的气势恢宏、体形高大、具有很强标志性的建筑外形和封闭性大院式的布局形式已落后于时代的精神，新的行政中心的形象只有从政府新的行政精神中去寻找。随着社会的发展，开放兼容、集约高效已经成为现代政府机构发展的趋势，亲民与勤政的行政工作作风、绿色与环保的可持续发展理念、倡导与实现节约型社会的思想，是政府的追求也是人民的追求与期待，因而，本设计应该力求表达这方面的内容。然而，作为规划设计，我们还需要寻找一个正确表达行政中心部局办公楼群整体面貌的统领全局的场所精神，我们认为，那就是"和谐"。党和政府提出的创建和谐社会的行政目标，这个渗透着中华文化精髓的时代追求，涵盖了包括上述各方面行政思想的总体精神，也是建筑所应表达的场所精神。

9.1　设计主题和总体思想

9.1.1　设计主题

　　和谐，作为主题，体现在建筑及其建筑环境上，可概括为时间上

---

[1]　曾发表于《江苏建筑》2006 年 04 期。

的和谐及空间上的和谐两大内容。在时间这一纵向向度上，历史、传统、时代性、前瞻性是其内容，在空间这一横向向度上，物质环境、文化、社会是其内容。和谐是一种态度，体现在人与自然、人与社会、政府与人民、建筑与环境、继承与发展、保护与开发等方方面面。和谐也是一种精神，其表达途径是建筑及其建筑环境的形态、形式、形象，体现在总体布局、建筑空间与单体设计、环境与景观设计、建筑细部与小品设计等各个层面及各层面的相互关系上。

9.1.2　总体思想

以和谐为主题，通过对项目的物质内容和精神内容、基地和基地周围环境、人文背景和建筑文化环境、时代精神和审美倾向等方面的分析与归纳，规划设计的总体思想强调以下几点：

1. 地点性的和谐

地点性的和谐首先是对地域文化与建筑风貌的关照。有着 2500 多年历史的姑苏城，以其独特的城市格局、建筑风貌及浓郁的文化氛围著称。地处江南水乡的相城，位于苏州城北部，因春秋吴国大臣伍子胥在阳澄湖畔"相土尝水，象天法地"、"相其他，欲筑城于斯"而得名，有着区别于其他地区的独特的人文背景和建筑文化环境。因此平面的布局形式、建筑的形象、景观的营造等，应体现所处地域的文化特征、建筑传统、人文背景，对特定文化圈的人的审美观念与环境观念进行文化层面上的关照。其次，地点性的和谐是对基地自身环境和基地周围环境的关照。充分尊重基地自身自然环境的形态和意义，及与基地周围环境建立良好的关系，是规划设计的重点。

2. 时间性的和谐

时间性的和谐是对时代精神与现代形象的诠释。相城区行政中心部局办公楼群这一项目有两个时间坐标："新世纪"与"新相城"。"新世纪"是因为项目的筹划跨越了"一个世纪"。21 世纪的新政府形象，则应反映中国在国力日益强盛走向国际化等大背景下的时代形象与精神面貌。体现在规划设计上，应展现开放、兼容、高效、集约的精神内涵。"新相城"是因为相城区为苏州市的新建城区，新政府的建筑形象，应突出其在时间纵向跨度上的表达，跨越传统与现代，在体现现代、简洁、大方的新建筑形象的同时又有其鲜明的江南特色和文化感。其次，时间性还应体现在建筑空间环境设计与视觉景观组织的动态特征和层次性方面。

3. 整体性的和谐

整体性的和谐既是项目自身的功能需要，也是建筑艺术审美规律的要求。第一个层次是部局办公楼群区域自身的整体性。即功能、空间、形象的整体和谐。第二个层次是部局办公楼群所在区域的整体性。苏州相城区行政中心区域是一个完整的整体，包括城市休闲绿地、市民广场、政府大楼、部局办公区等。政府大楼是整体区域的中心，部局办公楼群是整体的一部分。因此，项目从整体的角度分析，物质功能上讲是联系和配合，形象关系上讲是呼应和衬托。部局办公楼群的道路组织、功能布局、空间关系、视觉关系、尺度关系、形象关系等设计，均应从区域的整体性上考虑。

4. 多样性的和谐

多样性的和谐是创造丰富而有人情味的环境的需要，也是统一的多样化。体现在部局办公楼规划区本身，首先是通过各种有地域特色的实体元素和灵活的设计手法，构成了变化多样的空间形态。其次是使人感受到传统与现代的演绎以及趣味性的变化。体现在行政中心整体区域上，部局办公区的形态和形象不应该是朝阳河对岸政府大楼的雷同版或模仿版。在与政府大楼取得呼应和衬托的前提下，应与具有严谨性和纪念性特征的严整对称布局的政府大楼，形成一定的反差，通过分解建筑体量、采用园林式平面类型、非对称式建筑形态等手段，营造相对亲切、自然的环境形象特征。通过对比，使政府大楼更庄重、大气，又使自身个性和特点更鲜明。从对比中形成统一，使行政中心区域整体形象更丰富，空间层次更丰满。

5. 社会性的和谐

社会性的和谐是随着社会的进步，政府代表人民的意愿提出的新要求。倡导建设以人为本的和谐社会环境的理念是社会的可持续发展的前提。社会性和谐在规划设计上的体现，应该是表达出自然、人、社会三方面和谐统一的精神，创造与自然环境和谐的人文空间环境。空间形态的自然感、形式的开放性、形象的亲切感、建筑与空间尺度的宜人性等，均应成为规划设计的目标，以表达政府所追求、人民所希望的亲民、开放、兼容的政府形象。此外，节能、绿色的办公，不仅是对倡导节约型社会思想的体现，更是体现了政府的社会责任感。与时代同步发展的社会意识以及现代文明的办公生活，也是规划设计所应表达的内容。

9.2 总平面规划设计

相城区行政中心位于古城苏州北面的相城区，规划用地在相城大道以东、阳澄湖东路以北，交通便捷，南面为会展中心，北面是行政辅助办公区，东侧为住宅区，往东不远即是阳澄湖。建设基地呈矩形，地貌相对起伏变化不大，有河流经过，规划用地西半部分为相城区政府大楼，与之毗邻的东部地块即为相城区部、委、局办公楼群规划用地。围绕着设计主题和总体思想，总平面规划设计在总体布局和总平面设计两个方面进行了一些探索，以下是其主要内容。

9.2.1 总体布局

总体布局首先是确立了分散、开敞、自由式的布局形式。"分散"的目的是减小建筑与空间的体量，从而建立亲切感的建筑与空间尺度。"开敞"的意义是从空间上与周围环境建立互通的关系，从而成为城市环境的一部分。"自由"的目的是便于营造轻松、宜人的氛围，并与苏州地域的建筑文脉相契合。此外，小体量分散布局有利于合理布置建筑朝向，充分利用自然通风采光，并形成小气候环境，以实现节能环保的绿色办公理念。

在具体的建筑布局上，第一层次是部局办公区建筑物分南北两组在空间上与政府大楼呈品字形布置，品字形的中心为景观绿地，行政中心食堂布置在其一侧。各层面的深化设计以此为骨架，以建立起建筑空间与实体在视觉审美上和功能上的整体关系（图9-1）。第二层是南北两组建筑通过建筑物的围合形成各自的景观绿地，并与中心景观绿地呈品字形关系，通过水系、视觉通道和交通道路相联系，形成景观系统和空间层次（图9-2）。

图 9-1　总平面

图 9-2　鸟瞰图

在道路交通的组织上，连接城市的主要干道蜿蜒地从品字形中心景观绿地旁穿过，连接着三者各自的道路系统。部局办公南北两区形成围绕各自中心景观绿地的环道。道路系统在这里不仅仅是组织交通，还要肩负起组织空间景观的职能。在道路上行进，道路对景、路边景观的变化、空间景观的层次展现等是规划设计刻意的追求。

9.2.2　总平面设计

为把规划设计总体思想具化在总平面设计这一层面上，设计进行了如下探索：其一是在平面形式上追求与苏州传统建筑布局的同源性。借助建筑类型学的视角，我们可以看到苏州建筑"宅＋园"的形式是一突出的类型，左右或前后为一宅一园，宅是矩形体（建筑物）以"进"

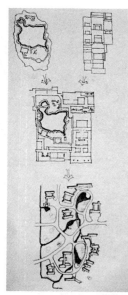

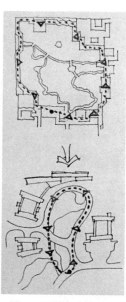

图 9-3 布局分析　　图 9-4 视点移动分析

为单位的串连与组合，园是以不规则的自由形式出现。总平面设计刻意追求这种类型上的同源性（图 9-3），以图获得服务人群潜在心理上的认同性，并使形式有了文化上的厚度。同时摒弃其内敛、自闭的气质，代之以开放、舒展的形象，以现代的面貌展现出来。

其二是在空间形式上追求建筑与环境的景观一体性。在苏州园林中我们无法区分主角（建筑）与配角（建筑的环境），通常的解释是建筑与环境的融合，在视知觉理论上可解释为"图"与"底"的相互转换，空间理论上可称之为空间的相互渗透。但事实上古人在造园时就没有想过要区分建筑与环境，只有"景观"这一整体。这使得园林以无主体建筑的面貌出现，这种无中心（多中心）性，使人在把握空间时有不断探索的欲望，探索的过程带来的时间性和动态性是苏州园林的关键特性之一。在本设计中我们试图沿着这一思路前行，多中心、动态性、层次性、视线设计等成为了设计的关键词（图 9-4）。空间组织上各个建筑单体通过连廊、庭院来组织，运用漏空、穿插、围合等手法与环境相融合，以塑造行政中心部局办公区建筑空间的形象特色。

9.3　建筑设计

功能与形式是建筑设计的两大问题。在功能方面，我们习惯上根据建筑的使用要求组织平面和空间，以实现建筑功能的合理性，但是这种从功能推演平面和空间的"合理"逻辑中，我们无法解释为什么

图9-5 庭院景观　　　　　　　　图9-6 临水建筑立面

容纳特定功能的建筑会随着时间而产生变化，以及在不同的地域或不同的设计作品中可以有不同的设计来处理同样的功能。在有关办公楼的教科书和实例中，有许多的类型，因而问题的关键是选择什么样的类型，在本项目中选择的依据就是前文的设计思想和规划方案。由此，多层、小体量、小进深、院落式布局成为必然之选（图9-5）。在满足了功能的同时，这种建筑形式带来了良好的采光通风和院落小气候，更可能带来了建筑的文脉传承和与人心灵的沟通。建筑平面和空间因而不只是实用性推演的结果，除了实用功能，更承载了精神功能（图9-6）。

　　在形式方面，我们常要求建筑的时代性、民族性、地域性，但可能首先应研究对应人群特定的文化价值观念和审美取向，分析地域的建筑现象和建筑类型。我们常苦于形式的创新和形式美的求索，但是建筑是文化的产品，建筑所包含的信息和意义是我们最终的追求。通过考察、分析和归纳，我们发现"轻、素、柔"是苏州地域文化和建筑审美取向中潜在的共同特征。这三大特征在传统建筑中都能找到对应的表现形式，而在新建筑中凡是具有这类特征的建筑普遍获得市民的认可。因而在设计上，我们力求弱化建筑的体积感和重量感，放弃建筑体块组合穿插的手法，在平面形式上代之以独立体块的线形串联，在立体形象上代之以简化的建筑形体和"线"的审美特征。通过立面从建筑原型引出的以线为主体的处理，辅以素净的色彩、屋面的弧线、墙面的斜线和弧线等，以求获得轻快、素净、柔和的形象特征（图9-7），从而使整体传达出吴地文化的气息，以此寻求对应人群文化和审美上的认同，并获得建筑的个性和设计所追求的建筑形象的亲民性。

图 9-7　建筑效果图

图 9-8　建筑实景照片

9.4　环境景观设计

　　与部局办公区规划设计的整体配合是环境景观总体设计的前提与目标。设计上尝试现代景观设计理念与苏州园林造园思想的结合，追求"随意中取理、动静中定势"的境界。在总平面上采用传统"太极图"的变形为总体的构形"母题"，通过水体、步道和硬地铺装的整体设计，使部局办公南北两区形成整体呼应的环境格局（图 9-8）。同时试图以此隐喻哲学层面上的运动观和辩证法的思想，衬托作为政府行政职能部门的品质。基于水乡人对水的亲近，水体成为环境设计的重点，设计对基地原有水体进行整理，形成了贯穿整个部局办公区的水体景观，水面可以映衬周围的花木景色，改善小气候，使中心区更加富有生机。南北两块主水面的设置以及弧形岸线及小品布置，除了自身的景观性外，更是想进一步加强建筑与空间的动感和向心感，并使水面周围形成整个场所的趣味中心。同时在柳、桃、竹等植物的配合下，使整个氛围透出江南文化的情调。以此形成有特色的区域环境，丰富行政中心区的整体形象（图 9-9）。

图 9-9　室外环境

9.5　结语

以营造和谐建筑环境为立意，以研究对应人群特定的文化价值观念和审美取向为依据，本设计更多地从项目的物质内容和精神内容方面展开探索，继而寻找其表达方式，而不是从习惯上的功能、形式及风格本身去考虑规划与设计。同时注重从环境保护和资源节约的角度考虑建筑的综合功能，重视基地整体环境关系，期望创造出有一定环境质量和文化品质的有特色的建筑环境。但设计过程时间过于紧张而且能力有限，实施过程又有许多违背原意的变动，让我们处处感到力不从心，实为遗憾。

本章参考文献

[1] 刘先觉. 现代建筑理论 [M]. 北京：中国建筑工业出版社，1999.

[2] Aldo Rossi. The Architecture of the City[M]. CA：MIT Press，1982.

[3] Christian Norberg-Schulz. Genius Loci——Towards a Phenomenology of Architecture[M]. New York：Rizzoli International Publications, Inc，1979.

第三部分　关于水乡特色的城市设计思路与方法

10 江南水乡城市水城意象重塑的规划思路研究

10.1 引言

　　江南水乡地区是典型的平原水网地区，这里河道密布、湖塘众多。在历史上，水网系统极大地影响着城市的结构、功能的布局、道路的规划及城市景观格局。这里的城市都以一种与滨水生活所造就的地域文化相适应的方式构建和发展着，城市的空间结构与河网的结构形成了"积极"的关系，由此造就了人与水密切关联别具一格的江南"水城"的独特意象。但是在前些年城市化的快速进程中，大规模地开发建设及城市更新采取了"消极"对待水网及其滨水空间的态度，造成了一方面大量的河道被填埋，另一方面保留的河道所对应的滨水空间或被占用或专有化，或被包围隐藏或碎片化，从而使水网消失在城市空间中，江南"水城"的特色正逐渐失去。

　　近年来，江南水乡地区的城市已越来越重视水城特色的保护与塑造，与过去建设性的破坏相反，在保护和整理修复城市中的历史地段或区域方面总体上说取得了明显的成效。但在占城市绝对主体的现代区域建设方面，尽管也有可圈可点的亮点（这得益于近年来在中、微观层面的城市滨水空间规划设计较深入的研究），由于我们在较为宏观的层面研究还不够，规划与实施中也就不可避免地出现很多问题。要传承并重塑江南水乡城市今天的新水城特色，还需要多视角的深入研究。

10.2 思想和路线

　　城市水体资源的量是构成水城特色的前提，面对城市水体资源减少这一现实，大规模开挖水体以恢复消失了的水网及相应的滨水空间是不现实的，我们的思想是：恢复水城特色的现实途径应是从城市意象的角度出发来营造"水城意象"。城市意象是人们对所处城市的环境信息的感知和对感知信息的加工形成的对城市环境的认知。因此，作为"江南水乡城市水城意象重塑"的研究应包括两个方面：一是探讨使城市水体资源尽可能多地参与到城市空间中来规划思路和方法，以此实现水体资源尽可能地可意象性。二是借助凯文·林奇的城市意象理论来思考城市水体成为人们城市意象重要内容（即形成水城意象）的途径。即通过探讨水体进入城市意象从可能性（可意象性）走向必然性的方法，以此实现塑造"水城"特色的目的。两条路线是既是因果和又是互补的关系。本文是第一方面的研究内容。

10.3 检讨和反思

造成"水城"特色消失或减弱的原因是多方面的，但作为规划工作者，我们必须检讨的是我们在很长的一段时间里，在功能主义的主导下，规划设计无论是用地布局、道路规划还是城市空间的规划等均丢掉了古人"因水制宜"营造城市的核心思路。规划追求科学、合理、高效本身并没有错，我们的错误是把城市丰富的河渠湖塘理解为一种负面的条件，而在城市形象的勾画上也就忽略了"水"这一最具特征的要素，去追求"普遍意义"的城市美。相对于其他地区，江南水网地区城市的河网（尽管被填埋了不少）的密度、水体面积在城市用地中的占比还是很高的，但我们常常看到类似（图10-1）所示的现实：水或被消极地用作边界，或被包裹在专有用地内，从而"消失"在城市中；滨水空间或难以接近，或被切割，从而失去了可参与性和连续性；即使是滨水的公共性商业用地，其空间的塑造也无视水的存在。当然，我们还有看不到的，那就是被填埋的很多水体。

对于已经形成的城市空间，依然需要阶段性的规划调整，同时城市化的进程还没结束，大量具有丰富的河渠湖塘的乡村土地还在转化为城市用地。因此，我们有必要改变一下我们习惯了的"普适性"的城市规划设计的思路和方法，或者说至少要增加一个视角——水体可意象性视角。特殊性的城市用地，需要特殊性的规划思路和方法，只有"因水制宜"，才有可能获得"水城"特色，也才有可能真正获得规划的科学、合理和对水体及其滨水用地利用的高效。

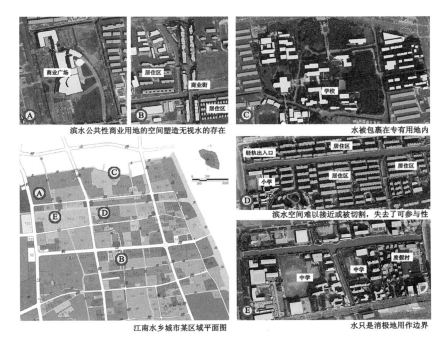

图 10-1 城市空间对水的忽视

10.4 思路和方法

　　水体可意象性的研究，可涉及城市用地、城市空间、道路交通、绿地景观、风貌形象等大部分的方面与层面。本文主要讨论以下方面，各章节均需另作专题研究，本文作为研究框架对内容不展开讨论。

10.4.1 城市用地的规划

　　只有使城市滨水用地尽可能地公共化，才有其公众的共享性和可参与性。因此，滨水用地的公共化是水体资源可意象性的保证，是公众产生水城意象的前提。城市用地规划应结合城市的水体分布的现实情况来进行。这是水网地区城市的城市用地规划区别于其他地区城市的重要方面，也是水城特色塑造的关键。

　　作为用地规划研究，首先，应对城市的现有河渠湖塘在城市中分布的状况、承载的功能、形态、宽度、面积等状况进行调研，尤其要整理形成重点体现水体在城市中及周边的分布状况（即水体与陆地的面积比在不同区域的变化状况以及河道在不同区域的疏密状况）的水体分布图；并在此基础上形成重点反映城市内部的水网结构以及与外围的水体结构关系的水系结构图，以此为用地规划提供基础资料。其次，应对城市各类用地进行分级的公共性与公众参与度评价，以此形成各类用地滨水安排的优先度排序。第三，以水体尽可能地出现在城市公共空间中为目标，建立城市建设用地适宜性评价体系，即以城市水体分布图、水系结构图为主要依据，通过对照水网的结构及不同区域的河道的疏密状况、水体与陆地的面积比、水体的形态、功能等，分析建设用地的适宜性，以此为用地选择安排提供依据。第四，以上述工作获得的优先性和适宜性为依据，结合城市用地布局的科学性，进行合理的用地规划。规划中用地安排需要遵守连续性原则。即尽可能地把具有公共开放属性的用地在滨水地带连续安排，以避免滨水的公共开放性空间孤岛化或碎片化，使滨水地带形成连续的公共开放空间，在城市路网的配合下发挥出最大的水城意象效应。

总之，贯彻滨水用地尽可能公共化的思想，首先，应尽可能地将城市级的公众参与度强的公共性用地如商业服务业设施用地、公共管理与公共服务用地中的文化设施用地与体育用地、城市绿地等，安排在城市用地中水网密度高的区域以及水体与陆地的面积比大的区域，将公共性与公众参与度弱的城市用地如工业、物流仓储、居住、公用设施等用地，安排在城市用地中水网密度低的区域以及水体与陆地的面积比小的区域。这是保证滨水用地被高效利用、水体尽可能进入城市生活空间的前提。其次，对于公共性与公众参与度弱的城市用地内的滨水用地，也应尽可能地安排区域级的公共用地，如居住用地、工业用地内的配套公建用地等。再次，如居住小区和组团中的水系不应作为用地边界来对待，应把居住区内的公共空间围绕水系来塑造，使水体参与到特定人群的公共生活空间中来。而如公共管理与公共服务用地中的行政办公用地、医疗卫生用地、教育科研用地等应尽可能地不画地为牢，至少其滨水用地尽可能对城市开放。

10.4.2 城市空间的控制

在历史保护地段需要空间整理、建筑恢复和可能的适度空间拓展时，以历史的平面肌理和空间形式、尺度为依据建立滨水用地的用地指标与用地范围的控制，在历史保护地段周围建立缓冲区用地空间控制指标等，这些研究和实践已有不少，但还可深化研究。本文探讨的重点是上述用地之外的城市新建区滨水用地，我们认为用地指标与用地范围的控制也是影响水体可意象性的重要方面，是实现人对水体的可见和可近的重要因素。

用地指标方面，密度控制与容积率控制是重点。这两项指标既相对独立又相互关联，既与滨水用地的性质、在城市中的角色、相邻河道或湖塘自身的宽度、面积和景观价值等有关，又与用地内各地块与水体的远近距离、用地周围的城市空间等有关。应在建立滨水用地区位评价、水体景观价值度评价等评价体系的基础上，通过对用地与水体的距离分区（可分为：亲水区、邻水区、近水区）来综合分析。总的来说，原则上，离水越近，密度应越低（这里既有使人在一定的空间范围内可以看得见水体、走得到水边并有亲水的公共空间等因子，又有水体与陆地空间上实现过渡及相互渗透的考量）；水体越大，容积率可越高（这里既有空间尺度的因子，又有大水体应成为城市重要核心——城市意象的重要节点来打造的判断，"可越高"是涉及用地的性质与区位）；密度控制在先，容积率控制在后。

范围的控制方面，"蓝线"是最值得再探讨的问题。城市蓝线的概念"是指城市规划确定的江、河、湖、库、渠和湿地等城市地表水保护和控制的地域界线"[1]，控制的内容"包括河道水体宽度、两侧绿化带以及清淤路"[2]。以这样的概念、控制内容和依据以及操作方法进行蓝线控制，会出现两方面的问题：一是造成僵直单调的岸线、河道空间及绿化带空间，而两侧宽大的绿化带造成水体与城市空间的隔离（可意象性下降）；二是尤其在城市扩大，大量具有高密度水系的乡村土地转化为城市用地时，大量的河渠、湖塘无法赋予新的性质或功能，如果一概予以蓝线控制，会造成用地碎片化和利用率的下降，反之则会造

[1] 中华人民共和国住房和城乡建设部．城市蓝线管理办法[S]．第145号，2005-1：第二条．
[2] 程道平．现代城市规划[M]．北京：科学出版社，2010：103．

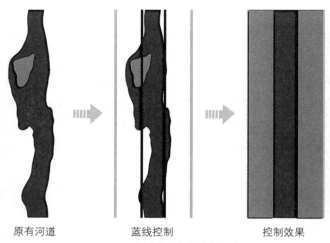

原有河道　　　　　蓝线控制　　　　　控制效果

图 10-2 "虚蓝线"的控制层次

成大量水体被填埋（这是当前突出的问题）。因此，对于第一个问题，我们认为一是应研究丰富蓝线的控制内容和依据，至少应考虑把两岸"绿化带"改为类似"河道空间保护带"的概念，打破目前单调的形式和内容，在不破坏其水体维护功能的前提下给予滨水空间塑造更多的灵活性；二是研究并建立"蓝线"控制方法的指引，打破蓝线及"河道空间保护带"绘制的简单化，使岸线及滨水空间的形态丰富起来。通过这两方面的努力来提升滨水空间与城市空间的融合度以及人的参与度，并为地域性的空间环境设计提供条件。使"蓝线"从只考虑对水体的保护走向包含对水空间可意象性的保护。对于第二个问题，我们认为至少在江南水网地区有必要为"无功能"的水系增加一个"虚蓝线"的控制层次。即水体保护方式可以更加灵活的蓝线控制。"虚蓝线"沿水体走线画线，河道进出宗地处是实线（河道位置与宽度不可改变），其余为虚线（可改变）（图10-2）。对虚线控制范围建立弹性的控制原则，如水体可填埋比例原则、填挖互抵原则、可改变走向与形态原则等。一是解决大量"无功能"的河渠湖塘保留与否缺乏依据的问题，使原来可能不被保留的水体最大限度地得以保护；二是解决因大量水体造成用地碎片化导致其适用率和利用率下降的问题；三是可因此使水体的形态更灵活、丰富，与建筑、场地的景观结合度更高。

10.4.3 城市交通空间的规划

用地规划实现滨水用地的公共化，空间控制实现水体的可见和可近，但仍需要道路交通的有效配合来提升其公众的参与度。同时，交通空间的两大内容：道路与枢纽又是城市意象五元素中的"道路"与"结点"（凯文·林奇认为，城市的"道路"、"边沿"、"区域"、"结点"、"标志"是公众的对城市的主要认知路径，是形成城市意象的五个元素[1]），因此，交通空间自身与水系的配合也是研究的重点。

通常的道路同时满足步行、非机动车、机动车这三种交通方式，这种综合性道路与水系的配合苏州有两个典型的例子：一是干将路，把河道夹在双向车行道中间，但有得有失，"得"是在城市大动脉上有水的参与，有助于水城意象的塑造；"失"是亲水空间被双向车行道隔离在了人的活动空间之外，因缺乏可参与性导致其意象度不高。二是如苏州环护城河边的一些路段，道路在河道一侧并与河道离开适当的距离，使慢行人流沿河及河边绿地而行，相对来说水与人的关系更加紧密。但总的来说，综合性道路河道结合只能是因地制宜，适可而为之，因为在道路获得水景的同时必然会切割城市空间，减弱滨水空间的可参与性。

江南传统中的水路（河道）作为城市交通的重要性，造就了河与街（水路与陆路）往往紧邻而设，并形成密切配合的交通系统。而水路与陆路的连接点自然地或商铺钱庄聚集，或柴米鱼盐成市，或酒茶餐戏兴旺，成为大大小小、不同功能的"城市客厅"。 正是这种"道路"与"结点"的亲水性成为形成水城意象的重要因素。现代交通快速机动化的发展，导致河道的物流功能和交通功能衰退，使城市道路与水系原本必然的紧密关系不复存在，由此导致二者空间上的疏远和相互间联系的消失，连锁导致了承载城市社会生活及经济活动的各类亲水空间的消失。因此，我们认为，把慢行交通从综合性道路中分离出来临河设置（在过去慢行交通就是城市唯一的陆路交通系统）以及复兴水上交通很有必要探讨。城市道路上的交通可能是过境性的或通过性的，也可能是城市的功能区内的交通，前者交通形式主要为机动车，后者以步行和非机动车为主。因此综合性的道路形式并不总是必须的，尽可能把慢行道从综合性道路中分离出来（也可结合水系另行规划），

[1] （美）凯文·林奇. 城市意象[M]. 方益萍，何晓军译. 北京：华夏出版社，2001.

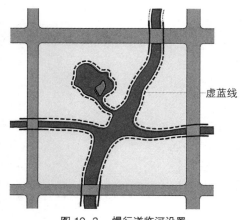

虚蓝线

图 10-3　慢行道临河设置

一方面是利于改善城市道路交通，包括拓宽机动车道、减少快慢混行与交叉等；另一方面，慢行道临河设置（图 10-3）必然提升滨水用地的价值和滨水空间活力，很大程度上回归传统上河街相邻的模式及对沿河空间的使用方式，使水体最大程度地参与到城市空间中来。对于水上交通，作为城市内河道，物流功能的恢复缺乏价值乃至可能性，但交通功能的复兴是完全可能的。事实上一些城市作为旅游（如苏州的环护城河水上旅游）或水上公交（如杭州的水上巴士）已对河道进行了部分使用。我们要做的是进一步梳理和疏通水系，改善和完善水上交通环境和网络。窄的河道可适当拓宽，不能拓宽的，可为单行线路，如在历史保护区内，可行旅游小船。总之，充分挖掘河道潜力重建水上交通，一方面，可使之成为城市交通的补充，在城市道路日渐拥堵的情况下分担其交通压力；另一方面，水上交通曾经是水城被认知和意象化的核心要素之一，水上交通重建，更是"水城生活"的方式和场景的复兴。

　　当临河慢行交通和水上交通得以重建，它们与地面快速交通及可能的地下交通网络之间的衔接空间亲水设置也就成为可能乃至必然。我们的构想是：临河慢行道与河道一起在桥下通过，与城市机动车道立体交叉互不干扰；几种交通方式的节点尽可能结合在一起成为换乘点，形成与水紧密结合的城市节点空间（图 10-4）。其中的内容可以是船码头、公共自行车点、公交站、地铁站、停车场（库）以及休息等候亭廊与配套服务设施等。由于以此形成的城市空间必然是公众停留和参与度很高的场所，因此围绕它们规划城市商业、公共服务、广场、绿地等用地也就成为可能乃至必然。这是江南水乡城市因地制宜，在改善城市交通的同时重塑水城"城市客厅"，使城市的公共空间回归滨水发展，打造水城特色的重要路径。

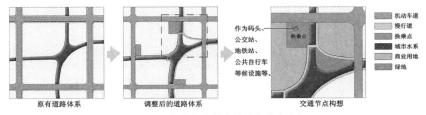

原有道路体系　　　调整后的道路体系　　　交通节点构想

机动车道
慢行道
换乘点
城市水系
商业用地
绿地

图 10-4　与水紧密结合的城市节点空间

10.5　结语

　　传统江南水乡城市所表现出的水与人的亲密关系以及诗意般的城市意象背后，沉淀着水网与城市空间相生相依的江南地域特色。在城市的现代化建设中如何传承和发展水城意象需要发掘传统城市空间格局的精髓。但我们也应充分认识今天城市的城市内容、运转方式及人的生活观念、方式等与过去相比已发生深刻的变化，水城发展的时代性要求我们既不能照搬传统也不能简单地用"放之四海而皆准"的"现代"规划原则与方法来应对，需要我们开拓创新。

　　继承与发展总是现代城市建设一大难解的课题，重塑江南水乡城市水城意象需要多方面的探索。我们的研究是试图从水体资源尽可能的可意象性的视角探讨规划设计的思路和方法。论文只是研究思路，抛砖引玉。

本章参考文献

[1]　（美）凯文·林奇. 城市意象 [M]. 方益萍，何晓军译. 北京：华夏出版社，2001.

[2]　谭颖. 苏州地区城镇形态演化研究 [D]. 南京：东南大学，2004.

[3]　张庭伟，冯晖，彭治权. 滨水地区设计与开发 [M]. 上海：同济大学出版社，2002.

[4]　段进，季松，王海宁. 城镇空间解析——太湖流域古镇空间结构与形态 [M]. 北京：中国建筑工业出版社，2002.

11　借助城市意象塑造江南城市水城意象的途径研究

11.1　前言

"城市意象"是指公众对具体城市环境产生的经验认识，是人集体记忆中的城市印象。"水城意象"可理解为由于水及与水相关的载体大量出现在城市中的印象而使人们产生的对水城的认知共识。江南地区经济高速发展、城市化进程迅猛，但城市在不断现代化的同时，对水城的认知共识正逐步消退。借助城市意象形成的规律，探讨如何在今天不断扩大的城市空间中传承与发展江南城市的水城特色是重要的研究视角。

本文是"江南水乡城市水城意象重塑的规划思路研究"的姐妹篇，围绕江南水乡城市水城意象重塑，前文着重探讨使城市水体资源尽可能多地参与到城市空间中来，以此实现其尽可能的可意象性的规划思路和方法，本文是探讨借助凯文·林奇的城市意象理论来思考城市水体及水文化的物质载体成为人们城市意象重要内容（即形成水城意象）的途径。两条路线一方面有因果关系，因为只有可意象，才有被意象；另一方面有互补关系，前者立足于相应的规划思路的梳理，本文侧重于城市设计视角的设计思路与方法探讨。由于城市意象是人们对所处城市现实环境的认知，因此针对城市现实空间的调整与引导研究是本文的重点。

11.2　水城意象及其重塑的可能性

11.2.1　江南水乡城市的水城意象

江南水网地区近现代多指位于长江三角洲太湖平原地区，以苏南的苏锡常（苏州、无锡、常州）和浙北杭嘉湖（杭州、嘉兴、湖州）

图 11-1　江南水乡城市鲜明的"水城"意象

为中心地区以及周边地区。这里河道密布、湖塘众多，是典型的平原水网地区，素有水乡泽国的美称。历史上的江南水乡城市都以一种与滨水生活所造就的地域文化相适应的方式构建和发展，倚重河道的城市运转模式以及择水而居的居民生活方式，使得河道并重于街道、舟楫并重于车马，河与街（水路与陆路）关系的紧密变得异常重要。由此，平行于河道的道路往往成为城市的主要道路邻水而设，而水路与陆路的连接点自然地成为大大小小、不同功能的"城市客厅"。商铺作坊聚集、柴米鱼盐成市、酒茶戏楼犄角，形成独特的城市滨水公共空间。垂直于河道的道路除了指向滨水公共空间的街以外多为辅助用的巷。而巷除了连接临河的街以外其视觉终点往往还是河道，以河埠或桥梁结束。正是这一系列的空间和视觉关系，造就了江南水乡城市鲜明的"水城"意象（图 11-1）。随着城市的现代化发展，城市运转及居民生活对河道及河水的依赖性逐渐消失，持续不断的老城更新和新城建设，使城市结构与水的关系越来越远，甚至在较长的一段时间内规划建设在"科学、合理、高效"的"方针"下，事实上是视河道水网为城市建设的"消极"因素，这直接造成了一方面大量的河道被填埋，另一方面城市空间与水空间上的分离和视线上的隔离。"水城"特色的褪色也就成为不可避免的结果。

图11-2　凯文·林奇《城市意象》

11.2.2　水城意象重塑的可能性

水城意象重塑首先有其必要性。必要性来自于城市文化传承和特色塑造，其支撑一是历史对水城作为城市特色的认知，二是城市中围绕水城所传承下来的物质与非物质历史遗存。因此是否有可行性是核心问题。我们认为，尽管城市运转及居民生活文化对河道及河水的依赖性这过去城市形成水城特色的动力机制已经消失，但过去的动力机制消失并不是今天的水城特色消退的根本原因。凯文·林奇告诉我们（图11-2），所谓城市的意象是人们对所处城市的环境信息的感知及对感知信息的加工所形成的对城市环境的认知。城市的"道路"、"边沿"、"区域"、"结点"、"标志"是公众的对城市的主要认知路径，是构成城市意象的五个元素，这"五元素"告诉我们哪些地方容易给人留下印象。而"认知地图"侧重于告诉我们城市中人大量活动的区域。前者主要是视觉上的，留下印象的主要原因是特征；后者主要是空间上的，留下印象的主要原因是经历。对照上文对历史城市空间经历和视觉上的分析，我们可以看到无论是其认知地图中还是其城市意象元素中都充满着水的元素。这是水城意象形成的根本原因。

由此，水城特色重塑依然有可行性，可行性的支撑是水城被认知的两个要素：一是水体在城市中的量，二是水在城市空间中的被感知度。城市水体尽管已被填埋不少，但相对于其他地区，水网地区城市的河网水体的密度还是很高的，同时城市空间扩张带来了大量水系丰富的由乡村转化为城市的用地。当前的核心问题是水在城市空间中的被感知度。从前面的分析中我们能看到正是被感知度的下降造成了"水城"特色的褪色。因此只要实现城市水体在人们的城市生活中被充分地感知，水城意象水到渠成。这一问题的解决需要探讨多种层面和角度的方法，其中借助凯文·林奇的城市意象理论探讨提升其被感知度，以此塑造"水城意象"，显然是既有现实性又有有效性的途径。现实性一方面来自于面对水体量的减少和难以大量恢复河道及相应空间的客观现实，通过意象形成的规律来形成水城意象（即围绕意象元素和认知地图做文章）是现实途径；另一方面今天的城市无论空间范围还是城市结构已今非昔比，恢复历史水城不具备现实性（历史水城也只是今天城市的很小一部分），同时城市的历史就是一部城市的生长史，从水城的发展应有的时代性角度讲，发展形成今天的水城意象是立足现实的途径。有效性来自于人们形成城市意象的途径，借助意象元素和认知地图在空间和视觉上提升水体的被感知度是营造水城意象的有效途径。

11.3 水城意象重塑的思路和方法

我们的思路是将水元素尽可能地与意象元素和认知地图相结合，使城市水体成为人们城市意象的重要内容，从而借此形成水城的意象。方法是"请进来"和"走过去"，即一是通过在城市意象元素空间中引入和强化水元素，以此强化人与水接触机会；二是探讨城市意象元素空间向水边发展的方法，以此强化水元素在空间中的地位。借助人的认知和意象能力，实现塑造与强化人们的水城意象的目的。

作为重塑水城意象的方法研究，必然涉及前期调研和资料收集分析的思路和方法，因此本文拟从前期资料收集和调查的方法、资料整理分析的方法以及重塑水城意象的途径三个方面介绍我们研究的总体思路和方法。

11.3.1 调查的内容与方法（表 11–1）

1. 调查的目的与内容

调查的目的是为城市现实状况的分析和水城意象重塑方法的研究提供有针对性的全面的基础资料。水系河流是水网城市构建水城意象的重要载体，因此，摸清所研究城市的水体资源的质与量以及水系河流的分布状况是最为重要的。所谓水城意象，可以理解为由于水元素的作用而使公众形成的城市意象特征，因此，城市意象的调查不可或缺。

此外，要分析规划与建设是否存在问题并探讨针对性的重塑途径，因此城市规划设计相关文件收集及建设现状调查也是关键（表 11-1）。

前期调查表 表 11-1

调查项目	调查内容	调查要点	调查方法
水体	现有水体资源状况	水体分布、功能、形态等及保护、开发或破坏状况	资料收集和现场勘察
	古城水系的历史追溯	古城水网结构及水系分布	历史文献、实地走访、他人成果
水城意象	今天的城市意象	意象五元素及认知地图等	辨认照片、提问访谈、问卷调查、绘制地图
	城市意象中水元素现状	意象元素及认知地图中存在的量与地位	资料收集和现场勘察
	历史的城市意象	意象五元素等	资料收集和现场勘察
规划与实施	城市规划设计文件	相关性与针对性内容	走访相关部门
	建设现状		现场勘察采集

2. 水体调查的内容与方法

水体的调查应包括现有水体资源状况调查和古城水系的历史追溯两方面内容。

一方面了解所要研究城市的现有河道湖泊的在城市中分布的状况、承载的功能、形态、宽度、面积等以及保护、开发或破坏的状况。调查工作可以通过收集相应的资料和现场勘察两方面来进行。基础资料的收集可通过走访政府相关部门来获得诸如水网地图、水文水利、水体功能等资料，还可以借助网络或地理信息技术来获得相关资料。现场勘察主要是获得对水体的形态、宽度、面积、水位等的直观认识及保护、开发或破坏的状况。

另一方面，历史遗存的水城空间和水系这是水城意象的根，在保护以及可能恢复的基础上让它们回到今天的城市意象中来是水城意象塑造的重要内容，因此，有必要对古城历史上的水网结构以及水系分布情况进行资料收集。可通过古城地图（因不同历史时期而不同）、相关历史文献、文化资料、地方志等来获得水网结构以及水系的分布。

同时结合实地走访，实地考察原先水系的变迁以及变化，以及访问相关的专业人士等。

3. 水城意象调查的内容与方法

意象调查也应包括现今水城意象的调查和历史水城意象的追溯两方面内容。

对现今水城意象的调查又包括对城市意象的调查以及对城市意象中水元素现状的调查两方面。对城市意象的调查可以以道路、边界、区域、节点、标志物这五种元素及认知地图为主要对象。调查方法可以参考凯文·林奇在其著作《城市意象》中提供的绘制认知地图、辨认照片、提问访谈、问卷调查等方法以及同行们在类似研究中发展出来的其他方法。对城市意象中水元素现状的调查，主要调查构成城市意象的诸元素中水元素存在与否、存在的量、存在的质（在意象元素中承担的角色），以及意象元素周围是否存在可利用的水元素等。调查需在城市意象调查所获取的意象信息的基础上展开，结合地图资料和现场勘察两方面来进行。

对于历史上的意象的追溯，主要调查五种元素。可以通过多种途径收集资料，如古城地图，相关的文化资料包括地方志、绘画、诗词歌赋等。

4. 规划文件收集及建设现状调查的内容

规划文件收集应包括：城市总体规划与详细规划、各类相关的专项规划、城市重点地段的修规与城市设计等相关的规划文本资料。建设现状调查应有针对性地展开。

11.3.2　资料整理分析的内容与方法

1. 目的

资料整理的目的在于通过对前期调研所搜集到的资料加以整合梳理，摸清现状水体资源的存量与布局情况，明晰水系格局与城市空间的结构关系，并在此基础之上，对水体与城市诸意象元素的关系进行分析，对在城市意象元素中与水元素相关的意象元素所占的比例加以考量。以便后续的水城意象重塑中能够对城市内部及周边的水体资源利用提供技术资料。同时通过古今水系结构及水城意象元素的变化加以比较，为历史水城意象元素的维护与可能地修复重建并回到今天的城市意象中来提供研究基础。

2. 资料整理的内容与方法

为了能够为后期研究提供更为清晰直观的资料，对于前期调研资料的整理主要包括文字资料分类归纳（略）和绘图两种方法。绘图整理工作是把搜集到的相应资料用图纸的方式表达出来，主要内容应包括：水体分布图、城市认知图、意象元素图、古城历史水系图等。水体分布图其重点在于体现自然水体及河道在城市中及城市周边的分布状况，即水体与陆地的面积比在不同区域的变化状况以及河道在不同区域的疏密状况。城市认知图与意象元素图反映的是人们对城市的结构和特征乃至意义的认知。城市认知图的绘制是通过对认知地图问卷的归纳，把归纳的结果（城市空间被重复认知的量）通过色彩等级反映在城市地图上。意象元素图是通过对关于意象元素的不同侧面的问卷的归纳，把归纳的结果反映在城市地图上。古城历史水系图因历史时期的不同水系存在差别，因而也需要经过归纳（图11-3）。

3. 资料分析的内容与方法

资料分析的内容总是围绕研究的主题与上文所解析的各方面来进行，资料分析的方法有很多，各种方法还可以综合运用。本文介绍我们自己总结的自称为"图层叠加分析法"的方法，我们认为这是一种

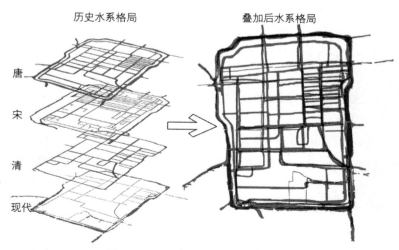

图 11-3 不同历史时期古城水系的归纳

很直观有效的方法，通过将不同内容的图进行叠加，一方面能直观地从中得到很多方面的信息，另一方面方便分析研究。

将水体分布图与城市认知图及意象元素图叠加，我们可以由此分析出水系在城市中存在的两类情况：一类是已经进入了城市意象体系，另一类是未进入城市意象体系。对于已经进入城市意象体系的，可再分析出作为水系所依托的意象元素的认知度的强与弱，以及水系在所在的意象元素中的认知度的强与弱，以此探讨相应的意象强化措施；对于未进入城市意象体系的水系，可再结合城市规划图等其他资料，分析城市规划设计将这部分水体资源纳入到城市意象体系中的可能性及其方法。

将水体分布图与城市总体规划及各类专项规划图叠加，我们能看到水体分布与它们之间的关系。鉴于水体分布图反映出的湖塘河道在城市中与陆地的面积比在不同区域的变化状况以及河道在不同区域的疏密状况，由此分析规划对水体的保护、利用或破坏状况，分析现有水体及滨水空间的公共性程度、水体资源可意象性程度以及强化其意象度的方法等。分析规划设计配合水系进行调整以形成新的能获得水城意象的空间场所的可能性。

将城市水体分布图与古城历史水系图叠加，可以直观地看到城市发展演变至今水系格局和形态发生的变化，梳理出保留的水系、消失的水系和新增的水系三种状况。在此基础上再与城市认知图及意象元素图等叠加，由此来分析保留和新增的水系在城市意象中目前的状况以及提升其被意象度的可能性及其方法；分析对消失的水系及其滨水空间进行恢复的现实性、城市意象价值及其方法等。

11.3.3　借助城市意象的水城意象塑造思路

从上文述及的对城市水体和意象的调查以及调查资料的整理和分析中，我们可以获得如下几个方面的结论和信息：①城市意象元素落实到具体的城市主要是哪些空间场所，或者说，哪些空间场所对人们形成具体城市的水城意象起着重要作用；②由古及今，哪些意象元素（空间场所）是传承的、弱化的或丢失的，哪些是新增的；③哪些意象元素有水的参与，哪些没有，以及水系在所在的意象元素中的认知度的强与弱；④城市水系与意象元素在空间上的关系。我们可根据以上信息，建构以下研究框架：

1. 对现有的水城意象元素的保护思路

现有的水城意象元素是指在当今城市意象认知体系中的具有水元素的空间场所，可简化地分为历史的被传承下来的及现代形成的两方面。

经过历史的发展演变，有一部分有助于认知水城的历史的空间场所得以保留下来或有了一定程度的发展，并成为今天城市意象认知体系的组成部分。这部分意象元素是水城意象的"根"，包含着丰富的历史信息，是人们形成水城意象的最重要的参照物，对延续水城意象有至关重要的作用。而在城市建设发展中现代的围绕（结合）水体形成的空间场所，它们之所以能进入意象体系，说明它们在城市空间中承担着重要的角色，也反映了市民对其较强的参与度。上述两方面的空间场所一起记录着城市的发展史，承载着城市的集体记忆。因此我们均应对它们悉心维护。

保护应涉及三个方面：一是对空间的保护，保护其所在区域的空间格局；二是对构成实体的保护，对空间场所自身，要保护其构成内容完整性，维护它们本来的历史面貌；三是对水体的保护，这涉及水系的质量。对于历史遗存的空间场所因建立严格的保护政策与措施，对于现代形成的空间场所可根据不同情况区别对待，可在保护其历史信息的前提下进行完善、发展。

2. 对水城意象元素的恢复方法

恢复是针对"被丢失的"、"被弱化的"及"被边缘化的"三种情况而言的，恢复的方法因情况的不同而不同。恢复应是有针对性和选择性的。

"被丢失的"是指历史上曾经存在现已消失的空间场所。恢复应满足以下三个方面的条件：一是承载历史、事件，能强化人们对水城特色认知，即恢复是否具有历史价值，这依赖于上文述及的调研；二是在今天的城市中，其所在区位具备成为今天城市意象要素的条件，即恢复是否具有现实价值，这依赖于上文图 11-3 的叠加等分析；三是在其具体位置进行恢复的可接受的代价，即恢复是否具有现实性。恢复可分为完整性恢复和象征性恢复两种方法：完整性恢复依赖于准确详实的资料（测绘图、照片、文字资料等的综合）；象征性

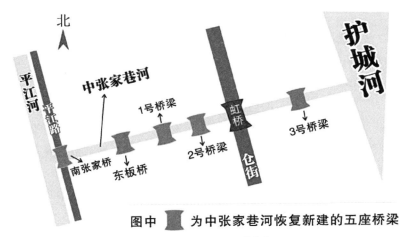

图中 ▇ 为中张家巷河恢复新建的五座桥梁

图11-4 中张家巷河的恢复

恢复依赖于是否存在可利用的素材（如房屋的基础还能否找到、原河床码头是否还有残存或是否能准确定位等），通过对历史素材、残存的展示，使历史的水城意象信息呈现在城市公共空间中。如历史上苏州古城曾经拥有"三横四直"的水网骨架，但由于战火原因第二直河逐渐被填埋，水网骨架呈"三横三直"布置。现第二直河被填埋部分虽然已经建有民居，但原河床仍然保存完好，具备恢复的可能性。苏州计划恢复古城平江区内的钮家巷河、内城河、白塔子河及中张家巷河四条历史河道，其中中张家巷河（图11-4）现已恢复成功，连通了平江河与东护城河。

"被弱化的"是指能够表达水城意象但由于构成要素遭到了破坏其表达力下降的空间场所。在城市意象的调查中总存在一些年长者印象深刻而被年轻者忽略的空间场所，我们发现这些往往就是构成要素遭到破坏的空间场所，年长者的认知是凭借着过去的经历和记忆。因此，通过意象调查把这些空间场所梳理出来是首要工作，"被弱化"可以理解为是因部分的"被丢失"所造成，恢复的现实性和价值论证以及恢复的方法可参照上文。如历史上水城意象鲜明时期的苏州的阊门—金门商业区，有护城河及山塘、上塘三条河流，商业空间滨水而设，与城墙等要素结合形成鲜明的水城意象。现今商业区的繁华程度有过之而无不及，河流、城墙等要素都在，但在今天的商业空间却与水系脱离了关系，严重弱化了水在空间中的地位，使其水城意象的表达力严重下降。

"被边缘化的"是指能够表达水城意象但由于各种原因很少被认知的空间场所。在城市意象的调查中总发现一些空间场所它们不在或几乎不在城市意象认知体系中，但有着能够表达水城意象的很多要素，其原因是或位于城市空间的角落，或缺乏交通联系，或被城市其他建筑包围隐藏，或被专有化，使其处于公众"走不到、看不见"的状态。这种情况已经不需要举例，因为实在是太普遍了。对"被边缘化的"，一是通过上文图 11-4 规划调整及城市设计或专项修规把它们请回城市空间中来，二是通过下文述及的水城意象强化方法让他们参与到城市公共生活中去。

3. 对意象元素的水城意象强化途径

强化是指通过梳理有助于形成水城意象的城市意象元素，在保护和可能的恢复保护的基础上，强化其水城意象的被认知度和表达力。梳理工作参见上文图 11-3 与图 11-4，强化途径可归纳为三类：①意象元素中有水的，设法强化水元素在其中的地位；②意象元素附近有水的，设法使二者获得联系乃至合二为一；③意象元素中及附近均没水的，设法人为地制造水景或水的意象；④加强意象元素间的联系。

道路：在意象调查中被大量认知的（反映在意象元素图和认知地图上的）道路是重点研究的对象。道路一侧有河道或湖塘的，应在可能和合理的前提下取消遮挡物，使二者获得空间和视线上的联系。道路的转弯处和交叉口总是人视线的焦点，在此处使人获得水景应是考虑的重点。对于慢行道路的调整规划，若有可能结合水系设置应作为优先考虑的方案。

边界：边界是人划分和联系区域的重要参照，人往往通过边界获得自身在城市空间中的定位和对城市结构的认知。边界可以是河流、可以是城墙、可以是绿带，也可以是围墙栅栏等。人总是有意无意地去捕捉边界，因此强化边界上已有的水元素或在无水的边界上添加水元素是值得重点考虑的内容。此外，水自身就是做边界的很好素材，用它来替代原有的边界素材也是很好的方法。

区域："区域是城市内中等以上的分区……因为具有某些共同的能够被识别的特征……大多数人都是使用区域来组织自己的城市意

象……"[1] 由于区域的面积较大，人为地添加水元素只能是因地制宜、因势利导。但在江南水网城市，事实上很多区域均存在甚至大量存在水体资源，因此，通过梳理城市空间使水体显现出来以及通过梳理和增添水体使之在空间中联系起来，使水成为区域的特征之一乃至主要特征是应该重视的思路。

节点与标志物：节点与标志物均由某些功能或物质特征构成的，前者是点状空间，后者是点状实体。节点可大可小，可以是城市广场，可以是道路的汇聚点，也可以是街角空间等。标志物可以是建筑、标志乃至店铺等。一个空间或实体成为节点或标志物反映的是城市的集体记忆，其形成依赖于其特征和意义。标志物所在的地方往往就是一个节点。意象调查获得的节点与标志物是重点研究的对象。将邻近的水引进来是首选方案，与附近的水体获得空间联系是第二方案，在各种条件均不具备时人为地加入水的元素也是可考虑的选项。

11.4　结语

当前水城特色消退的根本原因是水体在城市中被感知度的下降导致人的水城意象生成困难。文章借鉴城市意象理论及其方法，以意象五元素为切入点，结合认知地图，探讨了围绕重塑水城意象从意象及相关资料调查、分析到意象塑造途径的内容和方法。虽然这一切还只是在思路层面，但我认为这是一条恢复和重塑水城意象可行的具有现实性和有效性的途径。

本章图片来源（除以下列出外均为作者自绘或自摄）

图 11-2　（美）凯文·林奇. 城市意象 [M]. 方益萍, 何晓军译. 北京：华夏出版社，2001：书籍封面.

图 11-3　作者根据唐代城市规划图（陈泳. 城市空间：形态、类型与意义苏州古城结构形态演化研究 [M]. 南京：东南大学出版社, 2006.）、南宋《平江图》（苏州古城地图集 [M]. 苏州：古吴轩出版社，2004.）等绘制.

[1]　（美）凯文·林奇. 城市意象 [M]. 方益萍, 何晓军译. 北京：华夏出版社，2001：36.

图 11-4 人民网 js.people.com.cn.

本章参考文献

[1] 胡莹，张霖. 传统街巷空间意象的延续 [J]. 规划师，2003(6).

[2] 顾朝林，宋国臣. 城市意象研究及其在城市规划中的应用 [J]. 城市设计，2001(3).

[3] 林林，阮仪三. 苏州古城平江历史街区保护规划与实践 [J]. 城市规划学刊，2006，163(3).

12 基于江南水乡城市水城意象塑造的城市交通空间规划设计思考

"水城意象"可理解为水成为城市特征的"城市意象"。所谓城市意象是指人们对城市环境产生的经验认知，是人的大脑通过想象可以回忆出来的城市印象。水城意象就是由于水大量出现在城市空间中，而使人们产生的对水城的认知共识。江南水乡近现代多指长江三角洲太湖平原地区，是典型的平原水网地区，因河道密布、湖塘众多，而有水乡泽国的美称。历史上的江南水乡城市因水网而择址，因水运而兴经贸，又因水势而成水乡风貌，具有鲜明的水城特色。《北京宪章》指出，技术和生产方式的全球化带来了人与传统地域空间的分离，地域文化的多样性和特色逐渐衰微、消失，城市和建筑物的标准化和商品化致使建筑特色逐渐隐退，建筑文化和城市文化出现趋同现象和特色危机[1]。这些全球性的问题同样出现在中国的传统江南水乡城市中，水城的特色正面临消失的危机。因此，维护、传承和发展水城意象对江南水乡城市的城市特色塑造、城市形象营建具有重要的意义。

12.1 水城意象形成与消退的原因

历史上的水乡城市给人以水网密布、河流纵横交错的独特印象，这印象或曰水城意象。水城意象的形成，一方面是由于人们择水而居的生活方式，使水巷成为了人们日常生活的主要场所；另一方面是由于水路（河道）在过去与陆路是同等重要的城市交通载体，城市道路与河道共同构成了互相密切配合的系统，由此形成了江南水城独特的社会生活及经济活动方式。其表象是道路顺应水网，城市主干路往往与主河道平行，次一级的街巷在河道界定的地域内划分组团，或与河道垂直到达水边，以河埠为终点或以桥梁跨越河道；水路与陆路形成

---

[1] 国际建筑协会. 北京宪章 [J]. 建筑学报，1999(6)：4-7.

大大小小的交汇点，大的交汇点是城市的交通枢纽，是货物集散交易的集市，是商业中心，是集会和文化娱乐中心；小的交汇点是河埠、水栈和相应的市民生活空间。这些交汇点成为了水乡城市中最为活跃的场所。从以上的城市意象中可以看出，水成为人们城市生活中随时出现的内容，而其中道路交通空间对城市结构与空间特色的形成起着极其重要的作用，它们与水系的紧密关系是水城意象生成的核心因素。

当前，江南地区不少"水乡城市"因水城意象消退已变得名不副实。其原因是多方面的，表面原因一方面是水系量的减少（被填埋），另一方面是水系离开了人们的视线（被隐藏）。而深层次原因一方面是现代居住小区带来的现代化生活取代了传统时期人们择水而居的生活形态，另一方面是城市内部河道的运输功能已无法满足日益提高的社会经济发展要求，现代交通快速机动化的发展，导致河道的物流功能和交通功能衰退。这些综合因素使得城市道路与水系原本必然的紧密关系不复存在，导致二者空间上的疏远和相互间联系的消失，并连锁导致承载城市社会生活及经济活动的各类亲水空间的消失。水系离开了现代城市公共空间被隐藏在人们看不见、走不到的地方。综上可知，除了水系量的减少，交通空间与水系关系的断裂是导致水城意象消失的根本原因。

12.2　通过交通空间规划重塑水城意象的可能性

凯文·林奇城市意象五要素"道路、边界、区域、节点、地标"中，"道路"在塑造城市意象中占据重要地位。人对城市的感受主要来自室外的活动，而其中大部分时间是在道路上，"人们沿着道路运动，同时观察城市，并靠这些道路把其余的环境因素组织、联系起来"[1]，由此可见道路对城市意象形成的重要性。

城市交通方式常分为三种：步行、非机动车、机动车。通常的城市道路同时满足这三种交通方式。这种多类交通方式并存的综合性道路与水系结合有一定难度，只能因势利导，很难刻意为之，但也不乏成功的例子。如苏州干将路在拓宽道路时通过选择拆除沿河两侧建筑

[1]（美）凯文·林奇. 城市意象 [M]. 方益萍，何晓军译. 北京：华夏出版社，2001.

形成路河结合的水陆关系。当然，综合性道路与水系结合是有得有失的，"得"如苏州干将路，使横穿古城的城市大动脉上获得了水的意象；"失"则是指机动车道会切割城市空间往往使人们难以接近滨水空间。但这种结合还是具有价值也具备可能性的，需要结合具体情况权衡利弊。因此，将综合性道路中的步行和自行车道分离出来，即采用快慢分离的道路组织形式值得尝试。步行和自行车道亲水布置的可行性更高、灵活性更大，且与滨水空间的可融合度高。此类道路多为生活性道路且"慢"，人们的城市空间活动参与度和对水的认知度更高。城市道路交通如果是过境性的，交通形式为机动交通；如果是通过性的（城市各功能区及交通客货运点之间的交通联系），交通形式为机动交通和非机动交通；如果是城市功能区内的交通出行，交通形式以步行和非机动交通为主。目前，水乡城市的道路（尤其在老城区大部分是由原先的巷道拓宽而成）普遍拥挤，车行交通与步行和自行车交通混行和交叉导致了交通效率低下，安全难以得到保障。因此，在合适的区域和路段从综合性道路中分离出步行和自行车道具有充分依据与现实价值。此举不仅使机动车道获得宽度和交通通行效率，而重要的是分离出来的步行道和自行车道可较方便地沿水系布置。此外，对水系的直接使用也是塑造水城意象的重要途径。在城市道路日渐拥堵的情况下，城市河道是尚未很好利用的天然交通系统和尚可挖掘运输潜力的交通设施。一些城市开展旅游和运行水上公交已对河道进行了部分使用，未来需进一步梳理和疏通水系，改善和完善水上交通环境和网络，使之成为城市交通的补充。由此，步行道和自行车道沿河设置使岸线获得开放并使滨水用地传统的使用方式得到激活成为可能，同时河道运输功能在一定程度上恢复使滨水空间的活力得到强化并使水从可观走向可参与成为可能。更为重要的是，由此带来的亲水步行和自行车交通、水上交通与城市其他交通方式间的联系空间，如轮船码头、公共自行车租赁点、公交车站、地铁站、停车场库等亲水设置，可激发滨水节点空间的形成，进而促进城市商业、公共服务设施、城市绿地等公共空间向滨水发展。

在构成城市意象的五要素中，"道路"（陆路与水路）因结合水系而获得水，"节点"和"地标"因此而在水边生成，河道作为"边界"

因被展现使意象更为清晰,河网因回归人们的视线成为"区域"的特征,甚至河网可因其特征而使人们形成"区域"认知。因此,通过交通空间规划设计重塑水城意象是具有可行性的。

12.3　城市交通空间规划设计思路与方法

12.3.1　步行和自行车道路与水系结合

在城市没有快速交通的时代,步行交通构成了城市唯一的交通系统。因此,步行和自行车道路与水系结合在很大程度上是"回归"传统水城城市空间与水系关系的抓手。通过这种结合,能够提升滨水乃至周边地块的商业价值,推动滨水公共空间的形成和活力激发,使得人们的城市生活与水的关系更为紧密,从而促进水城意象的生成。

步行和自行车道路结合水系的思路需要水系数量的支撑,尽管城市水系在过去被填埋不少,但是当前在江南水乡城市的大部分地区实现这一思路是具备条件的。以苏州市为例,苏州高新区是苏州市内水网密度最小的地区,而(图12-1)所示又是高新区内水网密度最小的区域之一。不难看出它仍具备实现这一思路的条件。步行和自行车道可以从城市的综合性道路中分离出来,也可以结合水系另行规划设置。步行和自行车交通与水系的关系通常为平行和垂直两种(图12-2)。平行关系即将步行和自行车道沿水系布置,是步行和自行车系统的主体。平行关系最直接地将人们与水的距离拉近,水作为步行和自行车交通空间的一部分进入人们的视野。垂直关系是平行关系的补充,是步行和自行车系统的完善,在河网密度不高的区域不可或缺。垂直关系最直接的是将人们引向水边,水以视觉终点的方式进入人们的视野。

为重塑和强化水城意象,与水系结合的步行和自行车道路规划设计,首先要保证道路具备充分可达性和连续性,可达性来自于与城市公共空间及其他道路的充分连接,连续性是要保证步行和自行车交通者的始发点和目的地之间的路径连续。其次,应发挥步行和自行车道走线与步行和自行车道空间形式的灵活性优势,沿河走线不可一味沿河边机械设置,道路横断面乃至空间形式也应富于变化,以产生富有生机和灵活多变的空间与景观。第三,应结合沿路的河流形态、空间

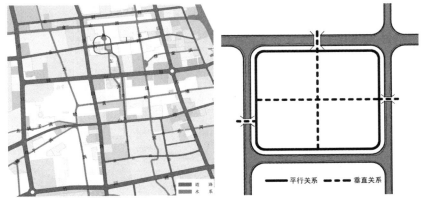

图 12-1 苏州新区某区域道路与水系示意　图 12-2 步行和自行车交通与水系的关系

形态与商业、绿地等统筹规划，形成滨水的交往平台，产生丰富的领域空间，促成一个以人的行为为导向的滨水公共环境。第四，随水系转弯的步行和自行车道（平行关系）的转弯点、垂直关系与平行关系步行和自行车道的交点，是视觉焦点，是产生停留空间、桥梁等的节点空间，应是打造滨水空间塑造水城意象的重点。

12.3.2 复兴水上交通

　　水上交通是历史城市水城意象的重要来源。水上交通重建复兴的不仅仅是交通本身，更是"水城生活"的文化和场景，因此也是通过交通空间重塑水城意象的重点。以水为脉，水上交通的复兴可以在一定程度上恢复和发展水城原有的交通组织模式、城市亲水节点以及水街空间。通过对水的直接使用使人与水的关系更加紧密，促进水体空间回归人们的城市生活，从而推进水城意象的复兴。

　　复兴水上交通除依靠水系的量，更需要质的支撑。在江南水乡城市，随着工业与城市生活排污得到有效治理，目前水在质方面的问题主要是因河道网络不畅、河水流动不够造成的。杭州水上巴士（图 12-3）的开通证明了通过水系在质方面的提高是可以满足营运要求的。

　　复兴水上交通，一是使城市水系网络化。通过清理和疏通河道，使水系网络畅通；二是充分利用水系，合理规划交通。因势利导，因"河"制宜。河道有宽有窄，并有着不同的城市空间环境，窄的河道可

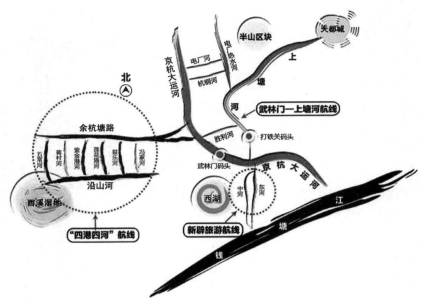

图 12-3　杭州水上巴士线路图

适当拓宽，不能拓宽的，可设为单行线路。三是做好交通的衔接。"水陆"本是两套互补的交通体系，因此不仅要做好水上旅游与水上公交的衔接，还必须做好与城市其他陆路交通的衔接，以此形成完善的水陆交通联动体系，将客流引至水上，使水上交通被充分利用。四是遵从历史，复兴水文化。江南水乡辉煌的历史使得许多河流及水埠、码头等空间场所都暗含历史故事和与水相关的文化，对于这些已远离人们视线乃至记忆的具有文化历史的河道及相应空间，一方面要进行保护和恢复，另一方面要有意识地设计交通线路，使它们回到城市生活中来。如有学者对苏州环古城水上巴士系统进行了规划（图 12-4）[1]，把各时代具有历史价值的空间场所进行了串联；还有学者就拓展进行了构想（图 12-5）[2]，把苏州水域的古城区、太湖区域、阳澄湖区域、石湖区域和金鸡湖区域等"五区"，整合为"五区鼎立"的旅游区，同时"外射六廊"，即开发利用山塘河、外塘河、胥江、上塘河、石湖河六条历史

[1]　樊钧,施进华,潘铁,等.城市水上巴士系统规划——以苏州为例[C]//中国大城市交通规划研讨会.中国大城市交通规划研讨会论文集.中国城市规划学会城市交通规划学术委员会,2010：599-606.
[2]　宋言奇,王赵云.拓展苏州水上旅游空间的构想[J].规划师,2005,21(6)：35-38.

图 12-4　苏州环古城水上巴士站点总体布局规划

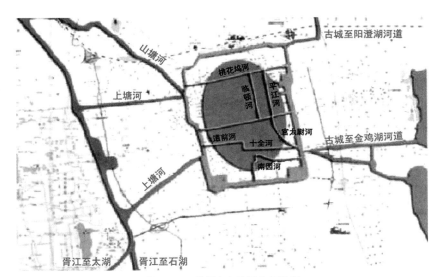

图 12-5　苏州水上旅游空间构想

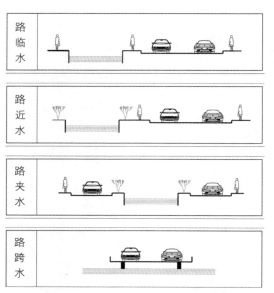

图 12-6　综合性道路与水系结合形式

河道作为连接水廊，把苏州各主要历史景点进行串联。这些把水上交通规划与水城历史文化挖掘和展现相结合的研究，对于从历史与文化的深度复兴水城意象具有很高价值。

12.3.3　城市综合性道路与水系结合

目前，城市道路几乎都是综合性道路，因道路的实际需要和城市建设现状的制约，快行、步行和自行车道分离不可能在所有道路上实施。"道路"位于城市意象五元素之首，作为人认知城市的重要途径当然也包括城市综合性道路。因此，与水系的结合对水城意象的塑造依然非常重要。

综合性道路与水系结合主要有以下几种形式（图 12-6）。

1. 路临水

即城市综合性道路紧邻水系。由于路与水的关系紧密，水系很容易进入人们视野，同时靠近水系一侧的步行和自行车道成为了亲水步道。苏州的临顿路就采用了路临水的形式，作为市中心南北向重要道路，对水城意象的塑造价值很大，无锡运河路、常州延陵路的部分路段也采用了此形式。

2. 路近水

即水系与道路之间保留一定距离，之间形成城市带状广场和绿地的组合形式。人在道路上同样能看到水系，从靠近水系一侧的步行和自行车道上，人们能方便地进入城市广场和绿地。如嘉兴环城路、无锡解放南路、苏州南门路即采用此形式。

3. 路夹水

即水系在综合性道路中间的一种较为特殊的形式。水系可以在机动车道与步行和自行车道之间，也可以在双向机动车道之间。如苏州干将路古城段（学士街—仓街）即为此种形式，由于是贯通苏州城区东西向的大动脉和轴线，故而成为了苏州城市的特色景观。

4. 路跨水

即在水域上架设道路，使道路跨越水面的形式。路跨水往往是道路系统现实需要的结果。它的特点是道路两侧都是水，交通空间通过穿越水体空间获得"水意象"。同时，桥梁自身也是"水意象"被感受的对象，如苏州独墅湖大道、吴江东太湖大桥等。

道路系统规划涉及城市用地的合理利用和自身的科学性要求，而在前文中谈到机动车道会一定程度地切割城市空间，易使人对滨水空间的可接近度下降，导致其意象度下降。因此，对于综合性道路与水系的结合，首先应综合各种因素进行得失权衡分析。需要指出的是，其中的"得"即通过道路实现对水系的展示并把人流引向水体是非常重要的"得"，需在权衡中作为重要的因子加以考量。其次，应遵循"因势利导、因地制宜"的原则。现实中的道路，大都是原道路选择向河道一侧拓宽，往往通过拆除"街—建筑—河"（即传统"前街后河"形式）中的建筑形成，或是直接对原来就临水道路进行拓宽的结果，这些都是交通空间向水边发展值得借鉴的例子。此外，对于被机动车道隔离的滨水空间，应采取多种手段尽可能增加人的可及性，提升其价值与活力。如利用路口引入人流,利用或建设地下或空中通道提供交通联系，甚至可利用或建设人行桥梁与河对岸的空间取得联系等。

12.3.4　交通连接节点与水系结合

亲水的交通连接节点是江南水乡历史城市的重要空间场所，也是水城意象的重要来源。交通连接节点与水系结合的意义不仅仅是其自身获得水，还在于通过它产生城市公共空间向水边发展的动力，从而复兴人水相依的、具有水城特色的城市生活空间和文化。

交通连接节点能否亲水设置，取决于道路尤其是步行和自行车道亲水设置及水上交通复兴的思路能否成立。上文对二者已作出了肯定的回答。因此，对机动车交通、步行和自行车交通、水上交通以及可能的轨道交通间所需要的连接换乘节点进行亲水设置必然是

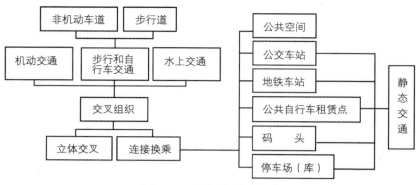

图 12-7　系统交汇形成关系

成立的。事实上，亲水道路、水上交通及亲水交通节点三者，对于把人的城市生活及城市空间引向水边从而复兴水城意象，是相辅相成、相互促进的。

各交通系统在此形成交通交汇点，由此形成由码头与公交车站、地铁车站、公共自行车租赁点、停车场（库）以及相应的公共空间等构成的亲水的交通连接换乘区（图 12-7）。

重塑和强化水城意象，结合水系的连接换乘节点进行规划设计，一是应尽可能多地把各类交通车站结合在一起，形成大型滨水节点空间，从而一方面方便换乘，提升水上交通和亲水步行和自行车交通使用的便利度，另一方面推动城市空间向滨水发展。二是江南水乡辉煌的水文化留下了许多具有历史积淀的水埠、码头等空间场所，在进行保护和修复的同时，应尽可能围绕其打造连接换乘节点，使水城的历史及其意象回到今天的生活空间中来。三是大型换乘节点附近通常会形成人流聚集，因此有必要在这些车站周围规划疏散公共空间，同时考虑设置相应的配套设施，如小型休憩空间、公共厕所、便利店、茶吧等。四是这些人群集中停留的场所，势必带动周围商业的发展和功能地块经济价值的提升，因此，应主动将周边商业空间、公共绿地、停车场（库）等与节点空间进行整体规划开发，形成综合性的城市滨水空间。五是空间布置与环境设计应突出水在空间中的地位，围绕水体塑造亲水性空间，提供亲水的停留、休息设施等，使水体成为场所的视觉和趣味中心（图 12-8）。

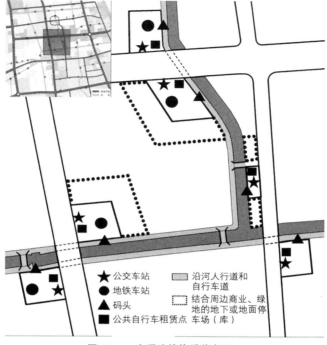

图 12-8　交通连接换乘节点图示

12.4　结语

江南水乡城市河流纵横交错，历史上因城市交通空间与水系的紧密关系造就了滨水空间在城市中的独特地位，由此成为水城意象生成的核心因素。因此，从城市交通空间规划设计角度探讨江南水乡城市水城意象塑造，是基于本质、切合实际的着眼点和切入点。其核心是重新建立交通空间与水系的紧密关系，具体来说一是拉近两者的空间距离（尤其是步行和自行车交通与水的距离），以此提升滨水地块的商业价值，激活滨水空间活力；二是通过复兴水上交通和沿河步行和自行车交通，以此创造新的滨水交通联系空间和复兴历史的河道空间及交通联系空间。由此，在交通空间获得了水的同时，城市公共空间获得了向水边发展的动力，与水相关的历史文化及其意象获得了复兴的机制。水回到人的城市生活空间中，水城意象自然而成。

这一思路很大程度上是对传统的"回归"。当然，这种"回归"不可能也不应该是复制历史的面貌，而是以传统为线索的时代发展。道路交通空间规划的科学性、合理性与水城意象塑造的兼顾是完全可能的，当然，操作层面还需要研究具体深入的解决方案。

本章图片来源（除以下列出外均为作者自绘或自摄）

图 12-3　百度图片 image.baidu.com.

图 12-4　樊钧，施进华，潘铁，等. 城市水上巴士系统规划——以苏州为例 [C]// 中国大城市交通规划研讨会. 中国大城市交通规划研讨会论文集. 中国城市规划学会城市交通规划学术委员会，2010.

图 12-5　宋言奇，王赵云. 拓展苏州水上旅游空间的构想 [J]. 规划师，2005，21(6).

本章参考文献

[1]　国际建筑协会. 国际建协"北京宪章"（草案，提交 1999 年国际建协第 20 次大会讨论）[J]. 建筑学报，1999（6）：4-7.

[2]　（美）凯文·林奇. 城市意象 [M]. 方益萍，何晓军译. 北京：华夏出版社，2001.

[3]　樊钧，施进华，潘铁，等. 城市水上巴士系统规划——以苏州为例 [C]// 中国大城市交通规划研讨会. 中国大城市交通规划研讨会论文集. 中国城市规划学会城市交通规划学术委员会，2010.

[4]　宋言奇，王赵云. 拓展苏州水上旅游空间的构想 [J]. 规划师，2005，21(6).

13　恢复水网显性的江南水乡城市滨水用地规划调整方法研究[1]

　　江南水网地区是一个历史悠久的地域概念，不同的历史时期其地域划分有所不同。近现代则多指位于长江三角洲的苏南地区和浙江一带，包括苏（苏州）嘉（嘉兴）湖（湖州）杭（杭州）绍（绍兴）甬（宁波）等地。江南地区气候温润，雨水充沛，水网密布，素有水乡泽国的美称。"小桥流水、老宅深巷"体现了典型的江南水乡景观意象。

　　改革开放以来江南地区也是经济高速发展的地区。在快速城市化进程中，城市地域特色，尤其是极具代表性的水城特色正逐步消逝。一方面需要保护极具历史、地域特色的传统水城意象，一方面又需要承接现代化城市发展。如何协调这两者关系需要深入的研究。

13.1　江南水城中水网隐形退化

　　构成江南水乡传统城镇意象的元素很多，小桥流水、园林庭院、粉墙黛瓦……而在这些形成水乡城镇特色的物质条件中，最基础最主要的元素是城市中的水体。从历史角度来看江南水乡城镇的产生和发展，都与水休戚相关。一是城镇的形成缘于水。江南水乡城镇大多坐落在河湖交汇之处，在古代南方地区、以舟楫为重要交通工具的时代，这些城镇因交通便利而得到发展。如京杭大运河的营造有力地促进了其沿线镇江市、常州市、无锡市、苏州市，嘉兴市、湖州市、杭州市等地城镇的发展，衍生了一大批星罗棋布的小城镇；二是城市的生长依托水网。江南水乡古城镇中河道相当于道路，舟楫等于车马。伴随柴米鱼盐等市沿河而兴，餐茶酒宿等依河而建，各种商铺汇集于水边，形成独特的滨水公共空间；三是城市生产生活用水排水依靠河道。

　　城市沿河地带出现了独特的线型空间肌理。"河—街—屋"三种空

---

[1]　曾发表于《规划师》2014 年 02 期。

间元素沿水轴线并行重复，形成了江南水乡城镇特殊的空间特色。"因水成市，顺河而居"高度概括了这一现象。城市与水网的紧密关系是标识传统江南水乡区别于其他地域城市景观的特征之一。

但是，这种诗意般的水乡城市意象正面临着瓦解消逝。如具有2500年历史的苏州市作为国务院首批公布的24个历史文化名城之一，古城严控保护区规划面积22.63km$^{2[1]}$，但相对2014km^{2}的苏州市总体规划范围，不过百分之一。尽管保护范围外广阔的城市新区水网依然密布，但课题组对市民及游客的问卷结果都不认为城市新区有较为鲜明的水城特色，除了对几个大型水面有印象外，对"老城以外的河道数量是否与老城内一样多"甚至"老城内河道数量是否与二十年前一样多"等问题都作了否定的回答。

课题组针对这一不符合实际的现象抽取了苏州高新区若干河道展开调研，以下为其几处有代表的地段。

地区一：运河路与邓蔚路交汇口附近金山浜河

河道左侧现为练车场，滨河现有铁栅栏封闭。右侧为苏州捷嘉电子有限公司，沿河有栅栏封闭（图13-1）。

地区二：张橙桥、塔园路与邓蔚路交汇口附近金山浜河

河道右侧左侧均是居住小区。在河道和居住小区间有栅栏分隔，居住小区滨河地带为绿化（但不可以进入）和自行车棚（图13-2）。

地区三：何山路滨河路交汇口东南角支津河

河道左侧为金枫苑居住小区，沿河为小区围墙；右侧为科德宝家居用品公司厂房，沿河为栅栏，滨水地带为道路和停车位（图13-3）。

这几处河段处在苏州高新区中心附近，由于缺乏人体验水的条件

图13-1　河道滨水全景图1

---

[1]　王晋. 城市现代化进程中的苏州古城保护与更新 [J]. 现代城市研究，2004（6）.

图 13-2　河道滨水全景图 2

图 13-3　河道滨水全景图 3

和机会，滨河空间鲜有人活动。这种情况在苏州高新区中是普遍现象，事实上在江南水乡的其他城市也是普遍现象。很多河道默默地流淌在城市中，在城市居民及外来者的主观感知中"消失"了。

13.2　水网隐性退化的原因及恢复显性的对策

为什么江南水乡城市的水网会在城市中"消失"了呢？

首先并不是水网数量的问题。由于特殊的地理气候，水网密布仍然是江南现代城市特征之一。江南地域充沛的降水（年降水量约 1400～1600mm），地表径流丰富，河道湖泊等水体仍然在城市中占有很大比例。如苏州市全市总面积 8488.42km²，其中水域 3607km²，占 42.5%；无锡市总面积为 4787.61km²，其中水域面积为 1502km²，占总面 31.4%。[1] 城市河道水网的绝对数量仍然可观。

其次也不能归结于水网的质量问题。在改革开放早期江南城市水污染确实比较严重。但是近年来通过治污限排、雨污分流、清淤冲洗等措施,河道水质已大为改善。苏州市 26 条重点流域主要河流水质 3.8% 达到地表水 II 类标准；30.8% 达 III 类标准；42.3% 达 IV 类标准。

要分析这一问题还需要回到原点，重新审视传统江南城镇中水与

[1]　中华人民共和国国家统计局．中国统计年鉴 [G]．

城之间的关系。传统江南城镇水网与滨水空间并不是单纯的交通空间，而是一种空间模式和行为模式的综合体，是城市中最活跃最公共最开放的地段，相当于现代城市中道路与沿道路公共空间。居民在这样的城市公共空间中交易、集会、交谈、娱乐，从功能上来说具有多重性和模糊性。不仅是一种物质实体还是一种心理空间和社会空间。正是因为承载着人的大量活动，传统江南城镇中水与滨水空间才能成为城镇的主角存在。

而现代江南水城市建设中，并没有意识到这一关键问题，忽视了对传统水乡城镇"水陆相生"的城市格局的传承和发展。城市滨水地带的功能安排了太多封闭性质的用地，如工厂、居住小区、单位用地等，造成城市很多河道水体被包裹在内，城市居民无法进入；各个功能地块的划分消极地对待水网，使众多河道水体成为规划地块的"边角"；线性的滨河空间被人为地割裂分割，"画河为牢"；道路交通与滨水空间缺乏联系。滨水空间的非公共化、碎片化，割裂了传统水乡城镇中人与水的亲密关系。河道水网陷入"走不到，看不见，无互动"的境地。这正是江南水乡城市中水网隐性退化的主要原因。"水乡"的"水"虽然还存在，但是"水"与"乡"（城市）的关系却不复存在了。

要改变这一局面，恢复江南水乡城市中水网的主导显性地位，需要重构水网与城市的紧密联系。涉及的方面很多，首要的是要恢复滨水空间中人的活动。具体到城市规划专项而言，需要打破滨水空间封闭的现状，滨水空间恢复面向公众开放。让城市居民可以重新走到水边，看得见水，继而汇聚在水边行走活动、交谈娱乐、集会交易……只有滨水空间恢复公共开放的属性，才能够承载公众的活动；有了人的滨水活动，城市才有可能恢复以往的水城意象。

13.3　江南城市滨水用地属性研判

现代城市规划中，城市区块被赋予特定的功能属性。上位规范《城市用地分类与规划建设用地标准》目前实施的是 GB50137-2011，城市建设用地共分为 8 大类、35 中类、44 小类。但是在新规范实施之前 GBJ137-90 实施多年，目前很多现有规划仍采取的是旧分类标准，共分 10 大类，46

中类，73 小类。研究中分别针对新旧规范做出了相应分析研判。

如前文分析，传统江南水乡中水陆相生的空间原型是基于水与城市公共活动空间的紧密联系，现代江南城市建设中正是割裂了这种联系而造成江南城市特色的缺失。因此在城市规划现状下，重塑"水乡"城市意象，首先要确保滨水空间的用地属性以公共活动为主导，兼具开放空间的性质。

根据公共开放的原则，为了方便研究评价，将各种属性的城市用地与水体的关系归纳为适宜、兼容、排斥三大类关系。

13.3.1　适宜

适宜的关系指城市用地的主导活动性质符合公共、开放的属性，有利于与水体形成亲水空间。该种关系强调了水与城市场所之间的相互需求关系，在空间关系中表现为水与用地相邻、穿越或包含等紧密结合的关系。如城市公共绿地，其符合公共活动场所的属性，而且绿地与水体结合适宜于形成带状滨水空间。因此在滨水空间布置城市公共绿地是适宜的。

13.3.2　兼容

兼容的关系指城市用地的主导活动性质虽然并不属于完全公共、开放的性质，但是对特定群体居民是开放的，属于半开放的性质。该种关系表现了水与城市场所之间的松散联系，在空间关系中应表现为水与地块相邻并列的关系。如居住用地，除少部分开放型社区外，大多数新建居住区采取了封闭式管理。城市水网在其内部只能惠及小部分特定人群，并不能形成滨水城市公共活动场所，这只会加剧滨水空间的破碎化。从这种角度理解，居住区属于兼容范围。

13.3.3　排斥

排斥关系指城市用地的主导活动性质不符合公共性质，无法与水网形成亲密关系。或者反之水网会对该用地使用产生不利影响。因而两者在空间关系中不应或严禁相邻、穿越或包含，甚至需分离一段距离。如大多数工业工地、仓储用地。除少部分需要水运的工矿企业外，大部分工厂、仓库属于私属用地，完全不能容纳城市公共活动。而且出于安全要求，各个工厂企业间、工厂和河道间都有围挡封闭。因此城市滨水空间不适宜大范围规划为工业仓储等封闭类型的用地。

根据以上分析判断的原则，首先对 GBJ137-90 分类标准下用地属性进行分析。从大类分类为适宜、兼容还是排斥。再在大类区分的基础上，对待考察的大类项进行进一步的细分，区分到中类别进行进一步甄别。结合上表综合成以下总表（表13-1）：

表 13-1

大类	中类	关系	分析原因
R 居住用地		兼容	针对小范围人群的私属用地
C 公共设施用地	C1 行政办公用地	兼容	具有公共服务性质但不开放
	C2 商业金融业用地	适宜	符合公共开放属性
	C3 文化用地	适宜	符合公共开放属性
	C4 体育用地	适宜	符合公共开放属性
	C5 医疗卫生用地	兼容	具有公共服务性质但不开放
	C6 教育科研设计用地	兼容	具有公共服务性质但不开放
	C7 文物古迹用地	适宜	符合公共开放属性
	C8 其他公共设施	待定	视具体项目而定
M 工业用地 *		排斥	私属用地
W 仓储用地 *		排斥	私属用地
T 对外交通用地		待定	视线路工艺需要
S 道路广场用地		适宜	符合公共开放属性
U 市政公用设施用地	U1 供应设施用地	待定	视工艺、技术需要
	U2 交通设施用地	兼容	具有公共服务性质但不开放
	U3 邮电设施用地	兼容	具有公共服务性质但不开放
	U4 环境卫生设施用地	排斥	非开放且有污染可能
	U5 施工与维修设施用地	排斥	私属用地
	U6 殡葬设施用地	排斥	私属用地
	U9 其他市政公用设施用地	待定	视具体项目而定
G 绿地		适宜	符合公共属性
D 特殊用地		不予考察	归特定部门管理
B 其他用地		不予考察	不属于城市主要建设用地范畴

注：* 需依靠水运的工业、仓储用地除外。

然后对《城市用地分类与规划建设用地标准》GB50137-2011 体系进行分析。新规范相比较旧规范，分类标准更多地考虑了用地属性公共服务性、市场化方面的区分，对本课题的针对滨水空间公共性与否的分类分析更加有利（表 13-2）。

表 13-2

大类	中类	关系	分析原因
R 居住用地		兼容	私属用地
A 公共管理与公共服务用地	A1 行政办公用地	兼容	具有公共服务性质但不开放
	A2 文化设施用地	适宜	符合公共开放属性
	A3 教育科研用地	兼容	具有公共服务性质但针对特定人群
	A4 体育用地	适宜	符合公共开放属性
	A5 医疗卫生用地	兼容	具有公共服务性质但针对特定人群
	A6 社会福利设施用地	兼容	具有公共服务性质但不属于开放空间
	A7 文物古迹用地	适宜	符合公共开放属性
	A8 外事用地	兼容	具有公共服务性质但不开放
	A9 宗教设施用地	兼容	具有公共服务性质但针对特定人群
B 商业服务业设施用地		适宜	符合公共开放属性
M 工业用地 *		排斥	私属用地
W 物流仓储用地 *		排斥	私属用地
S 交通设施用地	S1 城市道路用地	适宜	符合公共开放属性
	S2 轨道交通线路用地	待定	视线路工艺需要
	S3 综合交通枢纽用地	适宜	符合公共开放属性
	S4 交通场站用地	兼容	具有公共服务性质但不开放
	S9 其他交通设施用地	待定	视具体项目而定
U 公用设施用地	U1 供应设施用地	待定	视工艺、技术需要
	U2 环境设施用地	排斥	非开放且有污染可能
	U3 安全设施用地	兼容	具有公共服务性质但不开放
	U9 其他公用设施用地	待定	视具体项目而定
G 绿地		适宜	符合公共开放属性

注：* 需依靠水运的工业、仓储用地除外。

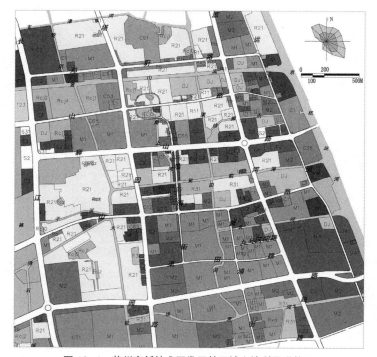

图 13-4　苏州高新技术开发区某区域土地利用现状图

　　下面以苏州高新技术开发区一个区域为例，运用以上方法进行分析（图 13-4）。

　　在图中（图 13-5）截取 3km×3km 约 9km² 的范围进行考察。范围内涉及河流有：京杭运河、支津河、大轮浜、金山浜、渠田河、徐家浜、角上河、吴前港河、北河、徐思河、裤子浜、子浜、石城河，共计 13 条河流。也反证了上文论证的江南水乡地区水体的绝对数量并不缺乏，河流水体分布也较为均匀。

　　但是如果按上文滨水用地属性（适宜、兼容、排斥、待定）几种类别去分析滨河用地，发现现有土地利用中，滨河用地中相当一部分用地属于排斥部分，如徐思河、渠田河滨水大量用地现为工厂。剩余大部分为兼容地块，如居住用地，只有少部分用地可以归到适宜地块内。这就解释了苏州城市内水网虽然数量众多，但是却"走不到、看不着"，城市意象中水网的体验被错误的减少了（图 13-6）。

图 13-5 滨河用地属性现状图

图 13-6 滨河用地类别分析（滨河 100m 范围内）

13.4　滨水用地规划调整方法

通过这种分析梳理，可以在宏观规划层面上对城市滨水地带用地属性做出一些先导原则，恢复水网与城市公共活动的联系，进而为恢复地域城市意象奠定基础。

首先需要确立适宜性用地优先原则。应优先在滨水用地中规划适宜类别的用地，控制兼容性用地的比例，限制排斥性用地的数量。早期规划中没有这种分析的理念时，无意识地扩大了兼容、排斥性地块的数量，破坏了滨水空间的亲水性。对于城市不同地段还可以调节控制比例。如在具有历史文化意义的河道水体周边应强化控制，优先布置适宜类别的城市用地，对于一般性的河道水体则适度放宽控制。

其次还需要保证连续性原则。恢复滨水地带的活性除了保证其公共开放的属性之外，还需要保证滨水地带中用地属性相似的适宜和兼容性地块连续安排。现状土地利用中，有些滨水用地虽然为适宜类别，但是滨水面被其他兼容及排斥类别用地分割成破碎空间，仍然为"走不到、看不见"地段。只有当滨水地带形成连续的带状公共开放空间，两端可由城市路网方便接入时，才能发挥出最大的综合效益。

城市规划需要面对错综复杂的综合问题，针对现状的规划调整有很多方面的制约因素，滨水用地不可能完全恢复到全部是适宜类别的公共开放性用地，并充分实现相似属性地块的连续安排。对于既已存在着的兼容和排斥类别用地，可以采用一些技术手段改造、优化兼容和排斥类别的用地，使之呈现出最大可能的公共开放属性。

具体常用到的规划设计方法主要有以下几种：

一是置换滨水地带用地功能类别，将兼容、排斥类别的用地直接调整为适宜类别的用地。这种方法直接有效，能从根本上改变滨水用地及水网河段的意象。但是受到城市各方面因素交织影响，很难将滨水用地都置换成适宜类别用地。

如苏州市高新区徐家浜附近规划中，将原有滨水空间中 M1、M2 等排斥类别的用地置换出去，换成 Cb 等适宜类别的用地。并在徐家浜两岸设计了 10m 宽的滨水公共绿地，串联了各类用地，避免了滨水用地被分割（图 13-7、图 13-8）。

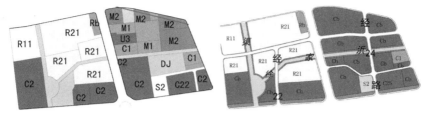

图 13-7　苏州市高新区狮山路徐家浜滨水　　　图 13-8　苏州市高新区狮山路徐家浜滨水
　　　　　地块现状图　　　　　　　　　　　　　　　　　地块规划图

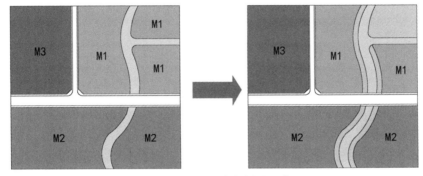

图 13-9　滨水用地的分割和置换

　　二是分割和替换的方法。对仍需要存在的兼容、排斥性滨水规划地块，在其滨水地带划分出一定范围用地，将其功能替换为适宜类型属性。在规划中经常将临水的居住、工业仓储用地沿河分割出一定宽度的公共绿地，在其中布置亲水景观绿化，从而将大片排斥性地段转变为适宜类别（图 13-9）。

　　三是地块内功能分化和归纳。对兼容性规划地块，研判阶段分析其到中类，其中有可能包含一部分公共性小类用地属性。可以将这部分公共性相对较强的功能在规划中刻意安排到滨水空间内。如居住区 R1、R2 中类以下包含 R12、R22 服务设施用地：住区主要公共设施和服务设施用地，包括幼托、文化体育设施、商业金融、社区卫生服务站、公用设施等用地（不包括中小学用地）。在滨水居住区规划中引导设计将其中包含的公共性较强的居住服务设施归纳到临水地段内，从而最大限度地增强了这类滨水用地的开放性（图 13-10）。

　　方法二和方法三可以并用。如苏州市高新区裤子浜附近规划中，裤子浜河原被居住小区包围，在不进行用地置换的前提下，在滨河地

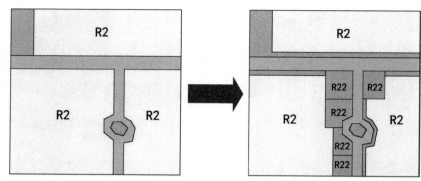

图 13-10 滨水用地的分化和归纳

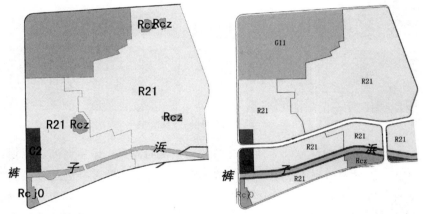

图 13-11 苏州高新区裤子浜滨水地块现状图 图 13-12 苏州高新区裤子浜滨水地块规划图

带辟出 10m 的滨水公共绿地，解决了河道被封闭的问题。并将零散置于居住小区内部的小区附属用地 Rcz 集中到滨河临路三角用地中，进一步发挥滨水用地的公共性。

四是引导某些兼容类别转化为适宜类别。一些特定的兼容类别，其本身属性具有一定的模糊性和可变性，如 A1 行政办公用地、A5 医疗卫生用地、A6 社会福利设施用地等，即可能成为单位内封闭使用，又可能成为面向社会开放使用。因此在规划控制条件中应引导其规划与建筑设计偏向公共开放，避免封闭为单位内特定人群使用，使这些兼容类别转化为适宜类别（图 13-11、图 13-12）。

总的来说，在城市滨水用地规划设计中，引导滨水空间趋于公共化已经成为规划设计的重要出发点。如在苏州市大运河整治规划设计和苏州环古城河规划设计中，对于滨河空间一般采用能置换为公共空间、绿色空间的则置换，不能置换的则美化改造，并对现有的滨水公共空间进行升级。在大运河沿线重要节点"横塘驿舟"规划设计中，原滨水用地多为仓库、厂房等用地，在规划设计中通过对河中小岛粮油仓库的改造，将其置换创意街区，从规划性质 M 调整为 B，并将原滨河用地切割出带状空间，设计为公园绿地、商业街、博物馆等。这种规划的基础都是对滨水用地性质的调整，正体现了本文的精神（图 13-13 ～图 13-15）。

当然，城市规划特别是土地利用规划是复杂的综合的设计过程，需要考虑的方面很多。当这种分析设计过程与其他规划要求发生矛盾

图 13-13　"横塘驿舟"土地现状

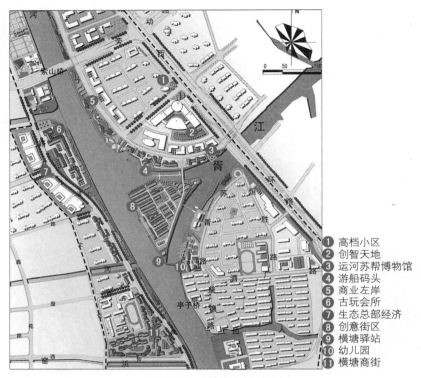

① 高档小区
② 创智天地
③ 运河苏帮博物馆
④ 游船码头
⑤ 商业左岸
⑥ 古玩会所
⑦ 生态总部经济
⑧ 创意街区
⑨ 横塘驿站
⑩ 幼儿园
⑪ 横塘商街

图 13-14 "横塘驿舟"规划

图 13-15 "横塘驿舟"规划效果图

時，还需要综合的去分析问题解决问题。需要运用综合的手段保证水网与城市公共活动空间最大程度上的联系。

13.5　结语

　　传统江南水乡城镇所表现出的"小桥、流水、人家"诗意般的城市意象背后沉淀着水网与城镇相生相依的江南地域特色。随着现代城市化浪潮，在江南城市建设中如何传承和发展水乡意象需要发掘传统城市空间格局的精髓。水与人的亲密关系是江南城市的物质和精神基础，课题着重研究对现有土地利用规划的设计策略，提出恢复水网显性的前提是恢复滨水地块的公共性和开放性，从而恢复水与现代城市生活的紧密联系。根据用地功能的公共开放的属性，将地块与水网的关系分为适宜、兼容、排斥三种性质。引导城市规划设计保证滨水地带中一定的公共性和连续性。并且通过分割置换、分化归纳、引导转换的手法调整滨水用地，使之发挥最大综合效益。

　　重塑江南水乡城市意象需要城市建设中多方面的协调完善，继承与发展历来是中国现代城市建设的一大挑战。用地规划调整只是基础和前提，还需要在详细规划和具体设计层面上更多的探索和智慧。

本章参考文献

[1]　王晋. 城市现代化进程中的苏州古城保护与更新 [J]. 现代城市研究，2004（6）.

[2]　谭颖. 苏州地区城镇形态演化研究 [D]. 南京：东南大学，2004.

[3]　许佩华. 江南传统水乡城镇景观原型及其形式表达 [D]. 无锡：江南大学，2006.

[4]　钟惠华. 江南水乡历史文化城镇空间解析和连结研究 [D]. 杭州:浙江大学，2006.

[5]　段进,季松,王海宁. 城镇空间解析——太湖流域古镇空间结构与形态 [M]. 北京：中国建筑工业出版社，2002.

[6]　苏州市规划局. 环古城河文化旅游风光带规划 [Z]. 2012.

[7]　苏州市规划局. 两河一江环境综合整治提升工程 [Z]. 2012.

14 江南水乡农民集中居住区规划设计中水乡特色的塑造[1]

　　江南水乡地处长江三角洲的太湖水网地区（或称太湖平原），这一范围包括今天的苏南浙北及附近地区。作为我国经济最发达的地区之一，改革开放以来城乡一体化的进程迅猛。为实现土地利用的集约化、科学化，近年来，通过规划先行，引导农民居住向新型社区集中，农村工业企业向规划区集中，农业生产向适度规模经营集中。新一轮的农民集中居住区的建设在江南水乡正如火如荼地展开。

　　作为典型的平原水网地区，江南水乡水网纵横交织，湖泊水荡星罗棋布，河流密度达 $3 \sim 4km/km^2$，水面积占地域总面积的 30% 左右。地表密布的河流湖泊和湿润的空气、四季分明和季节变换的鲜明气象及丰富多彩的植被景象等，这种自然环境结构特征深刻影响着生存在这片土地上的人们的生活方式和审美倾向。在自身长期不间断地文化发展和积淀的进程中，形成了特有的思想观念和文化氛围，并深深影响到了当地建筑空间环境的营建活动。塑造出了独特的、极富韵味的江南水乡风貌与特色，并成为人们环境归属感的情感载体。

　　显然，"江南水乡"不只是一个地理名词，还是一种地域性的自然元素与人造元素和谐结合、与地域人的生活方式、生活内容、文化情趣、审美偏爱等相适应的生活环境。然而在农民集中居住区规划设计中，我们忽略了这一点，或至少在这方面没有重视、缺乏研究。在近年来的规划设计中，至少存在以下三大问题或倾向：一是住区规划"城市小区"化。不同于早些年低层高密度的"兵营"式，现阶段的设计为获得更高的容积率以节约用地，开始采用高层低密度为主的方式，建设基地内有地域特征的水系、河塘被填埋，有历史和文化价值的遗存被抹去，规划的模式普遍照搬"放之四海而皆准"的城市小区，失去了地点性和地域特征。二是建筑风格"欧"化。由我们勤劳智慧

[1]　曾发表于《安徽农业科学》2011 年 21 期。

的中国人创造的一类被统称为"简欧"的来自于城市房产项目的所谓"欧式建筑风格",也在"江南水乡"农民集中居住区建设中不断出现。就房产项目,若建设地点没有地域风貌的要求,这类"风格"作为供人们选择的商品类型还是可以接受的,但作为"江南水乡"农民集中居住区,性质就变了。三是住区景观"现代"化。事实上现代化与民族化或称地域化并不矛盾,问题是我们出现了大量的可称之为"形式化的硬地铺装"与"形式化的草坪绿化"的、脱离了生活、脱离了地域审美和文化的"现代"化。

针对这些问题,笔者就如何在规划设计中塑造"水乡"特色,谈些不成熟的思路,抛砖引玉。

14.1 关于规划

农民集中居住区的建设基地类型很多:有紧靠城市的,在空间上可理解为城市空间的拓展;有依托村镇的,是村镇规模和容量的扩大;有通过合并形成中心村的,成为有一定规模的集中居住点。类型各不相同,但有一点是共同的,那就是规划设计要尊重建设基地环境。建设基地环境可分为基地外环境和基地内环境。对基地外环境,如:周边的道路情况、环境景观和人文历史资源、外围的用地性质与建设情况及所形成的空间关系与空间形态等,应认真地进行了解和分析,尊重并充分地合理利用外部环境资源是我们的目标;对建设基地内环境中的水系河塘、有历史、人文价值及景观价值的遗存应尽可能地保留,这些既是水乡风貌与特色的物质载体,又是居住者环境归属感的情感载体。对基地外部与内部环境资源的尊重与发掘是做好具有地域特色的江南水乡农民集中居住区规划设计的前提。

在由乡村走向集镇的道路上,古人为我们提供了很有借鉴价值的思路,从根本上说:那就是因地制宜、因势利导。规划如何把住区的建设与基地环境很好地结合则需要设计者认真阅读建设基地环境,并发挥自己的智慧。如住区的路网规划:应首先考虑与基地内存在的河网结构相结合。古人的智慧告诉我们,如果路网与河网各自为政,必然会带来土地利用率的下降,更为重要的是路网与河网结合对古人来说还是充分地发挥河网的综合功能的好办法。在今天，河网的功能可能仅限于道路与场地的排水及消防用水了，但这样做除了可节约用地外，重要的是可以使河流成为景观积极地参与到住区空间中来，并形成具有水乡特征的空间形态。如住区的空间结构规划：应与基地环境资源的分布相结合，住区的各级公共活动空间应充分结合环境资源来布置。环境的归属感来自于村民熟悉的生活场景，湖荡边、水塘侧、水埠旁、古树下等均是构筑既有环境景观又有环境归属感的公共活动空间的理想场所。如住区的公建布置：住区公建一般为低层且体量不大的建筑，可结合河道布置，也可借鉴地域街市建筑的平面与空间类型，使建筑与相应的外部空间形成有地域意味的环境，以此延续传统河街空间或街市空间的场所精神。如住宅建筑的布置：应成组团布局，利用河道作为组团和小区的边界，形成具有地域特征的环境构成；院落感是村民习惯的户外空间，因此建筑物的布置应避免行列式，可通过组合布置形成空间的围合，并结合地域特点打造空间特色。

此外，凯文•林奇总结出的城市意象的五个要素："通道、边沿、区域、节点、标志"同样可以作为住区"水乡"意象规划设计的要点。一方面要充分认识到这五个部分的重要性，另一方面要从地域建筑环境中汲取概念与类型、形式与形象、素材与手法等，在平面布局、空间组织、景观规划、形态与形象控制等方面，在规划层面为下一步的打造住区"水乡"特色的设计打好基础。

14.2 关于建筑

地域建筑中的平面与空间类型，隐含着地域人的生活内容、生活习惯乃至审美情趣，江南建筑文化中对庭院的偏爱、对空间的层次与丰富性的追求、对住宅向阳、通风和隔热的讲究等，由此产生的建筑以及建筑内部平面的布置方式带来了具有地域特征的平面肌理与空间形态。尽管当今住宅的现代功能不能与传统住宅同日而语，但如果我们设计的是低层住宅，从传统住宅中我们依然能获得很多灵感和手法，类似的设计探索也有很多，在此不再赘述。而如果是多层乃至高层住宅，尽管空间尺度根本不同于传统低层住宅，但我们也可以通过各种机智的方法获得对传统平面与空间形态的关照。例如：对于住宅楼的一楼门厅，我们可以把它扩大，并与室外空间相结合，形成庭院式的住户交往与活动的空间。在此处打造这种具有地域特征的庭院空间能使出入住宅楼的住户获得对环境的认同感和归属感，并给平面与空间带来地域性，同时这类交往与活动的空间更是对农村居民生活习惯的尊重和关怀。又如：可在户内设置空中庭院或入户花园。这种形式已在城市住宅中获得了一些实践，有成功的也有失败的。成功的案例是庭院与户内的公共空间如客厅、餐厅或书房（活动室）很好地结合，形成了庭院式生活空间，同时给户内带来了更好的采光和通风。这种形式一方面在江南有相适应的文化土壤，另一方面作为失去土地的农民，还他一块地，既有情感的关怀又有生活的关怀。空中花园作为种植屋面来设计，多层住宅更可以设计成退台形式，高层住宅则可设计成上下楼层花园错位的形式，以获得更多的阳光雨露和花园的户外感。再如：住区的公建，除了居民生活所需的物质功能外，还是居民邻里生活的舞台，是人们在此小憩、滞留交谈的交往空间。因而建筑的平面与空间形态及与室外空间的整体设计，应配合生活内容，分析具有地域特色的空间、场景、设施等，因地制宜，打造具有环境归属感的公共空间。

把建筑理解为符号系统，探究源自传统建筑的新建筑语汇；追求建筑或建筑片断的形象与传统建筑在类型学上的同源性等。建筑符号学、建筑类型学等理论为我们提供很多如何塑造建筑立面与造型地域性的思考问题的角度、方法以及建筑创造手法。从传统建筑语言中提取某种形态概念关系等，将其加以抽象和简化，概括提炼出新的语汇，是值得一做的功课。把抽取出来的传统元素改变其位置，或上下颠倒，或左右互换，或把抽取的多个传统元素进行叠合或穿插，或对传统建筑中构成要素的位置、秩序和相互关系进行重新编配和组合，以创造出新的、更复杂的元素，从而获得一种新关系、新秩序、新形态。这类手法可操作性很强，值得一试。另外，将传统建筑原型分裂与异化以形成新的语汇，也是一种方法。这种手法的难点是把握好一个度。相对来说将建筑原型进行简单的缩放与拉伸比较好控制，即将建筑原型进行比例不变、尺度变或者尺度不变、比例变，通过这种大小和比例关系的变化形成新的形态。此外，将具有地域特征的传统建筑片断或部件自成体系地嵌入到新建筑中去，使片断本身有一定的完整性和独立性，同时又以部分的身份加入到整体之中，也是一种手法。但处理时应处理好新旧之间的主次、面积比、构图等关系。还有，像异质同构和同质异构的手法，即对传统建筑的构成要素保持形式上不变，而在材料、质感、色彩调配等方面进行变化，用现代的材料表达传统的意义。或反过来，在形式和组合关系上进行变异重组等的处理。再有，如隐喻和象征的手法，即利用建筑语汇的符号特征，通过隐喻或象征来表达某种传统的含义。隐喻或象征就是一种类比的手法，即通过已被理解的建筑去理解另一个陌生的建筑，以表达某种意义。这种手段的关键是对信息要素的选择。

上述的方法已有不少实践，目的都是希望建筑的现代形象与传统形象或有一定的相似度，或有相近的建筑气韵，或有相应的关联性，并以此表达一定的具有地域特征的文化内涵。但总的来说这类探索还很不够，传递江南建筑清新、素雅、轻巧、细腻等建筑神韵的作品不多，表达特定地点、具体意义的建筑还很少。

14.3 关于景观

景观是"景"与"观"的结合，"景"是客体，而"观"是主体性行为，是超越了视觉属性的赋予客体形状和意义的主观行为。因此，在进行"水乡"特色的景观设计时，对"景"的地域特征的自然素材与人造素材的捕捉与搜集，对"观"者即地域人的主观审美与文化价值观的分析与领会，是为关键。此外，必须认识到，水乡地区人们户外的生活内容以及习俗、习惯等是景观设计所依附的内容。

自然素材包括地形地貌和河流湖塘、植物等以及它们的季节性特征。人造素材包括民众的生活情态、民间习俗、场所氛围等以及所依附的空间、设施和道具。建设基地内的具有地域特征的自然素材与人造素材应尽可能地保留，村民过去取水与盥洗用的河塘及水埠、运输与交易用的河道及码头、村里的大树及大树下的空间内容、活动场地及设施、农业生活的器械等均是景观再创作的素材。另外，体现"水乡"特色的相关素材也应该成为设计素材加以运用。

在景观设计的总体控制层面，首先应该是理解和配合住区的总体规划；同时应把握好以下三个方面：①特色，这里说的特色不仅是普遍意义上的"水乡"特色，还是住区的个性，特色来自于对建设基地自然素材与人造素材特点的把握与发掘及设计者的创作；②结构和关联，即景观与景观之间的空间上的联系、形态上的关联及与观察者发生的一定关系；③含义，景观应有某种含义，包含着特定的内容，或是可进一步理解的内容，含义的表达，可通过对空间环境类型学或现象学意义上的把握表达场所精神、借助符号的意义传达功能等方法。

在具体的设计层面，首先应该是跟着住区总体规划设定的空间环境的内容走；其次，"通道、边沿、区域、节点、标志"是居民环境认知的要点，因而也是住区景观"水乡"特色打造的要点。"通道"在这里就是廊道景观，如道路与河流空间，把握廊道景观的地域性特征至为重要；"边沿"在这里就是边缘景观如池塘、湖荡边及一些有明确边界感的空间，边沿尤其是水边，是村民有心理认同的生活场所，丰富的地域性素材是景观创作的源泉；"区域"指住区内的不同区域的景观应有不同的区域特征，景观创作可以通过设定不同的地域特色的主题来实现；"节点"即为住区内的各类节点空间如活动型节点、游憩型节点、交通型节点等，应根据相应的功能、内容进行针对性的设计；"标志"是指住区及住区内的不同区域应有自己的标志，设计应充分重视标志的符号意义。

14.4 结语

江南水乡农民集中居住区规划设计中"水乡"特色的塑造，在现实中是有阻力的。这阻力一方面来自于规划设计者对此的研究不够以及责任心不够；另一方面来自于使用者：在调研中我们发现，除了对失去土地有些人有一定看法外，农民对所谓的"简欧风格"或"洋房"及所谓的"现代"化住区景观等普遍能接受，甚至乐于接受，有的地方政府甚至要求设计师设计这类"风格"。因此，作为人类生活环境的设计者，我们还应该承担起应有的社会与历史责任，一方面依然要强调"公众参与"听取使用者的意见，另一方面还应该是专业先进思想的宣传者、先进文化的倡导者，并不懈研究探索，为人民设计属于他们自己的美好家园尽心尽力。

本章参考文献

[1] 李京生等. 对小区规划模式可持续性的思考 [J]. 城市规划学刊, 2008（1）.

[2] 王彦辉. 走向新社区——城市居住社区整体营造理论与方法 [M]. 南京：东南大学出版社，2003.

15 昆山市保留村庄传统风貌的延续规划研究[1]

15.1 研究背景

随着"建设社会主义新农村"工作在江苏省的全面展开，苏南地区进入了城镇化的高速发展时期，农村经济快速发展，苏南村庄面临着传统文化与现代文明的碰撞。如何在新农村建设中延续村庄传统风貌是我们面临的重要课题，也是自然村落可持续发展的重要保障。

昆山市多年来立足实际，在经济发展的同时加快社会主义新农村建设，引导和保护村庄自然风貌，传承文化，在全省起到了很好的示范作用。2012 年昆山市将一批有特色的传统村庄列入保护对象，实现一村一规划，周庄镇的双庙村唐家浜即为其中之一。本文在研究唐家浜的现状特征基础上探讨延续村落传统风貌，展示其地域特色的建设模式，希望对类似村落有所借鉴，创造出健康和谐的村庄氛围，对社会主义新农村建设有着重要的现实意义。

15.2 自然村落目前存在的问题

15.2.1 自然环境的破坏

自然村落对环境有着较高的依赖性。自然环境在村落的建造过程中承担着不可或缺的重要角色，顺应自然也成为传统村落塑造的主导思想。然而乡村在经济建设发展的同时，消耗了越来越多的自然资源，村庄建立的垃圾站、电站、厂房等不但破坏了自然村落原有的生态环境和景观特色，也改变了自然村落的原有格局。例如唐家浜的闲置空地和废旧水塘内的生产生活垃圾较多，严重影响了村内部的环境风貌（图 15-1）。

---

[1] 曾发表于《小城镇建设》2012 年 12 期。

图 15-1　闲置空地上的垃圾堆

15.2.2　交通规划的不足

　　农村的交通体系是农村经济发展的重要基础条件，也是农村公共服务设施的重要组成部分。随着社会经济的发展，交通工具不断进步，汽车、拖拉机开进了农家，自然村落原有的道路空间已经不能满足机动车辆的通行需求。建设和完善农村交通基础设施是建设社会主义新农村的重要内容。可是在交通规划的过程中，村落的传统风貌也受到了极大的负面影响：片面追求便捷的过境交通和超尺度的拓宽道路破坏了原有的村庄空间肌理；村庄内部的绿化用地由于开发为停车场而日益减少。

15.2.3　地方特色和传统文化的流失

　　每一个自然村落都有自己不可替代的特色。在追求短期经济利益观念的驱使下，自然村落进行大规模的快速改造，对村庄周围的历史环境缺乏从整体角度的尊重和延续，对村庄内有形的和无形的传统文化都造成了破坏，以往那种自然而然形成的地域特色和传统文化正在消失。建设过程中，忽视了对村庄所处的位置、地形特点、地域特色等不同的具体特征的分析，造成了新村建设风格一致，老村整治面貌雷同的趋势；新的建筑在尺度、布局和形式上与村庄环境格格不入，造成了资源的极大浪费，也使得村庄失去了原有的生机。

15.2.4　规划和管理的缺位

农民是新农村规划建设的主体，但目前苏南地区的新农村建设仍然是一种由上而下的过程，缺少一套农民参与决策的有效机制。许多城市规划师缺少对农业生产方式、农村生活方式和农民生活需求的真正了解和调查。[1] 新农村规划由于缺乏真正的深入研究和农民主体的有效参与，正在导致许多新问题的产生。同时，苏南大部分地区都是在规划新建农民集中居住小区，采用模式化管理，缺乏对村庄个体特色的考虑。

15.3　双庙村唐家浜的传统风貌解读

15.3.1　村落概况

双庙村，位于周庄镇驻地北 3km 处，是周庄镇的西中部，东濒太史淀，南接龙风村，西与吴江市同里镇的红星村、三合村隔湖相望，北邻祁浜村。现有东埭浪、唐家浜、港东埭、小圩、夏西塘、西浜、西朝娄、南埭浪、小圩浪、菜梗里、荒田里、鱼池浪、南村、宋家浜 14 个自然村，村域面积 276.55hm²。唐家浜位于周庄镇环镇西路东侧，是双庙村的一个

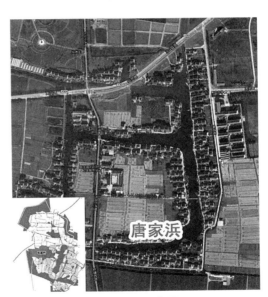

图 15-2　区位图

自然村，村委会所在地，全村共有 324 户，总人口为 1036 人，辖区内，金佰果园占地 250 亩，交通运输十分便捷，规划中将本村定位为特色旅游乡村（图 15-2）。

---

[1] 袁乐，曹晓静，闵亚琴. 警惕过度城镇化——苏南地区新农村规划建设的实践与思考 [J]. 小城镇建设，2007(6).

图 15-3　现状总平面图

15.3.2　总体风貌形态

唐家浜亲水而居，村落空间与水环境融为一体，是自然形成的原生村落。村落空间格局的形态变化与水系延伸的变化直接相关，岸线的走向是形成村落肌理的关键。村落整体空间演化过程从最初孤立的居民点沿河布置，然后沿河流走向形成延伸的曲折带状空间，伴随着河道的伸展，几条带状平面拼接成一体，组合成“E”字形的布局形态。村内建筑的朝向受水体走向的影响较大，建筑的形式也因地形的变化而多种多样；沿水边形成的曲折的道路，强化了群落形态的多样性，使得水乡特色十分显著[1]（图 15-3）。

15.3.3　传统风貌构成

1. 滨水空间

唐家浜水网密集，村庄沿水系而建，因水势而形成水乡风貌。整个村落的空间结构以水为核心，水系划分了街巷，限定了住宅用地。水网决定着整个村庄的形态特征：以水系为纽带组织日常生活，桥梁、河湾等往往是村民交流的主要场所，滨河空间成为了村落公共活动的主要承载空间和形象的重要展示面；河道的走向和宽窄的变化使得建筑与河道之间形成了多种多样的形式，从而形成了丰富多变的空间形态；水系与道路的不同组成也形成了特色各异的空间结构形态。

[1]　倪冶．江苏农村传统建筑院落与群落形态特色初探 [D]. 南京：东南大学，2010.

2. 街巷空间

唐家浜村庄成片围绕河塘沿岸分布，由村庄外围约 7m 宽的环镇西路联系，北侧有同周公路。村庄内部车行道宽度基本能够满足小汽车的通行，几乎实现了路面的硬化；内部的步行道以生活性为主，道路通达街坊内部。街巷空间有着丰富的节点，古树、井、船埠等节点构成了巷道空间中进行公共活动的积极部分，也是巷道、院落进行空间转化的重要标志，从而形成了丰富的空间组织。[1]

3. 院落空间

传统的自然村落根植于农耕文化、依托于农村环境，采用因地制宜、量力而行的发展模式。唐家浜的院落布局特色鲜明，因势利导，根据河流水系的走向，布局灵活，有很强的适应性与实用性。村内的院落不设围墙，而是通过一面或者两面的辅助用房围合成空地，在主屋前形成小面积的开敞式空地，根据铺地的不同来限定空间，使其成为邻里交流、活动的中心，是任何人都可以享受的空间。从形成机理上看，院落围绕河湾、店铺、大树、古井等在村民长期交往过程中形成了公共活动中心，成为了村落的活力之源。

4. 建筑组群

村落的建筑组群的群体形态可以通过建筑、街道的不同组合方式产生变化，从而形成尺度较大、介于建筑与村庄之间的空间类型，从而丰富村落的空间景观与层次变化。从唐家浜的现状图上可以看出村落的边界顺应村庄的自然肌理，住宅群布局灵活，道路延续原有的自然生长特点，形成丰富多变的村庄空间形态。住宅基本都保持了传统的材料、工艺和建筑元素：统一的坡屋顶、白色的外墙等，建筑与建筑之间通过有规律的组合形成高低错落、粉墙黛瓦的建筑群体。建筑组群延续了原有村落以简单建筑个体创造丰富群落形象的空间格局。

5. 村落景观

唐家浜定位为旅游特色村庄，以河流水系与农田等自然环境为基础，保持原生态的江南水乡传统村落的空间形态和生活形态，营造出适合参与农耕劳动、休闲、旅游的环境，展示村落的农耕文化。村庄结合地块周边的冰梨果林基地，突出了以果为媒、果韵飘香的地方特色，

[1] 李正仑，汪晓春，季成源. 苏南地区村庄空间特色初探 [J]. 现代城市研究，2008(8).

使其成为乡村旅游的景观点、服务点和乡村生活的体验点。

15.4 延续传统风貌的规划策略

15.4.1 规划目标

通过对唐家浜大的江南水乡环境、绿色生态环境的改造，合理利用和充分展示其文化价值与内涵，旅游空间得到自然的延伸，保护和恢复传统自然村落人文特色和历史文化环境，改善周边居民的生活质量，延续唐家浜的传统风貌。在此基础上，积极开发村庄新兴休闲旅游业，完善交通、餐饮、住宿、商贸、娱乐等基础设施，形成涵盖"吃、住、行、游、购、娱"六大要素的大旅游产业，进一步促进传统村落社会经济文化的可持续发展。

15.4.2 规划原则

1. 切合实际，实事求是

自然村落的建设过程是一个动态的过程，村庄规划需要统筹兼顾当地的经济社会发展条件，并与村落的实际需求和可能相适应，做到经济、适用，便于实施。

2. 保护历史文化的原真性

对自然村落历史文化的保护应当遵循科学规划、严格保护、合理利用的原则，保持和延续其传统格局和历史风貌，维护历史文化遗产的真实性和环境风貌的完整性。

3. 保持生活的延续性

正确处理经济社会发展和历史文化保护的关系，把发展村庄生产，富裕村民生活，作为规划研究的重中之重，通过整治村庄环境，提升村落的功能，改善生活环境，构建和谐自然村落。[1]

15.4.3 规划布局

1. 总体布局

农村的传统风貌的形成是一个长期的、自然的过程，依托于农民

---

[1] 张泉，王晖，梅耀林，赵庆红. 村庄规划 [M]. 北京：中国建筑工业出版社，2009.

自身的生产生活需求以及环境生态理念、传统文化等多种因素，体现出较强的自然性与随机性。本规划通过对唐家浜传统风貌的解读，掌握村庄原有的空间形态和构成肌理，滨水空间、街巷空间、院落空间、建筑组群、村落景观的布局特征，有机地嵌入新的建筑群，新建建筑的布局和开放空间的设计与村落原有形态有机衔接，实现传统村落空间形态的自然生长和传统文脉的延续（图15-4）。

图 15-4　规划总平面图

2. 水系的梳理

本规划采用传统村落的理水概念，在现有水系的基础上，进行梳理、组织，保护其形成的自然水体环境，使水质得到改善，尽量保持自然岸线，保持和修理原有道路系统与水系的走向关系。注重临水的住宅、公建的设计，将开阔的水面与公共活动区相连，组织临水活动空间，成为继承传统文化活动的场所，从而营造出丰富的滨水活动空间，通过绿化等措施加强生态效果，重点部位增设硬质铺地、滨河踏步和路灯，利用灵活多变的步行道将绿化与硬质铺地结合起来，形成景观宜人、富有江南传统村落气息的滨水景观带（图 15-5）。

3. 街巷空间的组织

自然村落的街巷空间是村民生活的重要活动场所，也是村庄空间格局的骨架。本次规划以保持江南水乡村落的传统形态与宜人的尺度

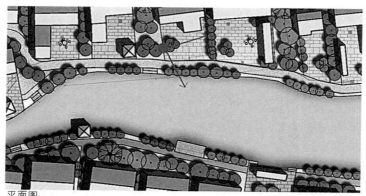

平面图

改造后

图 15-5　滨水空间的规划

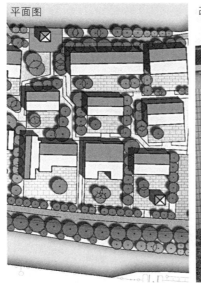

图 15-6　街巷空间的改造

为原则进行道路交通组织，保留和修复现状中富有特色的石板路和青砖路。把村入口的道路从 4m 升级为双向各 4m，拓宽唐家浜内部的步行道路，方便村民出行，次要道路宽 2.5～3m，滨水步道不少于 1.5m。村内部的主、次要道路采用水泥路面，滨水步道和宅前小路可采用青砖路面。规划在村主入口新建 1 处停车场，沿村庄环镇公路附近新建 4 处停车场，村内部新建 1 处停车场。同时整治街巷两侧建筑立面，整理街巷绿化景观环境，形成街巷特色空间。各建筑组团之间组织贯通式、尽端式、转折式的街巷，形成多种形式的特色街巷，展示丰富的街巷界面和浓郁的乡土生活气息（图 15-6）。

4. 院落空间的组织

自然村落中院落作为家庭农业生产的单元，既是居住空间、生活空间，也是生产空间，这就决定了村落住宅功能的混合与充分利用的传统。本次规划中的院落保持原先开敞的合院形式，以铺地、道路等作为界限，延续了传统建筑的院落围合手法，结合住宅设计，沿河流布置，多数形成前院式，是日常居民交流、活动的主要场所（图 15-7）。

平面图

改造后

图 15-7　公共服务中心节点

5. 建筑组群关系的协调

　　本次规划在布局上延续传统村落的肌理，公共空间仍然作为村落的精神支柱，起到集体生活的核心作用。规划改造唐家浜现有的村委会，其位置临近村口，包括医疗卫生中心、小型阅览室、老年活动室、商业等功能，同时新建旅游服务中心，并设置农家乐。新建的村民广场紧密结合农村民俗乡情，适当布置休息、健身活动和文化设施，既满足老年人的生活休闲需要，又能吸引年轻人的聚集，给自然村落注入了新的生命力。[1] 住宅组团则延续传统村落住宅群的排列技巧，结合村内的河流水系，形成灵活的布局，与自然环境有机结合。院落的大小和建筑组

---

[1] 姜劲松，刘宇红，汤蕾，朱爽 . 新农村规划中村落传统的保护与延续——以苏州东山镇陆巷村村庄建设整治规划为例 [C]// 规划 50 年——2006 中国城市规划年会论文集（中册）. 中国城市规划学会，2006.

合的变化打破了空间单一的布局，形成丰富多变的村庄空间形态（图15-8）。

6. 村落景观的营造

村落整体景观的营造以当地的绿化为主，体现地域特征和茶香果绿的乡野特色。唐家浜入口没有明显的标示，规划中对村口的景观进行整合，围绕新建的广场

图 15-8　公共服务中心节点

适当地增加绿化种植，突出其入口形象，并且采用景观村牌作为村口的入口标志，醒目而有个性。村内主要道路两侧保留现有的水杉、柿子树，局部缺失的予以补齐，增设少量灌木，丰富绿化层次。利用废旧坑塘以及破旧辅房拆除形成的小块空地种植绿化。利用房前屋后零散空地以及道路边角地种植绿化。绿化以乔木为主，局部辅以瓜果蔬菜点缀。规划对村庄内的小绿地、小菜地可以增加木栅栏、竹篱、绿篱等方式进行维护，增加环境的整体美感和美化效果（图15-9）。

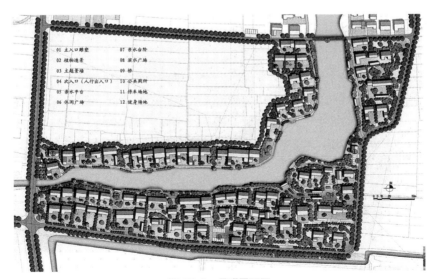

图 15-9　景观平面图

15.5　结语

　　在当今社会，农业科技的进步，产业结构的变化，在带给乡村经济发展、劳动力解放的同时，也破坏了村落千百年来遗留下来的乡土风貌和文化景观。[1]昆山市保留村庄的传统风貌在乡村的快速变迁中，发生了深刻变化。保护和延续传统村落的空间格局，弘扬和塑造村落传统特色，已经成为新农村规划中一个重要的课题。在促进村落产业发展的同时，对其不可复制的村庄的传统风貌进行切实有效的保护，能够延续中国传统村落悠久的历史传统，传承中华民族的优秀文化，有利于推动传统村落的健康持续发展，确保其在建设中坚持正确的方向。

本章参考文献

[1]　袁乐，曹晓静，闵亚琴. 警惕过度城镇化——苏南地区新农村规划建设的实践与思考 [J]. 小城镇建设，2007(6).

[2]　倪冶. 江苏农村传统建筑院落与群落形态特色初探 [D]. 南京：东南大学，2010.

[3]　李正仑，汪晓春，季成源. 苏南地区村庄空间特色初探 [J]. 现代城市研究，2008(8).

[4]　张泉，王晖，梅耀林，赵庆红. 村庄规划 [M]. 北京：中国建筑工业出版社，2009.

[5]　姜劲松，刘宇红，汤蕾，朱爽. 新农村规划中村落传统的保护与延续——以苏州东山镇陆巷村村庄建设整治规划为例 [C]// 规划 50 年——2006 中国城市规划年会论文集：中册. 中国城市规划学会，2006.

[6]　吕媛媛，苏静，张中堃，方景敏. 谈中国传统村落形态及其发展现状 [J]. 城市建设理论研究，2011（33）.

---

[1] 吕媛媛，苏静，张中堃，方景敏. 谈中国传统村落形态及其发展现状 [J]. 城市建设理论研究，2011（33）.

后记

    本书是我近些年来持续关注建筑与城市空间环境地域化问题和研究苏州地域文化及其地域建筑精神的基础上形成的。其内容来自于我的关于"地域精神与地域建筑"的专题研究、关于"水资源利用与水乡特色塑造"的住建部课题的延伸研究和我为相关主题的学术报告和讲座撰写的文稿，其中也包含了一小部分与他人合作撰写发表的相关内容的论文。在此书的撰写过程中，结合我不断学习和思考的心得和对问题的新认识，对原有的这些素材进行了较大范围的修改，以图使此书更有多方面的价值。由于水平所限，内容和见识的偏颇之处真心希望大家指正。

    在本书的形成过程中，苏州科技大学建筑与城市规划学院的邱德华老师、周曦老师等提供了各类帮助，我的研究生王牧原、李骥等为资料收集、图片整理和排版等做了大量工作，学校设计研究院的殷新、戴静等同志也给予了各种帮助。在此一并致谢。同时，对于被引用资料的作者表示深深的感谢。

    最后，感谢中国建筑工业出版社及徐冉编辑的热心和辛勤工作以及为本书出版给予的大力支持。

洪杰

2015 年 8 月 31 日

于建筑研究所